国家精品课程系列教材
中国大学 MOOC 配套教材
教育部大学计算机课程改革项目成果

计算机导论

——以计算思维为导向

（第4版）

董卫军　张　靖　崔　莉　编著

姬　翔　于　晰

耿国华　主审

U0125204

电子工业出版社

Publishing House of Electronics Industry

北京·BEIJING

内 容 简 介

本书是国家精品课程和中国大学 MOOC 配套教材，也是教育部大学计算机课程改革项目成果之一。全书以计算思维为切入点，重构大学计算机的知识体系，以培养学生的计算思维能力、提升综合素质、培养创新能力为目的。

本书共 9 章，从基础理论概述、新技术探索、实践应用三个层面分别进行讲解。基础理论概述篇以培养学生的计算思维能力为目的，从认识问题、存储问题、解决问题的角度组织内容，使学生认识和理解计算思维的本质，以及掌握通过计算机实现计算思维的基本过程，内容包括认识计算机、简单数据的存储与处理、复杂数据的存储与处理、规模数据的有效管理、信息共享与利用。新技术探索篇以了解计算机前沿技术为目的，培养学生学习和使用计算机新技术的能力，内容包括云计算与大数据基础、人工智能。实践应用篇以理解计算思维为目的，从计算机的常用软件入手，强化实践，培养学生利用计算机解决实际问题的能力，内容包括 Windows 10 管理计算机、Office 2016 的使用。

本书可作为高等学校"计算机导论"课程的主教材，也可作为全国计算机应用技术证书考试的培训教材或计算机爱好者的自学参考书。

图书在版编目（CIP）数据

计算机导论：以计算思维为导向 / 董卫军等编著. —4 版. —北京：电子工业出版社，2021.2
ISBN 978-7-121-40501-3

Ⅰ. ①计… Ⅱ. ①董… Ⅲ. ①电子计算机－高等学校－教材 Ⅳ. ①TP3

中国版本图书馆 CIP 数据核字（2021）第 013351 号

责任编辑：戴晨辰　　　特约编辑：田学清
印　　刷：涿州市京南印刷厂
装　　订：涿州市京南印刷厂
出版发行：电子工业出版社
　　　　　北京市海淀区万寿路 173 信箱　　邮编：100036
开　　本：787×1 092　1/16　印张：18.75　字数：504 千字
版　　次：2011 年 5 月第 1 版
　　　　　2021 年 2 月第 4 版
印　　次：2021 年 2 月第 1 次印刷
定　　价：59.00 元

前　　言

实证思维、逻辑思维和计算思维是人类认识世界和改造世界的三大思维。计算机的出现为人类认识世界和改造世界提供了一种更有效的手段，以计算机技术和计算机科学为基础的计算思维已成为人们必须具备的基础性思维。同时，云计算、大数据、人工智能技术的发展也进一步促进了计算机应用的深入发展。在这种情况下，如何以计算思维为切入点，以计算机新技术为基础，通过重构大学计算机课程的体系和知识结构，培养学生的计算思维能力，提升综合素质，培养创新能力是大学计算机课程改革面临的重要问题。这些不断变化的情况对目前的课程体系改革提出了要求，本书正是在这样的背景下编写的。

本书是国家精品课程和中国大学 MOOC 配套教材，也是教育部大学计算机课程改革项目成果之一。全书以教育部高等学校大学计算机课程教学指导委员会发布的高等学校计算机基础教育基本要求和计算思维教学改革白皮书为指导，在总结作者多年教学实践和教学改革经验的基础上，从培养计算思维能力入手来组织内容。本书采用"基础理论+知识提升+实践应用"的模式，以理解计算机理论为基础，以知识扩展为提升，以常用软件为实践，做到既促进计算思维能力的培养，又避免流于形式；既适应总体知识需求，又满足个体深层要求。

本书共 9 章，从基础理论概述、新技术探索、实践应用三个层面分别进行讲解。核心章节由基本模块和知识扩展模块组成，基本模块强调对基础知识的理解和掌握，知识扩展模块通过内容的深化进一步加深学生对内容的理解程度。

基础理论概述篇以培养学生的计算思维能力为目的，从认识问题、存储问题、解决问题的角度组织内容，使学生认识和理解计算思维的本质，以及掌握通过计算机实现计算思维的基本过程，内容包括认识计算机、简单数据的存储与处理、复杂数据的存储与处理、规模数据的有效管理、信息共享与利用。

新技术探索篇以了解计算机前沿技术为目的，培养学生学习和使用计算机新技术的能力，内容包括云计算与大数据基础、人工智能。

实践应用篇以理解计算思维为目的，从计算机的常用软件入手，强化实践，培养学生利用计算机解决实际问题的能力，内容包括 Windows 10 管理计算机、Office 2016 的使用。

"计算机导论"课程在进行内容设计时，不仅要传授、训练和拓展学生在计算机方面的基础知识和应用能力，还要让学生了解和掌握计算机新技术，更要展现计算思维方式。因此，如何明确、恰当地将计算思维融入知识体系，培养当代学生用计算机解决和处理问题的思维和能力，从而提升学生的综合素质，强化创新实践能力是当前教学的迫切要求。本书是作者团队在此方面积极探索的成果体现，可作为高等学校"计算机导论"课程的主教材，也可作为全国计算机应用技术证书考试的培训教材或计算机爱好者的自学参考书。

为方便教学，本书配有教学课件，读者可登录华信教育资源网（www.hxedu.com.cn）注册后免费下载。本书配套 MOOC 会在"中国大学 MOOC"定期开课，欢迎读者登录学习。

全书由董卫军、张靖、崔莉、姬翔、于晰编著，由国家级教学名师耿国华教授主审。在成书之际，感谢教学团队成员的帮助。由于作者水平有限，书中难免存在不足之处，欢迎广大读者批评与指正。

编著者

于西安·西北大学

知识结构框图

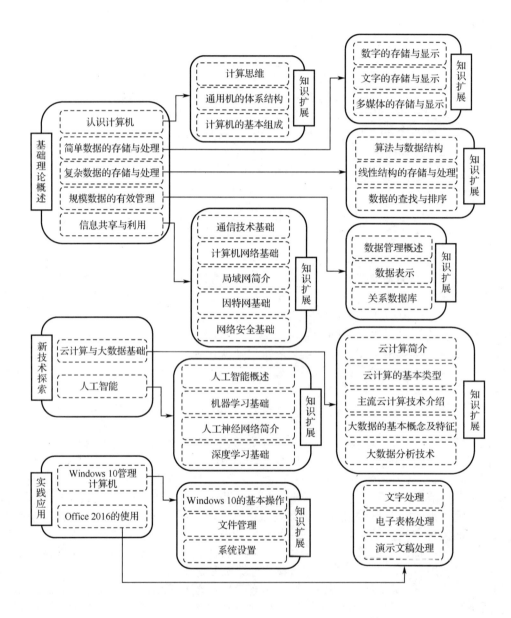

配套 MOOC 视频清单

本书包含配套 MOOC，读者可登录"中国大学 MOOC"搜索（作者董卫军）学习，也可扫描以下二维码观看相关视频。为帮助读者更好地掌握相关学习内容，书中各知识点与课程讲解时各知识点的先后顺序可能有所区别，因此以下配套 MOOC 视频清单中知识点的顺序与本书目录稍有区别，读者可以根据自身情况安排学习顺序。

知识单元	知识点	知识单元	知识点
知识单元 1 认识计算机	计算思维	知识单元 6 复杂数据的存储与处理 （数据的查找与排序）	查找概述
	冯·诺依曼体系结构		顺序比较与折半查找
	计算机硬件组成		索引查找与散列查找
	计算机软件组成		插入排序
	计算机操作系统简介		交换排序与选择排序
知识单元 2 简单数据的存储与处理	语言处理程序	知识单元 7 规模数据的有效管理	数据管理概述
	无处不在的计算		数据的组织级别
	数字的存储与显示		现实世界的数据表示
	文字的存储与显示		数据模型的概念
	模拟信号的数字化		理解关系数据库
	图像的数字化		基本的关系运算
知识单元 3 Windows 10 管理计算机	操作系统的功能和类型		数据库设计
	操作系统的界面	知识单元 8 信息共享与利用	计算机网络的基本概念
	Windows 10 文件管理		数据交换技术
	Windows 10 系统设置		计算机网络的基本组成
知识单元 4 复杂数据的存储与处理 （线性问题的分析与处理）	数据结构概述		因特网
	顺序存储与链式存储		因特网基本服务
	索引存储与散列存储		因特网信息检索
	算法	知识单元 9 网络安全基础	网络安全的基本概念
	线性表		数据加密技术
	线性表的链式存储		认证技术
	队列的存储与处理		数字签名技术
	栈的存储与处理		防火墙技术
知识单元 5 复杂数据的存储与处理 （层次问题的分析与处理）	二叉树的概念与性质	知识单元 10 云计算与大数据基础	云计算简介
	二叉树的存储与遍历		云计算的基本类型
	二叉树与树		主流云计算技术介绍
	二叉树的应用		大数据的基本概念
	二叉排序树		大数据分析技术

目　录

上篇　基础理论概述

中篇 新技术探索

下篇　实践应用

上 篇
基础理论概述

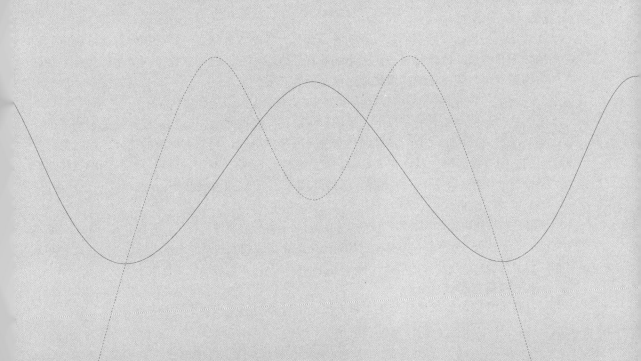

第1章 认识计算机

计算机，这种能够按照事先存储的程序进行大量数值计算和信息处理的现代电子设备的出现为人类认识世界与改造世界提供了一种更有效的手段，而以计算机技术和计算机科学为基础的计算思维必将深刻影响人类的思维方式。

1.1 计算思维

1.1.1 人类认识世界与改造世界的基本思维

认识世界与改造世界是人类创造历史的两种基本活动。认识世界是为了改造世界，要想有效地改造世界，就必须正确地认识世界。而在认识世界与改造世界的过程中，思维与思维过程占据重要位置。

1. 思维与思维过程

思维是通过一系列比较复杂的操作来实现的。人们在头脑中，运用存储在记忆中的知识经验，对外界输入的信息进行分析、综合、比较、抽象和概括的过程就是思维过程（或称为思维操作）。思维过程主要包括以下几个环节。

（1）分析与综合

分析是指在头脑中把事物的整体分解为各个部分或各种属性，事物分析往往是从分析事物的特征和属性开始的。综合是指在头脑中把事物的各个部分、各种特征、各种属性通过它们之间的联系结合起来，形成一个整体。综合是思维的重要特征，通过综合能够把握事物及其联系，抓住事物的本质。

（2）比较

比较是指在头脑中把事物或现象的各个部分、各个方面或各种特征加以对比，确定它们之间的异同和关系。比较可以在同类事物和现象之间进行，也可以在不同类型但具有某种联系的事物和现象之间进行。当事物或现象之间存在着性质上的异同、数量上的多少、形式上的美丑、质量上的优劣时，人们常运用比较的方法来认识这些事物和现象。

比较是在分析与综合的基础上进行的。为了比较某些事物，首先，要对这些事物进行分析，分解出它们的各个部分、各种属性和各个方面；其次，把它们相应的部分、相应的属性和相应的方面联系起来加以比较（实际上就是综合）；最后，找出并确定事物的相同点和差异点。所以说，比较离不开分析与综合，分析与综合是比较的组成部分。

（3）抽象与概括

抽象是在头脑中抽取同类事物或现象的共同的、本质的属性或特征，并舍弃其个别的、非本质特征的思维过程。概括是在头脑中把抽象出来的事物或现象的共同的本质属性或特征综合起来并推广到同类事物或现象中的思维过程。通过这种概括，人们可以认识同类事物的本质特征。

2. 三种基本思维

实证思维、逻辑思维、计算思维是人类认识世界与改造世界的三种基本思维。

实证思维是指以观察和总结自然规律为特征，以具体的实际证据支持自己的论点。实证思维以物理学科为代表，是认识世界的基础。实证思维结论要符合三个原则：可以解释以往的实验现象；逻辑上自洽；能够预见新的现象。

逻辑思维是指人们在认识世界的过程中借助于概念、判断、推理等思维形式能动地反映客观现实的理性认识过程，又称为理论思维。只有经过逻辑思维，人们才能实现对具体对象本质规定的把握，进而认识客观世界。逻辑思维以数学学科为代表，是认识世界的高级阶段。逻辑思维结论要符合三个原则：有作为推理基础的公理集合；有一个可靠和协调的推演系统（推演规则）；结论只能从公理集合出发，经过推演系统的合法推理总结出结论。

计算思维是指人们运用计算机科学的基础概念，通过约简、嵌入、转化和仿真的方法，把一个看起来困难的问题重新阐述成一个知道怎样解的问题。计算思维以计算机学科为代表，是改造世界的有力支撑。计算思维结论要符合两个原则：运用计算机科学的基础概念进行问题求解和系统设计；涵盖计算机科学一系列的思维活动。

1.1.2　理解计算思维

计算思维代表着一种普遍认识和基本技能，涉及运用计算机科学的基础概念去求解问题、设计系统和理解人类的行为，涵盖了反映计算机科学之广泛性的一系列思维活动。计算思维将如同计算机一样，渗入每个人的生活之中，如同"算法"和"前提条件"等计算机专业名词一样，它也将成为人们日常词汇的一部分。所以，计算思维不仅需要计算机专业人员具备，也需要每个人掌握。

计算思维具有以下基本特点。

① 概念化。计算机科学不是计算机编程，计算机编程仅是实现环节的一个基本组成部分。像具备计算机科学家那样的思维远非计算机编程可以达到的，计算机科学要求人们能够在多个层次上进行抽象思维。

② 基础技能。基础技能是每个人为了在现代社会中发挥职能所必须掌握的技能。构建于计算机技术基础上的现代社会要求人们必须具备计算思维。而生搬硬套的机械技能意味着机械地重复工作，不能为创新性需求提供支持。

③ 人的思维。计算思维建立在计算过程的能力和限制之上，是人类求解复杂问题的基本途径，但绝非试图使人类像计算机那样思考。计算方法和模型的使用使得处理那些原本无法由个人独立完成的问题求解和系统设计成为可能，人类就能解决那些计算时代之前不敢尝试的规模问题和复杂问题，就能建造那些其功能仅受制于自身想象力的系统。

④ 本质是抽象和自动化。计算思维吸取了解决问题所采用的一般数学思维方法、复杂系统设计与评估的一般工程思维方法，以及复杂性、智能、心理、人类行为的理解等一般科学思维方法。与数学和物理科学相比，计算思维中的抽象显得更为丰富，也更为复杂。数学抽象的最大特点是抛开现实事物的物理、化学和生物学等特性，而仅保留其量的关系和空间的形式。计算思维中的抽象不仅仅如此，其完全超越了物理的时空观，并完全用符号来表示，其中，数字抽象只是一类特例。

计算机科学在本质上源自数学思维和工程思维，计算设备的空间限制（计算机的存储空间有限）和时间限制（计算机的运算速度有限）使得计算机科学家必须计算性地进行思考，而不能只是数学性地进行思考。

1.2 通用机的体系结构

1.2.1 现代计算机的产生

20 世纪以来，电子技术与数学充分发展，数学的发展又为设计及研制新型计算机提供了理论依据。人们对计算工具的研究进入了一个新的阶段。

（1）阿塔纳索夫-贝利计算机

早在 1847 年，计算机先驱、英国数学家 Charles Babbages 开始设计机械式差分机，总体设计耗时 2 年，这台机器可以完成 31 位精度的运算并将结果打印到纸上，因此被人们普遍认为是世界上第一台机械式计算机。

20 世纪 30 年代，保加利亚裔的阿塔纳索夫在美国爱荷华州立大学物理系任副教授，面对求解线性偏微分方程组的繁杂计算，从 1935 年开始探索运用数字电子技术开展计算工作。经过反复研究试验，他和他的研究生助手克利福德·贝利终于在 1939 年制造出一台完整的样机，证明了他们的概念是正确的，并且可以实现。人们把这台样机称为阿塔纳索夫-贝利计算机（Atanasoff-Berry Computer，ABC）。

阿塔纳索夫-贝利计算机是电子与电器的结合，电路系统装有 300 个电子真空管，用于执行数字计算与逻辑运算，机器采用二进制计数方法，使用电容器进行数值存储，数据输入采用打孔读卡方法。可以看出，阿塔纳索夫-贝利计算机已经包含了现代计算机中 4 个重要的基本概念，从这个角度来说，它具备了现代计算机的基本特征。客观地说，阿塔纳索夫-贝利计算机正好处于模拟计算向数字计算的过渡阶段。

阿塔纳索夫-贝利计算机的产生具有划时代的意义，与之前的计算机相比，阿塔纳索夫-贝利计算机具有以下特点。

① 采用电能与电子元件，当时为电子真空管。

② 采用二进制计数方法，而非通常的十进制计数方法。

③ 采用电容器作为存储器，可再生而且可避免发生错误。

④ 进行直接的逻辑运算，而非通过算术运算进行模拟。

（2）埃尼阿克计算机

1946 年，专门用于火炮弹道计算的大型电子数字积分计算机"埃尼阿克"（ENIAC）诞生于美国宾夕法尼亚大学。"埃尼阿克"完全采用电子线路执行算术运算、逻辑运算和信息存储，运算速度比继电器计算机快 1000 倍。通常，当说到第一台电子数字计算机时，大多数人会认为是"埃尼阿克"。事实上，根据 1973 年美国法院的裁定，最早的电子数字计算机是阿塔纳索夫-贝利计算机。之所以会有这样的误会，是因为"埃尼阿克"研究小组中的一个叫莫克利的人于 1941 年剽窃了阿塔纳索夫的研究成果，并在 1946 年申请了专利，美国法院于 1973 年裁定该专利无效。

虽然"埃尼阿克"的产生具有划时代的意义，但其不能存储程序，需要用线路连接的方法来编排程序，每次解题时的准备时间大大超过实际计算时间。

（3）现代计算机的发展

英国剑桥大学数学实验室在 1949 年研制成功基于存储程序式通用电子计算机方案（该方案由冯·诺依曼领导的设计小组在 1945 年制定）的现代计算机——电子离散时序自动计算机（EDSAC）。至此，电子计算机开始进入现代计算机的发展时期。计算机器件从电子管到晶体管，再从分立元件到集成电路乃至微处理器，促使计算机的发展出现了三次飞跃。

① 电子管计算机。在电子管计算机时期（1946—1959 年），计算机主要用于科学计算，主存储器是决定计算机技术面貌的主要因素。当时，主存储器有汞延迟线存储器、阴极射线管静电存储器，通常按此对计算机进行分类。

② 晶体管计算机。在晶体管计算机时期（1959—1964 年），主存储器均采用磁芯存储器，磁鼓和磁盘开始作为主要的辅助存储器。这时，不仅传统的用于科学计算的计算机继续发展，而且中小型计算机，特别是廉价的用于处理小型数据的计算机也开始大量生产。

③ 集成电路计算机。1964 年以后，在集成电路计算机发展的同时，计算机也进入了产品系列化的发展时期。半导体存储器逐步取代了磁芯存储器的主存储器地位，磁盘成了不可缺少的辅助存储器，并且开始普遍采用虚拟存储技术。随着各种半导体只读存储器和可改写只读存储器的迅速发展，以及微程序技术的发展和应用，在计算机系统中开始出现固件子系统。

④ 大规模集成电路计算机。20 世纪 70 年代以后，计算机使用集成电路的集成度迅速从中小规模发展到大规模、超大规模的水平，微处理器和微型计算机应运而生，各类计算机的性能迅速提高。进入集成电路计算机发展时期以后，在计算机中形成了相当规模的软件子系统，高级语言的种类进一步增加，操作系统（Operating System，OS）日趋完善，其具备批量处理、分时处理、实时处理等多种功能。数据库管理系统、通信处理程序、网络软件等也不断被增添到软件子系统中。

（4）现代计算机的特点

现代计算机具有以下主要特点。

① 自动执行。计算机在程序控制下能够自动、连续地高速运算。一旦人们输入编制好的程序，启动计算机后，其就能自动地执行下去，直至完成任务，整个过程无须人工干预。

② 运算速度快。计算机能以极快的速度进行计算。

2020 年 11 月，全球超级计算机 Top 500 第 56 期新榜单公布，来自日本的超级计算机富岳（Fugaku）蝉联第一，亚军和季军均为美国的超级计算机，而中国的神威·太湖之光超级计算机位列第四，天河 2A 位列第六。

富岳是由日本理化学研究所和制造商富士通共同推进开发的超级计算机，由约 400 台计算机组成。富岳的峰值运算速度达到 415.5petaflops，即每秒 41.55 亿亿次的运算速度。第二、第三名分别是美国的 Summit（顶点）、Sierra（山脊）两台超级计算机，峰值运算速度分别是每秒 20 亿亿次及每秒 12.5 亿亿次。排名第四和第六的分别是国家并行计算机工程与技术研究中心开发的神威·太湖之光超级计算机和我国国防科技大学研发的天河 2A 超级计算机，峰值运算速度分别是每秒 9.3 亿亿次和每秒 6.14 亿亿次，这是最近几年我国的超级计算机首次掉出 Top 500 前三名。即便如此，我国上榜 Top 500 的超级计算机的总量仍居第一位，算力居世界第二位。

通过超级计算机，研究人员能够更好地模拟和处理复杂的数据，并能够从量子信息、先进材料、天体物理、核裂变、核聚变、生物能源和基础生物等学科中更快、更准确、更详细地获得结果，从而极大地提高科学研究的速度，除了在科技上有强大的助力，超级计算机还对国家安全和国民经济有着强大的影响。

③ 运算精度高。现代计算机具有以往计算机无法比拟的计算精度，目前已达到小数点后上亿位的精度。

④ 存储能力高。计算机的存储系统由内存和外存组成，具有存储大量信息的能力。

以中国制造的"天河二号"为例，"天河二号"共有 16 000 个运算节点，每个节点配备两个 Xeon E5 12 核心的中央处理器、三个 Xeon Phi 57 核心的协处理器（运算加速卡）。累计

32 000个Xeon E5主处理器和48 000个Xeon Phi协处理器，共有312万个计算核心。

每个节点拥有64GB内存，而每个Xeon Phi协处理器板载8GB内存，所以每个节点共有88GB内存，整体总计内存1.408PB。在外存方面，拥有12.4PB容量的硬盘阵列。

整机功耗17 808千瓦，在搭载水冷散热系统以后，功耗将达到24兆瓦。

⑤ 可靠性高。随着微电子技术和计算机技术的发展，现代计算机连续无故障运行时间可达到几十万小时以上，具有极高的可靠性。

1.2.2　冯·诺依曼体系结构

20世纪30年代中期，美籍匈牙利裔科学家冯·诺依曼提出采用二进制作为数字计算机的计数制基础。同时，他提出应预先编制计算程序，然后由计算机按照程序进行数值计算。1945年，他又提出在数字计算机的存储器中存放程序的概念，这些所有现代计算机共同遵守的基本规则，被称为"冯·诺依曼体系结构"，按照这一规则制造的计算机就是存储程序计算机，又称为通用计算机。

1．程序与指令

计算机的产生为人们解决复杂问题提供了可能，但从本质上讲，无论计算机的功能有多强大、构成有多复杂，它也只是一台机器而已。它的整个执行过程必须被严格和精确地控制，完成该功能的便是程序。

简单地讲，程序就是完成特定功能的指令序列。当希望计算机解决某个问题时，人们必须将问题的详细求解步骤以计算机可识别的方式组织起来，这就是程序。而计算机可识别的最小求解步骤就是指令。

程序由指令组成，指令能被计算机硬件理解并执行。一条指令就是程序设计的最小语言单位。一条计算机指令用一串二进制码表示，由操作码和操作数两个字段组成。操作码用来表征该指令的操作特性和功能，即指出进行什么操作；操作数经常以地址码的形式出现，指出参与操作的数据在存储器中的地址。在一般情况下，参与操作的源数据或操作后的结果数据都存放在存储器中，通过地址可访问其内容，即得到操作数。

一台计算机能执行的全部指令的集合，称为这台计算机的指令系统。指令系统根据计算机使用要求设计，准确地定义了计算机对数据进行处理的能力。不同种类的计算机，其指令系统的指令数目与格式也不同。指令系统越丰富完备，编程人员编写程序就越方便灵活。

2．基本规则

冯·诺依曼提出的制造计算机应该遵守的基本规则如下。

（1）五大功能部件

计算机由运算器、存储器、控制器和输入设备、输出设备五大功能部件组成。早期的冯·诺依曼体系结构以运算器为中心，输入设备、输出设备与存储器的数据传送要通过运算器。而现代的计算机以存储器为中心。

（2）采用二进制

指令和数据都用二进制码表示，以同等地位存放于存储器内，并可按地址寻访。计算机中采用二进制，其主要原因在于以下几点。

① 技术实现简单。计算机是由逻辑电路组成的，逻辑电路通常只有两种状态，开关的接通与断开，这两种状态正好可以用1和0来表示。

② 运算规则简单。两个二进制数的和、积运算组合各有三种，运算规则简单，有利于简化计算机内部结构，提高运算速度。

③ 适合逻辑运算。逻辑代数是逻辑运算的理论依据，二进制数只有两个基本数字，正好与逻辑代数中的真和假相吻合。

④ 抗干扰能力强，可靠性高。因为每位数据只有高、低两种状态，即便受到一定程度的干扰，仍能可靠地进行区分。

（3）存储程序原理

存储程序原理是将程序像数据一样存储到计算机内存中。程序被存入内存后，计算机便可自动地从一条指令转到另一条指令进行执行。

首先，把程序和数据送入内存。

内存被划分为很多存储单元，每个存储单元都有地址编号，而且把内存分为若干个区域，如有专门存放程序的程序区和专门存放数据的数据区。

其次，从第一条指令开始执行程序。在一般情况下，指令按存放地址编号的顺序，由小到大依次执行，遇到条件转移指令时改变执行的顺序。每条指令的执行都要经过 3 个步骤。

① 取指：把指令从内存送往译码器。

② 分析：译码器将指令分解成操作码和操作数，产生相应控制信号后送往各电器部件。

③ 执行：控制信号控制电器部件完成相应的操作。

从早期的 EDSAC 到当前最先进的通用计算机，采用的都是冯·诺依曼体系结构。

3. 五大组成部分

典型的冯·诺依曼体系结构的计算机是以运算器为中心的，其组成如图 1.1 所示。

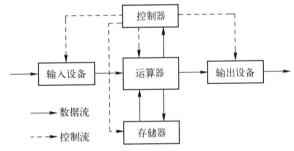

图 1.1　典型的冯·诺依曼体系结构的计算机组成

现代计算机已转化为以存储器为中心，其组成如图 1.2 所示。

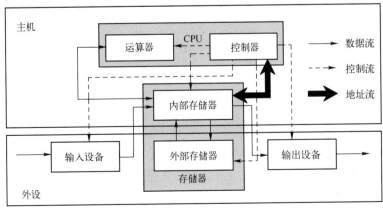

图 1.2　现代计算机的组成

图 1.2 中各部件的功能如下。

（1）运算器

运算器的作用是对各种信息进行算术运算（加、减、乘、除）和逻辑运算（与、或、非、异或），主要由加法器、移位器、寄存器构成。中间步骤的运算结果暂存在寄存器内。

（2）存储器

程序、数据等信息必须存放在计算机中。存储器由许许多多的存储单元组成（存储单元的总数称为存储容量），每个存储单元有一个编号，被称为存储单元地址，运算器所加工的一切信息均来自存储器，所以存储器容量的大小是判断计算机性能高低的重要指标之一。存储器由内部存储器和外部存储器构成，内部存储器是运算器信息的直接来源，一般把当前不需要的程序和数据放在磁盘等外部存储器中，在需要时再把它们从磁盘中调入内部存储器。

存储器容量是指存储器可以容纳的二进制信息量。在衡量存储器容量时，经常会用到以下单位。

① 位（bit）：一位代表一个二进制数 0 或 1，用符号 b 来表示。

② 字节（Byte）：每 8 位（bit）为 1 字节（Byte），用符号 B 来表示。

③ 千字节（KB）：1KB=1024B。

④ 兆字节（MB）：1MB=1024KB=1024×1024B=1 048 576B。

⑤ 吉字节（GB）：1GB=1024MB。

随着存储信息量的增大，需要有更大的单位来表示存储容量，比吉字节（GB）更大的还有 TB（Terabyte）、PB（Petabyte）、EB（Exabyte）、ZB（Zettabyte）和 YB（Yottabyte）等，其中，1PB=1024TB，1EB=1024PB，1ZB= 1024EB，1YB=1024ZB。

需要注意的是，存储产品生产商会直接以 1GB=1000MB、1MB=1000KB、1KB=1000B 的计算方式统计产品的容量，这就是用户所购买的存储设备容量达不到标称容量的主要原因（如标注为 320GB 的硬盘，其实际容量只有 300GB 左右）。

对内部存储器的操作有"读"和"写"两种。其操作过程是：由控制器送来存储器地址，经译码器找到该地址所对应的单元，再由控制器发出"读"或"写"信号，该单元的内容就被读出至数据线上，或把数据从数据线写入该单元。

（3）控制器

控制器是计算机的指挥中心，它通过向机器的各部分发出控制信号来指挥整台机器自动、协调地工作。用来控制、指挥程序和数据的输入、运行及处理运算结果。

（4）输入设备

输入设备的作用是将人们熟悉的信息形式转换为机器能识别的信息形式。输入设备包括键盘、鼠标、话筒、扫描仪、A/D 转换器等。

（5）输出设备

输出设备的作用是将机器运算结果转换为人们熟悉的信息形式。输出设备包括显示器、打印机、绘图仪、音箱、D/A 转换器等。

计算机的五大功能部件在控制器的统一指挥下，有条不紊地自动工作。由于运算器和控制器在逻辑关系和电路结构上联系紧密，尤其是在大规模集成电路出现后，这两大功能部件往往被制作在同一芯片上，因此通常将它们统称为中央处理器（Central Processing Unit，CPU）。存储器分为主存储器和辅助存储器。主存储器又称内部存储器，简称内存，可直接与 CPU 交换信息。把 CPU 与内存统称为主机。辅助存储器又称外部存储器，简称外存。把输入设备与输出设备统称为 I/O 设备，I/O 设备与外存统称为外部设备，简称外设。因此，现代计算机可认为由两部分组成：主机和外设。

现代计算机的工作流程如下。

运算器、存储器、控制器、输入设备、输出设备五大功能部件组成了计算机的硬件系统（简称硬件），是计算机工作的物质基础。计算机在工作时，先将原始数据和处理该数据的程序（指令序列），通过输入设备载入存储器中，控制器从存储器中取出一条指令（简称取指），在控制器的指挥下完成该指令所规定的操作（简称执行），然后取出第二条指令执行。如此进行下去，直到全部程序执行完毕（取指和执行可以串行完成，也可以重叠完成）。

1.3 计算机的基本组成

一个完整的计算机系统由硬件系统及软件系统两部分组成。其中，计算机硬件是计算机系统中由电子、机械和光电元件组成的各种计算机部件和设备的总称，是计算机完成各项工作的物质基础。而计算机软件是指计算机所需的各种程序及有关资料，是计算机的灵魂。计算机系统的基本组成如图 1.3 所示。

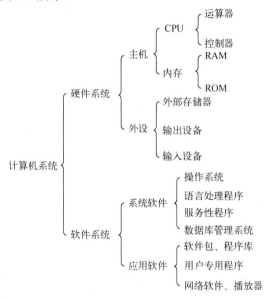

图 1.3 计算机系统的基本组成

1.3.1 硬件组成

1．计算机的结构特点

计算机的结构特点如下所示。

① 运算器和控制器集成在一块大规模集成电路中，称为 CPU，或称为微处理器（MPU）。

② 采用总线结构。CPU 和存储器接至总线上，外部设备（I/O 设备）通过"I/O 接口"电路连接至总线上。

在计算机中，CPU、存储器和 I/O 设备之间是采用总线连接的，总线是计算机中数据传输或交换的通道，目前的总线宽度正在从 32 位向 64 位过渡。通常用频率来衡量总线传输的速度，单位为 Hz。根据连接的部件不同，总线可分为内部总线、系统总线和外部总线三种。

内部总线是同一部件内部连接的总线；系统总线是计算机内部不同部件之间连接的总线；有时把主机和外部设备之间连接的总线称为外部总线。根据功能的不同，系统总线又可分为数据总线（Data Bus，DB）、地址总线（Address Bus，AB）和控制总线（Control Bus，CB）三种，如图1.4所示。

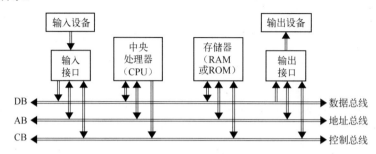

图1.4　计算机中的系统总线结构

① 地址总线：CPU发出的地址信号经地址总线传送到其他设备，用于指定CPU需要读/写的存储单元地址或I/O接口的端口地址。

② 数据总线：用于在CPU、存储器、I/O接口之间传送数据信息（数据、指令等）。

③ 控制总线：一组控制线，用于传送各种控制信号。

由于三组总线（AB、DB、CB）与多个部件相连，而同一时刻只允许一对部件进行信息传送，例如，CPU与存储器在数据总线上进行数据传送时，就不允许I/O接口的数据介入数据总线，因此，各部件的输入/输出线都必须通过三态门电路才能与总线相连。控制器控制各条三态门电路的接通和断开。例如，I/O接口电路经过三态门电路与总线相连，当三态门电路断开时，I/O接口电路未接入总线，总线上的信号不影响I/O接口电路，I/O接口电路的工作也不影响总线。

在逻辑上，一个完整的计算机硬件系统由五大功能部件组成。五大功能部件在物理上则包含主机箱、电源、主板、CPU、内存、硬盘、光驱、显卡、声卡、网卡、风扇、显示器、鼠标、键盘、打印机、扫描仪、音箱、摄像头、麦克风等配件。

下面来介绍五大功能部件的核心配件。

2．主板

主板是连接计算机中所有硬件的载体，是计算机工作的核心。主板中有各种电路，通过这些电路完成各个组件之间的信号交换。所以主板相当于大脑的角色，其他硬件就是不同的功能区域。在工作时，主板对功率进行分配，协调组件通信，集合所有效果展现出来的就是一台正常运行的计算机。

在组装计算机时，一般都是先选择主板，通过检查主板所提供的硬件端口、数量、级别、类型、兼容性来选择对应的硬件组件，比如，USB端口级别（USB 2.0、3.0、3.1），显示端口类型（HDMI、DVI、RGB），显卡、内存槽数量和类型等；另一个核心组件CPU的选取也要看主板支持的插槽和功率，只有相互匹配计算机才能正常运行。华硕P5Q主板如图1.5所示。

北桥（Northbridge）芯片和南桥（Southbridge）芯片是主板芯片组中非常重要的组成部分，如图1.6所示。

一块计算机主板，靠近CPU插座并起连接作用的芯片称为"北桥芯片"。北桥芯片用来处理高速信号，通常用来处理中央处理器、存储器、PCI Express显卡（之前是AGP显卡）、高速PCI Express X16/X8的端口，以及与南桥芯片之间的通信。北桥芯片起到的作用非常明显，在计算机中起主导作用，所以人们习惯将其称为主桥。

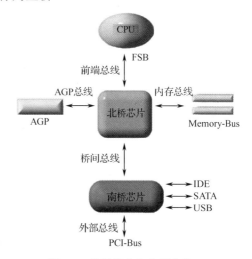

图 1.5　华硕 P5Q 主板　　　　　　　　　图 1.6　北桥芯片和南桥芯片

因为北桥芯片的数据处理量非常大，发热量也越来越大，所以现在的北桥芯片都覆盖着散热片用来加快北桥芯片的散热速度，有些主板的北桥芯片还会配备风扇进行散热。

南桥芯片一般位于主板上距 CPU 插槽较远的下方，在 PCI 插槽的附近，采用这种布局的原因是它所连接的 I/O 总线较多，距处理器远一点有利于布线，而且更容易遵循信号线等长的布线原则。南桥芯片负责 I/O 总线之间的通信，如 PCI 总线、USB、LAN、ATA、SATA、音频控制器、键盘控制器、实时时钟控制器、高级电源管理等，这些技术一般相对来说比较稳定，所以不同芯片组中南桥芯片一般是一样的，不同的只是北桥芯片。

相对于北桥芯片来说，南桥芯片的数据处理量并不算大，所以南桥芯片一般不必采取主动散热，有时甚至不需要使用散热片。

3. CPU

CPU 是一种超大规模集成电路，是计算机的计算核心和控制核心，主要作用是解释计算机指令，以及处理计算机运行的程序的数据。CPU 的主频也叫时钟频率，单位是兆赫（MHz）或千兆赫（GHz）。主频越高，CPU 处理数据的速度就越快，比如，千兆赫主频的 CPU 处理速度就一定比兆赫主频的 CPU 处理速度要快。

CPU 是计算机系统的核心部件。CPU 性能的高低直接影响着计算机的性能，它负责计算机系统中的数值运算、逻辑判断、控制分析等核心工作。Intel 公司生产的酷睿 i7 CPU 的外观如图 1.7 所示。

（1）基本结构

CPU 的内部结构可以分为运算部件、控制部件和寄存器部件三部分，各部分相互协调。

① 运算部件。运算部件可以执行定点或浮点的算术运算操作、移位操作及逻辑操作，也可以执行地址的运算和转换。

图 1.7　Intel 公司生产的酷睿 i7 CPU 的外观

② 控制部件。控制部件主要负责对指令进行译码，并发出为完成每条指令要执行的各种操作的控制信号。其结构有两种：一种是以微存储为主的微程序控制方式；另一种是以逻辑硬布线结构为主的控制方式。

③ 寄存器部件。寄存器部件包括通用寄存器、专用寄存器和控制寄存器。有时，CPU 中还有一些缓存，用来暂时存放一些数据指令。目前市场上的中高端 CPU 都有 2MB 左右的高速缓存。

（2）工作过程

CPU 在工作时遵守存储程序原理，可分为取指令、分析指令、执行指令三个阶段。CPU通过周而复始地完成取指令、分析指令、执行指令三个阶段，实现了自动控制过程。为了使三个阶段按时发生，还需要使用一个实时时钟控制器来调节 CPU 的每个动作，它发出调整CPU 步伐的脉冲，实时时钟控制器每秒发出的脉冲越多，CPU 的运行速度就越快。

4．内存

计算机存储器的体系结构如图 1.8 所示。

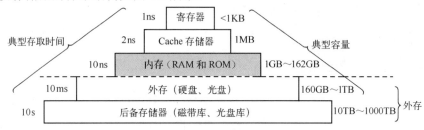

图 1.8　计算机存储器的体系结构

内存、外存和 CPU 之间的信息传递关系如图 1.9 所示。只要计算机正在运行，CPU 就会把需要运算的数据调到内存中，然后进行运算，当运算完成后，CPU 再将结果传送出来。

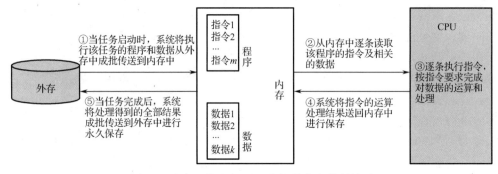

图 1.9　内存、外存和 CPU 之间的信息传递关系

内存是 CPU 信息的直接来源，其作用是暂时存放 CPU 中的运算数据，以及与硬盘等外存交换的数据。传统意义上的内存主要包括 ROM（Read Only Memory，只读存储器）和 RAM（Random Access Memory，随机存储器）两部分。

（1）ROM

ROM 是一种只能读出事先所存数据的固态半导体存储器。其特性是一旦储存资料就无法再将其改变或删除。ROM 一般用于存放计算机的基本程序和数据，如存放 BIOS 的就是最基本的 ROM。

（2）RAM

RAM 既可以读取数据，又可以写入数据。当机器电源关闭时，存储于其中的数据就会丢失。内存条就是将 RAM 集中在一起的一小块电路板，它插在计算机中的内存插槽上。目前市场上常见的内存条有 1GB、2GB、4GB 等容量，一般由内存芯片、电路板、金手指等部分组成。

随着 CPU 性能的不断提高，JEDEC 组织很早就开始酝酿 DDR2 标准，DDR2 能够在 100MHz 频率的基础上提供每个插脚最少 400Mbps 的带宽，而且其接口将运行于 1.8V 电压上，进一步降低发热量，以便提高频率。DDR3 比 DDR2 有更低的工作电压，从 DDR2 的 1.8V 降到 1.5V，性能更好，更为省电，DDR3 目前能够达到最高 2000MHz 的频率。

5．硬盘

硬盘用于永久地存放信息。当要用到外存中的程序和数据时，才将它们调入内存。所以外存只同内存交换信息，而不能被计算机的其他部件访问。

传统的机械硬盘 HDD 的储存介质是磁盘（碟片），硬盘驱动器将二进制数据写入高速运转的磁盘中或从对应的区域读取上面的数据。而随着技术的发展，新型的固态硬盘（SSD）使用静态闪存芯片作为数据存储的介质，舍弃了机械结构下的指针寻址过程，大大节省了读/写时间。为了方便替换机械硬盘，目前市场上大部分固态硬盘都是 SATA 固态硬盘和 mSATA 固态硬盘，即使用 SATA 接口的固态硬盘。

（1）机械硬盘

机械硬盘存储器的信息存储依赖磁性原理。机械硬盘容量大、性价比高，其存储密度可达每平方英寸 100GB 以上。机械硬盘内部结构如图 1.10 所示。机械硬盘实物结构如图 1.11 所示。

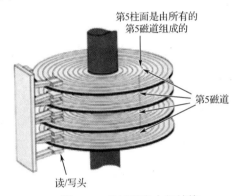

图 1.10　机械硬盘内部结构

图 1.11　机械硬盘实物结构

机械硬盘不仅用于各种计算机和服务器中，还用于硬盘阵列和各种网络存储系统中。关于机械硬盘，有以下几个概念需要读者了解。

① 磁头：磁头是硬盘中最昂贵的部件，用于数据的读/写。

② 磁道：当磁盘旋转时，磁头若保持在一个位置上，则每个磁头都会在磁盘表面画出一个圆形轨迹，这些圆形轨迹就称为磁道。

③ 扇区：硬盘上的每个磁道被等分为若干弧段，这些弧段便是硬盘的扇区，每个扇区的容量大小为 512B。数据的存储一般以扇区为单位。

④ 柱面：硬盘通常由重叠的一组盘片构成，每个盘面都被划分为数目相等的磁道，并从外缘的 0 开始编号，具有相同编号的磁道形成一个圆柱，称为硬盘的柱面。

衡量机械硬盘性能的指标如下。

① 容量。硬盘的常见容量有 500GB、640GB、750GB、1000GB、1.5TB、2TB 和 3TB，随着硬盘技术的发展，还将推出更大容量的硬盘。

② 转速。转速是指硬盘盘片在一分钟内所能完成的最大旋转圈数，转速是衡量硬盘性能

的重要参数之一，在很大程度上直接影响机械硬盘的转速，单位为 rpm。rpm 值越大，内部数据传输速率就越快，访问时间就越短，机械硬盘的整体性能也就越好。普通家用机械硬盘的转速一般有 5400rpm、7200rpm 两种。笔记本机械硬盘的转速一般以 4200rpm、5400rpm 为主。服务器机械硬盘的性能最高，转速一般为 10 000rpm，性能高的可达 15 000rpm。

③ 平均访问时间。平均访问时间是指磁头找到指定数据的平均时间，通常是平均寻道时间和平均等待时间之和。平均寻道时间是指机械硬盘在盘面上移动磁头至指定磁道寻找相应目标数据所用的时间，单位为 ms。平均等待时间是指当磁头移动到数据所在磁道后，等待所有数据块转动到磁头下的时间，它是盘片旋转周期的 1/2。平均访问时间既反映了机械硬盘内部数据的传输速率，又是评价机械硬盘读/写数据所用时间的最佳标准。平均访问时间越短越好，一般为 11～18ms。

（2）固态硬盘

固态硬盘简称固盘，如图 1.12 所示。固态硬盘是用固态电子存储芯片阵列制成的硬盘，由控制单元和存储单元（FLASH 芯片、DRAM 芯片）组成。固态硬盘的存储介质分为两种：一种是采用闪存（FLASH 芯片）作为存储介质；另一种是采用 DRAM 作为存储介质。

图 1.12　固态硬盘

① 基于闪存的固态硬盘。基于闪存的固态硬盘采用 FLASH 芯片作为存储介质，这也是通常所说的 SSD。它的外观可以被制作成多种样式，例如，笔记本硬盘、微硬盘、存储卡、U 盘等。它最大的优点是可以移动，而且数据保护不受电源控制，能适应各种环境，适用于个人用户。一般它的擦写次数为 3000 次左右。

② 基于 DRAM 的固态硬盘。基于 DRAM 的固态硬盘采用 DRAM 作为存储介质，应用范围较窄。它模仿传统硬盘的设计，可被绝大部分操作系统的文件系统工具进行卷设置和管理，并提供工业标准的 PCI 和 FC 接口用于连接主机或者服务器。应用方式可分为 SSD 硬盘和 SSD 硬盘阵列两种。它是一种高性能的存储器，而且使用寿命很长，美中不足的是需要使用独立电源来保护数据安全。基于 DRAM 的固态硬盘属于比较非主流的设备。

基于闪存的固态硬盘是固态硬盘的主要类别，其内部构造简单，主体其实就是一块 PCB 板，而这块 PCB 板上基本的配件就是控制芯片、缓存芯片和用于存储数据的闪存芯片。控制芯片是固态硬盘的大脑，其作用有两点：一是合理调配数据在各个闪存芯片上的负荷；二是承担了整个数据的中转，用于连接闪存芯片和外部 SATA 接口。不同控制芯片之间的能力相差非常大，在数据处理能力、算法，以及对闪存芯片的读取与写入控制上会有非常大的不同，直接会导致固态硬盘产品在性能上的差距高达数十倍。

固态硬盘具有读/写速度快、防震抗摔、低功耗、无噪音、工作温度范围大、轻便等优点，但寿命有限是其主要缺点。

1.3.2　软件组成

软件已是计算机运行不可缺少的部分。现代计算机进行的各种事务处理都是通过软件实现的，用户也是通过软件与计算机进行交互的。

1．基本人机交互方式

人机交互主要研究系统与用户之间的交互关系。系统可以是各种各样的机器，也可以是计算机化的系统和软件。

人机交互的主要作用是控制相关设备的运行和理解，执行通过人机交互设备传来的各种命令和要求。用户通过可见的人机交互界面与系统交流并进行操作。常见的人机交互方式有三种：命令式、菜单式和图形用户界面。

（1）命令式交互方式

命令式交互方式的基本实现思想是：定义一种简单的语言，用户通过这种简单的语言与计算机进行交互，每交互一次完成一个特定的任务或任务中的某一步，通过不断地交互完成用户所需要的操作。

命令式交互方式是一种最简单的人机交互方式，以前的 DOS、现在的 Windows cmd，以及 Linux/UNIX Shell 都是这种交互方式的代表。

例如：

C:\> cd　　C:\windows

其表示将当前目录改为 C:\windows。其中，cd 是命令名，表示改变驱动器的当前目录或改变当前驱动器。

快捷键是指通过键盘上某些特定的按键、按键顺序或按键组合来完成一个操作命令。快捷键有一定的有效范围。系统级快捷键可以全局响应，无论当前焦点在哪里、运行什么程序，按下时都能起作用；应用程序级热键（快捷键）只能在当前活动的程序中起作用；控件级的热键则仅在当前控件中起作用。

例如，Windows 常见的系统级快捷键如下。

① Ctrl+C：复制。

② Ctrl+X：剪切。

③ Ctrl+V：粘贴。

④ Ctrl+S：保存。

（2）菜单式交互方式

菜单式交互方式采用一种集成式和层次化结构，将上下文语义联系在一个集成平面中呈现出来，再辅助图标进行直观表现。在计算机应用中，下拉菜单是菜单的常见表现形式。下拉菜单通常的表现形式是把一些具有相同分类的功能放在同一个菜单中，并把这个下拉菜单置于主菜单的一个级联菜单下。

下拉菜单内的项目可以根据需要设置为多选或单选，可以用来替代一组复选框（设置为多选）或单选按钮（设置为单选）。这样比复选框组或单选按钮组的占用位置要小，但不如它们直观。图 1.13 所示为 Premiere 中的"项目"下拉菜单。

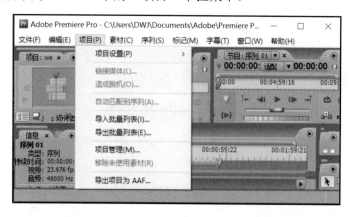

图 1.13　Premiere 中的"项目"下拉菜单

（3）图形用户界面交互方式

图形用户界面将以往的命令模拟为一个图标来表示，比较直观和直接。图形用户界面的广泛应用极大地方便了非计算机专业用户的使用。图 1.14 所示[1]为 Windows 10 的图形用户界面。

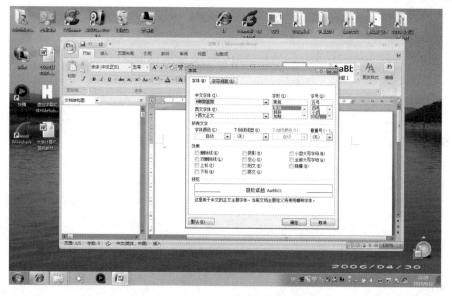

图 1.14　Windows 10 的图形用户界面

图形用户界面主要由桌面、窗口、单一文件界面、多文件界面、标签、菜单、对话框、图标、按钮基本图形对象组成，它提供的向导方式使用户操作软件更为方便。

2．软件的概念

软件是计算机系统的重要组成部分，是人与计算机进行信息交换、通信对话，以及对计算机进行控制与管理的工具。它包含系统中配置的各种系统软件和为满足用户需要而编制的各种应用软件。系统包括操作系统、各种高级语言的编译程序、诊断程序、监视程序、程序库和数据库等。

---

① 图中"下划线"的正确写法应为"下画线"。

计算机软件主要是由程序和相关文档两部分组成的。程序是在计算机中运行的，且必须装入计算机才能被执行；而文档不能被执行，主要是给用户浏览的。

程序是计算任务的处理对象和处理规则的描述，是一系列按照特定顺序组织的计算机数据和指令的集合。程序应具有 3 个方面的特征：一是目的性，即要得到一个结果；二是可执行性，即编制的程序必须能在计算机中运行；三是程序是代码化的指令序列，即它是用计算机语言编写的。

文档是用户了解程序所需的阐明性资料。它是指用自然语言或形式化语言所编写的用来描述程序的内容、组成、设计、功能规格、开发情况、测试结构和使用方法的文字资料和图表，如程序设计说明书、流程图、用户手册等。

程序和文档是软件系统不可分割的两个方面。为了开发程序，设计者需要用文档来描述程序的功能和开发流程等，这些信息用于指导设计者编写程序。当程序编写好之后，相关人员还要为程序的运行和使用提供相应的使用说明等相关文档，以便使用人员能够使用程序。

3．软件和硬件的关系

现代计算机系统是由硬件系统和软件系统两部分组成的，硬件系统是软件（程序）运行的平台，且通过软件系统得以充分发挥性能。计算机在工作时，硬件系统和软件系统协同工作，通过执行程序而运行，两者缺一不可。软件和硬件的关系主要反映在以下 3 个方面。

（1）相互依赖、协同工作

计算机硬件建立了计算机应用的物质基础，而软件则提供了发挥硬件功能的方法和手段，扩大其应用范围，并提供友好的人机界面，方便用户使用计算机。

（2）无严格的界线

随着计算机技术的发展，计算机系统的某些功能既可用硬件实现，又可用软件实现（如解压图像处理）。采用硬件实现可以提高计算机的运算速度，但灵活性不高，当需要升级时，只能更新硬件；而采用软件实现则只需升级软件即可，无须更换设备。因此，硬件与软件从一定意义上来说没有绝对严格的界线。

（3）相互促进、协同发展

硬件性能的提高可以为软件创造出更好的运行环境，在此基础上可以开发出功能更强的软件。反之，软件的发展也对硬件提出了更高的要求，促使硬件性能的提高，甚至产生新的硬件。

4．计算机软件的分类

根据计算机软件的用途，可以将软件分为系统软件、支撑软件和应用软件 3 类。需要注意的是，软件的分类并不是绝对的，而是相互交叉和变化的，有些系统软件（如语言处理系统）可以被看作支撑软件，而支撑软件的有些部分可以被看作系统软件，另一部分则可以被看作应用软件。所以也有人将软件分为系统软件和应用软件两大类。为了便于读者理解不同软件类型的含义，下面按照 3 类来进行介绍。

（1）系统软件

系统软件利用计算机本身的逻辑功能，合理地组织和管理计算机的硬件、软件资源，以充分利用计算机的资源，最大限度地发挥计算机效率，方便用户的使用及为应用开发人员提供支持。

（2）支撑软件

支撑软件是支持其他软件的编制和维护的软件，主要包括各种工具软件、各种保护计算机系统和检测计算机性能的软件，如测试工具、项目管理工具、数据流图编辑器、语言转换工具、界面生成工具及各类杀毒软件等。

（3）应用软件

应用软件是为计算机在特定领域中的应用而开发的专用软件，如各种信息管理系统、各类媒体播放器、图形图像处理系统、地理信息系统等。应用软件的使用范围极其广泛，可以这样说，哪里有计算机应用，哪里就有应用软件。

上述3类软件在计算机中处在不同的层次，内层是系统软件，中间是支撑软件，外层是应用软件。软件系统结构及不同层提供的操作方式示意如图1.15所示。

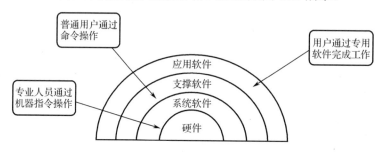

图1.15 软件系统结构及不同层提供的操作方式示意

1.3.3 操作系统简介

系统软件是软件系统的核心，它的功能就是控制和管理包括硬件和软件在内的计算机系统的资源，并对应用软件的运行提供支持和服务。它既受硬件支持，又控制硬件各部分的协调运行。它是各种应用软件的依托，既为应用软件提供支持和服务，又对应用软件进行管理和调度。常用的系统软件有操作系统、程序设计语言处理系统及数据库管理系统。

1．操作系统的概念

操作系统是直接运行在"裸机"上的系统软件。从资源管理的角度来讲，操作系统是为了合理、方便地利用计算机系统，而对其硬件资源和软件资源进行管理的软件。它的主要功能是调度、监控和维护计算机系统，负责管理计算机系统中各种独立的硬件，使得它们可以协调工作。当多个软件同时运行时，操作系统负责规划及优化系统资源，并将系统资源分配给各个软件，同时控制程序的运行。操作系统还为用户提供了方便、有效、友好的人机操作界面。

2．操作系统的基本功能

操作系统主要包括处理机管理、存储管理、文件管理、设备管理和作业管理5项管理功能。

（1）处理机管理

处理机是计算机中的核心资源，所有程序的运行都要靠它来实现。如何协调不同程序之间的运行关系，如何及时反应不同用户的不同要求，如何让众多用户能够公平地得到计算机的资源等都是处理机管理要关心的问题。具体地说，处理机管理要做如下事情：对处理机的使用进行分配；对不同程序的运行进行记录和调度；实现用户和程序之间的相互联系；解决不同程序在运行时相互发生的冲突。

处理机管理可归结为对进程的管理，包括进程控制、进程同步、进程通信和进程调度。进程控制是指为作业创建一个或几个进程，并对其分配必要的资源，然后进程进入3态转换，直至结束，回收资源撤销进程。进程的引入实现了多道程序的并发执行，提高了处理机的利用率。进程控制关系如图 1.16 所示。

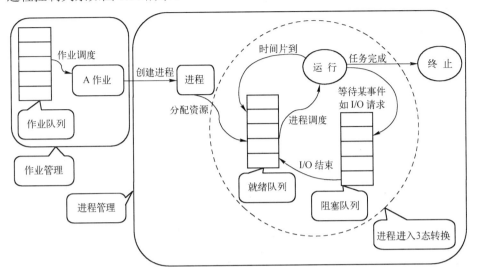

图 1.16　进程控制关系

（2）存储管理

存储管理解决的是内存的分配、保护和扩充问题。计算机要运行程序就必须有一定的内存空间，当多个程序同时运行时，如何分配内存空间才能最大限度地利用有限的内存空间为多个程序服务；当内存不够用时，如何利用外存将暂时用不到的程序和数据放到外存上，而将急需使用的程序和数据调到内存中。这些都是存储管理所要解决的问题。

（3）文件管理

文件管理解决的是如何管理好存储在外存（如磁盘、光盘、U 盘等）上的数据，用于对存储器的空间进行组织分配，负责数据的存储，并对存入的数据进行保护检索。

文件管理负责以下 3 个方面的工作。

① 有效地分配文件存储器的存储空间（物理介质）。

② 提供一种组织数据的方法（按名存取、逻辑结构、组织数据）。

③ 提供合适的存取方法（顺序存取、随机存取）。

（4）设备管理

外围设备是计算机系统的重要硬件资源，与 CPU、内存资源一样，也应受到操作系统的管理。设备管理就是对各种输入/输出设备进行分配、回收、调度和控制，以及完成基本的输入/输出等操作。

（5）作业管理

在操作系统中，常常把用户要求计算机完成的一个计算任务或事务处理称为一个作业。作业管理的主要任务是作业调度和作业控制。作业调度是指根据一定的调度算法，从输入系统的作业队列中选出若干个作业，为其分配必要的资源（如内存、外部设备等），并为其建立相应的用户作业进程和为其服务的系统进程，最后把这些作业的程序和数据调入内存中，等待进程调度程序去调度执行。作业调度的目标是使作业运行最大限度地发挥各种资源的利用率，并保持系统内各种进程的充分并行。作业控制是指在操作系统的支持下，用户如何组织其作业并控制作业的运行。作业控制的方式有两种：脱机作业控制和联机作业控制。

3．操作系统的基本分类

操作系统的种类相当多，按应用领域划分主要有三种：桌面操作系统、服务器操作系统和嵌入式操作系统。

① 桌面操作系统。桌面操作系统主要用于个人计算机上。常见的桌面操作系统有类 UNIX 和 Windows。

② 服务器操作系统。服务器操作系统一般是指安装在大型计算机和服务器上的操作系统，如 Web 服务器、应用服务器和数据库服务器等。常见的服务器操作系统有 UNIX、Linux、Windows 等。

③ 嵌入式操作系统。嵌入式操作系统是指应用在嵌入式环境中的操作系统。嵌入式环境广泛应用于生活的各个方面，涵盖范围从便携设备到大型固定设施，如数码相机、智能手机、平板电脑、家用电器、医疗设备、交通灯、航空电子设备和工厂控制设备等。常用的嵌入式操作系统有 Linux、Windows Embedded、VxWorks 等，以及广泛使用在智能手机或平板电脑中的操作系统，如 Android、iOS、Windows Phone 和 BlackBerry OS 等。

1.3.4　语言处理程序

1．程序设计语言

为了告诉计算机应当做什么和如何做，程序开发人员必须把处理问题的方法、步骤以计算机可以识别和执行的形式表示出来，也就是说，要编写程序。这种用于编写计算机程序所使用的语法规则和标准称为程序设计语言。程序设计语言按语言级别区分有低级语言与高级语言。低级语言是面向机器的，包括机器语言和汇编语言两种。高级语言包括面向过程（如 C 语言）和面向对象（如 C++语言）两大类。

（1）机器语言

机器语言是以二进制码形式表示的机器基本指令的集合，是计算机硬件唯一可以直接识别和执行的语言。其特点是运算速度快，且不同计算机的机器语言也不同。其缺点是难阅读、难修改。机器语言程序示例如图 1.17 所示。

（2）汇编语言

汇编语言是为了解决机器语言难于理解和记忆的问题，而用易于理解和记忆的名称和符号表示的机器指令，如图 1.18 所示。汇编语言虽比机器语言更直观，但基本上还是一条指令对应一种基本操作，对同一问题而编写的程序在不同类型的机器上仍然是互不通用的。

机器语言和汇编语言都是面向机器的低级语言，与特定的机器有关，执行效率高，但与人们思考问题和描述问题的方式相距太远，使用烦琐、费时，且易出错。使用者必须熟悉计算机的内部细节才能使用低级语言，非计算机专业的普通用户使用起来比较困难。

（3）高级语言

高级语言是人们为了解决低级语言的不足而设计的程序设计语言，由一些接近于自然语言和数学语言的语句组成，如图 1.19 所示。

功能	操作码	操作数
取数	00111110	00000111
加数	11000110	00001010

图 1.17　机器语言程序示例

功能	操作码	操作数
取数	LOAD AX,	7
加数	ADD AX,	10

图 1.18　汇编语言程序示例

功能	语句
取数	x=7;
加数	x=x+10;

图 1.19　高级语言程序示例

高级语言更接近于要解决的问题的表示方法，并在一定程度上与机器无关，用高级语言编写程序接近于自然语言与数学语言，其特点是易学、易用、易维护。一般来说，用高级语言编写程序效率高，但执行效率没有低级语言高。

2．语言处理程序简介

用程序设计语言编写的程序称为源程序。源程序（除机器语言程序外）不能被直接运行，它必须先经过语言处理变为机器语言程序（目标程序），再经过装配链接处理，变为可执行的程序后，才能在计算机上运行。语言处理程序用于把一种程序设计语言表示的程序转换为与之等价的另一种程序设计语言表示的程序。语言处理程序实际上是一个翻译程序，被它翻译的程序称为源程序，翻译生成的程序称为目标程序。

语言处理程序（翻译程序）的实现途径主要有解释方式和编译方式两种。

（1）解释方式

按照源程序中语句的执行顺序，即用事先存入计算机中的解释程序将高级语言源程序中的语句逐条翻译成机器指令，翻译一句执行一句，直到程序全部被翻译和执行完，如图 1.20 所示。由于解释方式不产生目标程序，因此每次运行程序都需要重新对源程序进行翻译。

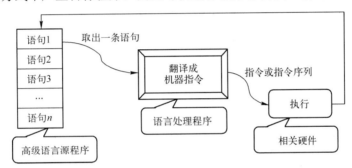

图 1.20　解释方式

解释方式的优点是交互性好，缺点是执行效率低。

（2）编译方式

编译方式是指利用事先编写好的一个称为编译程序的机器语言程序，作为系统软件存放在计算机中，当用户将使用高级语言编写的源程序输入计算机后，编译程序便把源程序整个地翻译成用机器语言表示的、与之等价的目标程序，然后通过装配链接生成可执行程序，如图 1.21 所示，生成的可执行程序以文件的形式存放在计算机中。

图 1.21　编译方式

编译程序、解释程序、汇编程序都是编程语言处理程序，其区别主要为：汇编程序（为低级服务）是将由汇编语言编写的源程序翻译成由机器指令和其他信息组成的目标程序；解释程序（为高级服务）直接执行源程序，一般逐句读入、翻译、执行，不产生目标程序，如 BASIC 解释程序；编译程序（为高级服务）是将由高级语言编写的源程序翻译成与之等价的用低级语言表示的目标程序。编译程序与解释程序最大的区别在于，前者生成目标程序，而后者不生成；此外，前者生成的目标程序的执行速度比解释程序的执行速度要快；后者人机交互效果好，适合初学者使用。

3. 虚拟机

Java 是一种常用的程序设计语言，平台的无关性是它的一个非常重要的特点。一般的高级语言如果要在不同的平台上运行，需要在不同的平台上重新编译成与该平台对应的目标代码。而用 Java 编写的程序在不同平台上运行时采用的是另一种方法，即 Java 虚拟机技术。虚拟机是一种抽象化的计算机，通过在实际的计算机上仿真模拟各种计算机功能来进行相关操作。Java 虚拟机（Java Virtual Machine，JVM）是运行所有 Java 程序的抽象计算机，是 Java 的运行环境。Java 虚拟机有自己完善的硬件架构，如处理器、堆栈（简称栈）、寄存器等，还具有相应的指令系统。Java 虚拟机屏蔽了与具体操作系统平台相关的信息，使得 Java 程序只需生成在 Java 虚拟机上运行的目标代码（字节码），就可以在多种平台上不加修改地运行。

（1）JVM、JDK 和 JRE

在理解 Java 程序运行过程之前，读者需要先了解几个概念：JVM、JDK、JRE。

JVM 就是 Java 虚拟机，它是整个 Java 程序实现跨平台的最核心的部分，所有的 Java 程序会首先被编译为.class 的类文件，这种类文件可以在虚拟机上执行，也就是说，.class 的类文件并不直接与机器的操作系统相对应，而是经过虚拟机间接与操作系统交互，由虚拟机将程序解释给本地系统执行。

JVM 的主要工作是解释自己的指令集（即字节码）到 CPU 的指令集或 OS 的系统调用，使用户免被恶意程序骚扰。JVM 对上层的 Java 源文件是不关注的，它关注的只是由源文件生成的类文件。类文件的组成包括 JVM 指令集、符号表及一些补助信息。

JRE 是指 Java 运行环境。只有 JVM 还不能完成.class 文件的执行，因为在解释.class 文件的时候，JVM 需要调用解释所需要的类库 lib。在 JDK 的安装目录中可以找到 jre 文件夹，在该文件夹中有两个文件夹 bin 和 lib，可以认为 bin 文件夹中的就是 JVM，lib 文件夹中则是 JVM 工作所需要的类库，而 JVM 和 lib 文件夹加起来就称为 JRE。所以，在写完 Java 程序并编译成.class 文件之后，可以把这个.class 文件和 JRE 一起打包，这样其他人才可以运行你写的程序（在 JRE 中有运行.class 文件的 java.exe）。

JDK 是 Java 开发工具包。在 JDK 的安装目录中含有 6 个文件夹、1 个 src 类库源码压缩包和其他几个声明文件。其中，在运行 Java 时真正起作用的是 4 个文件夹：bin、include、lib、jre。

可以发现，JVM、JDK 和 JRE 三者之间的关系是：JDK 包含 JRE，而 JRE 包含 JVM。

（2）Java 程序的运行过程

由 Java 编写的程序需要经过编译，但这个编译步骤并不是生成特定平台的机器码，而是生成一种与平台无关的字节码（.class 文件）。这种字节码是不可执行的，必须使用 JVM 来解释执行。也就是说，Java 程序的执行过程必须经过先编译、后解释两个步骤，如图 1.22 所示。

图 1.22 Java 程序的执行过程

不同平台的 JVM 是不同的。JVM 在执行字节码时，首先把字节码解释成具体平台上的机器指令，然后由 CPU 执行。

1.4 知识扩展

1.4.1 软件危机与软件开发模型

1. 软件危机

计算机软件（Software）在计算机系统中与硬件相互依存，是包括程序、数据及相关文档的完整集合。软件在开发、生产、维护和使用方面与计算机硬件相比存在明显的差异。随着计算机技术的发展，计算机软件在开发和维护过程中所遇到的一系列问题，导致了软件的开发和维护日益复杂，这种现象称为软件危机。

2. 软件工程

软件工程是指计算机软件开发和维护的工程学科，它涉及哲学、计算机科学、工程科学、管理科学、数学和应用领域知识。软件工程通过采用工程的概念、原理、技术和方法来开发与维护软件，把经过时间检验而证明正确的管理技术和当前能够得到的最好的技术方法结合起来。

软件工程的核心思想是把软件看作一个工程产品来处理，把需求计划、可行性研究、工程审核、质量监督等工程化概念引入软件生产中。软件工程包括 3 个要素：方法、工具和过程。方法是完成软件工程项目的技术手段；工具用于支持软件的开发、管理及文档的生成；过程用于支持软件开发的各个环节的控制和管理。通过 3 个要素来达到软件工程项目的 3 个基本目标：进度、经费和质量。

3. 软件开发模型

软件开发模型（Software Development Model）是指软件开发全部过程、活动和任务的结构框架。软件开发包括需求、设计、编码和测试等阶段，有时也包括维护阶段。软件开发模型能清晰、直观地表达软件开发全过程，明确规定要完成的主要活动和任务，用来作为软件项目工作的基础。对于不同的软件系统，可以采用不同的开发方法，使用不同的程序设计语言以及各种不同技能的人员参与工作，运用不同的管理方法和手段等，以及允许采用不同的软件工具和不同的软件工程环境。

典型的开发模型包括瀑布模型（Waterfall Model）、快速原型模型（Rapid Prototype Model）、增量模型（Incremental Model）、螺旋模型（Spiral Model）、演化模型（Evolution Model）、喷泉模型（Fountain Model）、智能模型（这种方法需要四代语言（4GL）的支持）、混合模型（Hybrid Model）和 RAD 模型。

1970 年，Winston Royce 提出了著名的"瀑布模型"，直到 20 世纪 80 年代早期，它一直是唯一被广泛采用的软件开发模型。

瀑布模型将软件生命周期划分为需求分析、总体设计、详细设计、编码、测试和运行及维护基本活动，并且规定了它们自上而下、相互衔接的固定次序，如同瀑布流水，逐级下落，如图 1.23 所示。

（1）需求分析

需求分析是指对用户提出的需求进行分析并给出详细定义。设计人员编写软件规格说明书及初步的用户手册，提交评审。

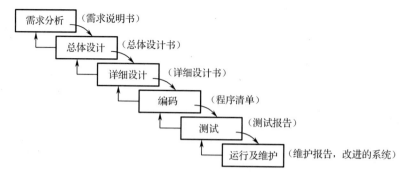

图 1.23　瀑布模型的基本活动过程

（2）总体设计和详细设计

设计人员在反复理解软件需求的基础上给出软件结构、模块划分、功能分配及处理流程。在系统比较复杂时，设计阶段可分解成概要设计阶段（总体设计）和详细设计阶段，设计人员编写概要设计说明书、详细设计说明书和测试计划初稿，提交评审。

（3）编码

编码是指把软件设计转换为程序代码，设计人员编写用户手册、操作手册等面向用户的文档，并编写单元测试计划。

（4）测试

在设计测试用例的基础上，设计人员检验软件的各个组成部分，并编写测试分析报告。

（5）运行及维护

交付软件，投入运行，并在运行中不断进行维护，设计人员根据用户提出的新需求进行必要的扩充和删改。

在瀑布模型中，软件开发的各项活动严格按照线性方式进行，当前活动接受上一项活动的工作结果，实施完成所需的工作内容。当前活动的工作结果需要进行验证，如果验证通过，则该结果作为下一项活动的输入，继续进行下一项活动，否则返回修改。

瀑布模型强调文档的作用，并要求每个阶段都要仔细验证。但是，这种模型的线性过程太过于理想化，已不再适合现代的软件开发模式，几乎被业界抛弃，其主要问题有以下几点。

① 各个阶段的划分完全固定，阶段之间产生大量的文档，极大地增加了设计人员的工作量。

② 由于开发模型是线性的，因此用户只有等到整个过程的末期才能见到开发成果，从而增加了开发的风险。

③ 早期出现的错误可能要等到开发后期的测试阶段才能发现，进而带来严重的后果。

1.4.2　智能手机的基本构成

随着通信产业的不断发展，智能手机已经由原来单一的通话功能向语音、数据、图像、音乐等多媒体方向综合演变。智能手机除了具有传统手机的基本功能，还具有以下特点：开放的操作系统、硬件和软件的可扩充性，以及支持第三方的二次开发。

1. 智能手机的硬件系统结构

（1）射频芯片

在智能手机终端中，射频芯片负责射频收发、频率合成、功率放大等工作；而基带芯片负责信号处理和协议处理等工作。简单地说，射频芯片起到一个发射机和接收机的作用。有的射频芯片还为处理器芯片提供 26MHz 的系统时钟信号。

（2）射频功率放大器芯片

智能手机中的射频功率放大器芯片的主要作用是对射频信号进行放大，使得有足够的功率发射给基站。射频功率放大器是智能手机中耗电量较大的元件之一，其内部主要集成了滤波器、放大器、匹配电路、功率检测、偏压控制等电路。

（3）微处理器

微处理器是智能手机的核心部件，它类似计算机中的中央处理器，是整部智能手机的控制中枢系统，也是逻辑部分的控制核心。微处理器通过运行存储器中的软件及调用存储器中的数据库，达到对智能手机整体监控的目的。凡是要处理的数据都要经过 CPU 来完成，智能手机各个部分的管理都离不开微处理器这个司令部的统一、协调指挥。随着集成电路生产技术及工艺水平的不断提高，智能手机中微处理器的功能越来越强大，如在微处理器中集成先进的数字信号处理器（DSP）等。处理器的性能决定了整部智能手机的性能。目前智能手机处理器厂商主要有：德州仪器、Intel、高通、三星、Marvell、英伟达、华为等。

（4）电源管理芯片

电源管理芯片是在智能手机系统中承担电能的变换、分配、检测及其他电能管理职责的芯片。同时，它还可以对电池充电进行管理和控制。

（5）存储器

智能手机的存储器有多种：FLASH 存储器、RAM、ROM 等。其中，智能手机存储器主要用于存储智能手机的主程序、字库、用户程序、用户数据等。

RAM 主要用于存储智能手机运行时的程序和数据，需要执行的程序或者需要处理的数据都必须先存入 RAM 中。

ROM 是指只能从该设备中读取数据而不能往里面写数据的存储器。ROM 中的数据是由智能手机制造商事先编好固化在里面的一些程序，使用者不能随意更改。ROM 主要用于检查智能手机系统的配置情况，并提供最基本的输入/输出（I/O）程序。

FLASH 存储器是一种长寿命的非易失性（在断电情况下仍能保持所存储的数据信息）存储器，数据删除不是以单个的字节为单位的，而是以固定的区块为单位的。由于 FLASH 存储器在断电时仍能保存数据，因此它通常被用来保存设置信息，如用户对手机的设置信息等。

（6）音频处理器

智能手机的音频处理器主要用于处理手机的声音信号，它主要负责接收和发射音频信号，是实现智能手机听见对方声音的关键元件。音频处理器对基带信号进行解码、D/A 转换等处理后输出音频信号。

2．手机软件层次

手机软件可按技术含量高低分为三个层次。

第一层次是操作系统，主要与 RF（射频信号）芯片进行沟通与处理指令，它基于一些基础的网络协议，如 GSM、GPRS、CDMAWCDMA 等。

第二层次是内置的手机本地应用，如电话簿、短信息等内容。更为重要的是，在一些手机上已经集成 J2ME 的开发平台，即它可以运行第三方开发的应用程序。

第三层次是在 J2ME 平台上开发的一些应用程序（如各种游戏等），还有一些 API 的接口函数，可以同外部的计算机通过线缆进行数据传送，也可以通过无线方式与外界的应用服务提供商进行数据传送。

目前主流的 App 分为两类：一类是基于苹果（iOS）系统的 App；另一类是基于安卓（Android）系统的 App。两种不同系统的 App 所使用的开发工具及编程语言完全不一样。

（1）基于苹果系统的 App

要开发基于苹果系统的 App，需使用苹果公司的 Xcode 开发工具，通常使用 Objective-C 或 Swift 进行开发，Objective-C 是 C 语言衍生出来的，继承了 C 语言的特性，属于面向对象的语言。如果读者熟悉 C 语言，则可以直接使用 Objective-C 进行编程，它与 Swift 的差异很小。

（2）基于安卓系统的 App

基于安卓系统的 App 使用 Java 进行开发，Java 是一种非常流行的语言。如果读者想开发基于安卓系统的 App，则必须先掌握 Java，如果读者具备 C 语言基础，则学习 Java 是较容易的。

基于安卓系统的 App 开发工具目前比较主流的有 Eclipse 和 Android Studio，之前比较流行的是 Eclipse，2013 年 Google 推出了 Android Studio 开发工具，也比较好用。不过很多老用户还继续沿用 Eclipse 开发工具，因为更换平台很多配置需重新设置，而且之前编写的软件无法直接运行。如果是初学者，则建议使用 Android Studio。

开发前的准备工作包括安装 Java 开发环境，如 JRE、JDK、Android Studio，以及环境变量的设置、模拟器的配置等。

1.4.3　CPU 的多核技术

多核是指在一枚处理器中集成两个或多个完整的计算内核。多核技术如果仅靠提高单核芯片的速度来生成，则会产生过多热量，且无法带来明显的性能改善。CMP（单芯片多处理器）通过在一个芯片上集成多个微处理器核心来提高程序的并行性。每个微处理器核心实质上都是一个相对简单的单线程微处理器或多线程微处理器，这样多个微处理器核心就可以并行地执行程序代码，因而具有较高的线程级并行性。例如，酷睿 i7 为 3.5GHz 主频，4 核 8 线程；AMD FX-8150 为 3.6GHz 主频，8 核 8 线程。

CMP 采用了相对简单的微处理器作为处理器核心，使得 CMP 具有高主频、设计和验证周期短、控制逻辑简单、扩展性好、易于实现、功耗低、通信延迟低等优点。目前，单芯片多处理器已经成为处理器体系结构发展的一个重要趋势。

习题 1

一、填空题

1. 实证思维、逻辑思维和_____是人类认识世界与改造世界的基本思维。

2. _____是一种能够按照事先存储的程序，自动、高速地进行大量数值计算和各种信息处理的现代化智能电子设备。

3. _____正好处于模拟计算与数字计算的过渡阶段。

4. _____标志着计算机正式进入数字的时代。

5. 1949 年，英国剑桥大学率先制成_____，该计算机基于冯·诺依曼体系结构。

6. 一个完整的计算机系统由计算机_____及软件系统两部分组成。

7. 运算器和控制器组成了处理器，这块芯片就被称为_____。

8. 根据功能的不同，系统总线可以分为 3 种：数据总线、地址总线和_____。

9. _____ 安装在机箱内，它上面安装了组成计算机的主要电路系统。

10. CPU 的内部结构可以分为_____、寄存器部件和控制部件三部分。

11. _____是指 CPU 能够直接处理的二进制数的位数。

二、选择题

1. 自计算机问世至今已经经历 4 个时代，划分时代的主要依据是计算机的（   ）。

    A. 规模   B. 功能   C. 性能   D. 构成元件

2. 第 4 代计算机的主要元件采用的是（   ）。

    A. 晶体管   B. 电子管

    C. 小规模集成电路   D. 大规模和超大规模集成电路

3. 冯·诺依曼在研制 EDVAC 时，提出了两个重要的概念，它们是（   ）。

    A. 引入 CPU 和内存概念   B. 采用机器语言和十六进制

    C. 采用二进制和存储程序原理   D. 采用 ASCII 编码系统

4. 构成计算机物理实体的部件被称为（   ）。

    A. 计算机系统   B. 计算机硬件   C. 计算机软件   D. 计算机程序

5. 下列描述中，正确的是（   ）。

    A. 外存中的信息可直接被 CPU 处理

    B. 键盘是输入设备，显示器是输出设备

    C. 计算机的主频越高，其运算速度就一定越快

    D. 现在微型计算机的字长一般为 16 位

6. 下列各组设备中，同时包括了输入设备、输出设备和存储器的是（   ）。

    A. CRT、CPU、ROM   B. 绘图仪、鼠标、键盘

    C. 鼠标、绘图仪、光盘   D. 磁带、打印机、激光打印机

7. 在计算机中，运算器的主要功能是完成（   ）。

    A. 代数和逻辑运算   B. 代数和四则运算

    C. 算术和逻辑运算   D. 算术和代数运算

8. 在计算机领域中，通常用大写英文字母 B 来表示（   ）。

    A. 字   B. 字长   C. 字节   D. 二进制位

9. 在计算机存储容量的单位之间，其准确的换算公式是（   ）。

    A. 1KB=1024MB   B. 1KB=1000B

    C. 1MB=1024KB   D. 1MB=1024GB

10. 计算机各部件传输信息的公共通路称为总线，一次传输信息的位数称为总线的（   ）。

    A. 长度   B. 粒度   C. 宽度   D. 深度

11. 操作系统的主要功能是（   ）。

    A. 对计算机系统的所有资源进行控制和管理

    B. 对汇编语言、高级语言程序进行翻译

    C. 对高级语言程序进行翻译

    D. 对数据文件进行管理

12. 计算机能直接识别的程序是（   ）。

    A. 高级语言程序   B. 机器语言程序

    C. 汇编语言程序   D. 低级语言程序

13. （   ）属于系统软件。

    A．办公软件   B．操作系统   C．图形图像软件   D．多媒体软件

三、简答题

1．简述计算思维的现实意义。

2．简述冯·诺依曼体系结构的基本内容。

3．常见的计算机有哪些？各有什么特点？

4．简述 CPU 执行指令的基本过程。

5．简述内存、高速缓存、外存之间的区别和联系。

6．计算机软件可分为哪几类？简述各类软件的作用。

7．什么是程序设计语言和源程序？语言处理程序的工作方式有哪些？

第 2 章　简单数据的存储与处理

计算机的产生为人类认识世界与改造世界提供了强有力的手段，而要通过计算机解决现实问题首先需要对现实问题进行抽象表示，并将其存入计算机中。现实问题最简单的抽象表现形式是数字、文字、图像、声音和视频。

2.1　数字的存储与显示

数字是客观事物最常见的抽象表示。数字有大小和正负之分，还有不同的进位计数制。计算机中采用什么样的计数制，以及数字如何在计算机中表示是我们必须首先解决的问题。

2.1.1　计数制

1．计数制的概念

所谓计数制，是指用一组固定的数字和一套统一的规则来表示数目的方法。读者可从以下几个方面理解计数制的概念。

① 计数制是一种计数策略，计数制的种类包括很多，除了十进制，还有六十进制、二十四进制、十六进制、八进制、二进制等。

② 在一种计数制中，只能使用一组固定的数字来表示数的大小。

③ 在一种计数制中，有一套统一的规则。N 进制的规则是逢 N 进一，借一当 N。

任何一种计数制都有其存在的必然理由。由于人们在日常生活中一般都采用十进制计数，因此对十进制数比较熟悉，但其他计数制仍有应用的领域。例如，十二进制（商业中仍使用包装计量单位"一打"）、十六进制（如中药、金器的计量单位）仍在使用。

（1）基数

在一种计数制中，单个位上可使用的基本数字的个数称为该计数制的基数。例如，十进制数的基数是 10，使用 0～9 十个数字；二进制数的基数是 2，使用 0 和 1 两个数字。

（2）位权

在任何计数制中，一个基本数字处在不同位置上，所代表的基本值也不同，这个基本值就是该位的位权。例如，在十进制数中，数字 6 在十位数上表示 6 个 10，在百位数上表示 6 个 100，而在小数点后 1 位则表示 6 个 0.1，可见，每个基本数字所表示的数字等于该基本数字乘以位权。位权的大小是以基数为底、基本数字所在位置的序号为指数的整数次幂。十进制数个位的位权是 10^0，十位的位权是 10^1，小数点后 1 位的位权是 10^{-1}，以此类推。

（3）中国古代的计量制度

中国古代常见的度、量、衡关系如表 2.1 所示。

表2.1　中国古代常见的度、量、衡关系

类　型	单　位	进　位　关　系
度	分、寸、尺、丈、引	十进制关系：1 引=10 丈=100 尺=1000 寸=10 000 分
量	合、升、斗、斛	十进制关系：1 斛=10 斗=100 升=1000 合
衡	铢、两、斤、钧、石	非十进制关系：1 石=4 钧，1 钧=30 斤，1 斤=16 两，1 两=24 铢

2．常见的计数制

（1）二进制

二进制是计算机技术中广泛采用的一种计数制，由 18 世纪德国数理哲学大师莱布尼兹发现。二进制数的基数为 2，两个计数符号分别为 0 和 1。它的进位规则是逢二进一；借位规则是借一当二。因此，对于一个二进制数而言，个位的位权是以 2 为底的幂。

例如，二进制数$(101.101)_2$可以表示为

$$(101.101)_2=1\times2^2+0\times2^1+1\times2^0+1\times2^{-1}+0\times2^{-2}+1\times2^{-3}=(5.625)_{10}$$

上式称为$(101.101)_2$的按位权展开式。

（2）八进制

八进制采用 0、1、2、3、4、5、6、7 这 8 个基本数字来表示数，它的基数为 8。它的进位规则是逢八进一；借位规则是借一当八。因此，对于一个八进制数而言，个位的位权是以 8 为底的幂。

例如，八进制数$(11.2)_8$的按位权展开式为

$$(11.2)_8=1\times8^1+1\times8^0+2\times8^{-1}=(9.25)_{10}$$

（3）十进制

十进制的基数为 10，10 个基本数字分别为 0、1、2、…、9。它的进位规则是逢十进一；借位规则是借一当十。因此，对于一个十进制数而言，个位的位权是以 10 为底的幂。

例如，十进制数$(8896.58)_{10}$的按位权展开式为

$$(8896.58)_{10}=8\times10^3+8\times10^2+9\times10^1+6\times10^0+5\times10^{-1}+8\times10^{-2}$$

（4）十六进制

十六进制多用于计算机理论描述、计算机硬件电路的设计中。例如，在逻辑电路设计中，既要考虑功能的完备，还要考虑使用尽可能少的硬件，十六进制就能起到理论分析的作用。十六进制采用 0～9、A、B、C、D、E、F 这 16 个基本数字来表示数，基数为 16。它的进位规则是逢十六进一；借位规则是借一当十六。因此，对于一个十六进制数而言，个位的位权是以 16 为底的幂。

例如，十六进制数$(5A.8)_{16}$的按位权展开式为

$$(5A.8)_{16}=5\times16^1+A\times16^0+8\times16^{-1}=(90.5)_{10}$$

本书采用下标的方式来区别不同计数制。有时，人们采用数字加英文后缀的方式区别不同计数制。例如，889.5D、11000.101B、1670.208O、15E.8AH，分别表示十进制数、二进制数、八进制数和十六进制数。有时人们也用前缀来区别不同计数制，例如，123、0506、0X73F，分别表示十进制数、八进制数和十六进制数。

注意：扩展到一般形式，对于一个 R 进制数，基数为 R，用 0、1、…、R-1 共 R 个基本数字来表示数。R 进制数的进位规则是逢 R 进一；借位规则是借一当 R。因此，其个位的位权是以 R 为底的幂。

一个 R 进制数的按位权展开式为

$$(N)_R = k_n \times R^n + k_{n-1} \times R^{n-1} + \cdots + k_0 \times R^0 + k_{-1} \times R^{-1} + k_{-2} \times R^{-2} + \cdots + k_{-m} \times R^{-m}$$

2.1.2　不同计数制间的转换

在计算机内部，数据和程序都用二进制数来表示和处理，但计算机常见的输入/输出是用十进制数表示的，这就需要进行计数制间的转换，转换过程虽然是通过机器完成的，但读者应懂得计数制转换的原理。

1. 将 R 进制数转换为十进制数

根据 R 进制数的按位权展开式，可以很方便地将 R 进制数转换为十进制数。例如：

$$(101.1)_2 = 1 \times 2^2 + 0 \times 2^1 + 1 \times 2^0 + 1 \times 2^{-1} = (5.5)_{10}$$

$$(50.2)_8 = 5 \times 8^1 + 0 \times 8^0 + 2 \times 8^{-1} = (40.25)_{10}$$

$$(AF.4)_{16} = A \times 16^1 + F \times 16^0 + 4 \times 16^{-1} = (175.25)_{10}$$

2. 将十进制数转换为 R 进制数

要将十进制数转换为 R 进制数，整数部分和小数部分需要分别遵守不同的转换规则。

① 整数部分：除 R 取余。整数部分不断除以 R 取余数，直到商为 0 为止，最先得到的余数为最低位，最后得到的余数为最高位。

② 小数部分：乘 R 取整。小数部分不断乘以 R 取整数，直到小数为 0 或达到有效精度为止，最先得到的整数为最高位，最后得到的整数为最低位。

【例 2.1】　将十进制数转换为二进制数：将 $(37.125)_{10}$ 转换为二进制数。其转换过程如图 2.1 所示，结果为：$(37.125)_{10} = (100101.001)_2$。

将十进制数转换为二进制数，基数为 2，所以对整数部分除 2 取余，对小数部分乘 2 取整。

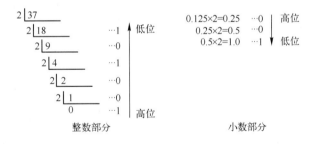

图 2.1　十进制数到二进制数的转换过程

注意：一个十进制小数不一定能完全准确地转换为二进制小数，这时读者可以根据精度要求只转换到小数点后某一位即可。

【例 2.2】　将十进制数转换为八进制数：将 $(370.725)_{10}$ 转换为八进制数（转换结果取 3 位小数）。其转换过程如图 2.2 所示，结果为：$(370.725)_{10} = (562.563)_8$。

```
8 |370
  8 |46    …2  ↑低位
    8 |5    …6  │
       0    …5  │高位
  整数部分
```
```
0.725×8=5.8   …5  高位
0.8×8=6.4     …6  │
0.4×8=3.2     …3  ↓低位
  小数部分
```

图 2.2　十进制数到八进制数的转换过程

将十进制数转换为八进制数，基数为8，所以对整数部分除8取余，对小数部分乘8取整。

【例2.3】 将十进制数转换为十六进制数：将$(3700.65)_{10}$转换为十六进制数（转换结果取3位小数）。其转换过程如图2.3所示，结果为：$(3700.65)_{10}=(E74.A66)_{16}$。

将十进制数转换为十六进制数，基数为16，所以对整数部分除16取余，对小数部分乘16取整。

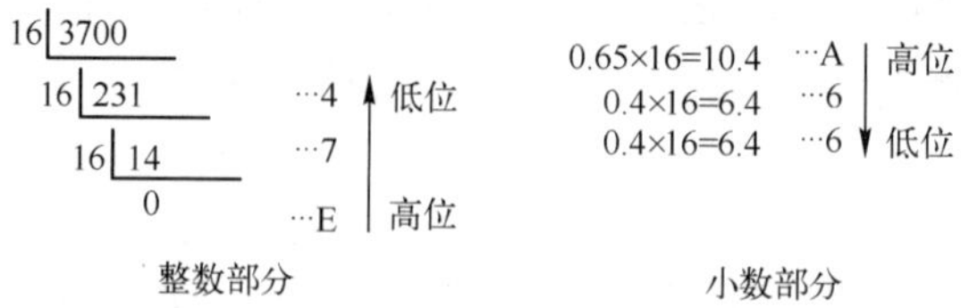

```
16 | 3700
   16 | 231        …4  低位      0.65×16=10.4  …A  高位
      16 | 14       …7          0.4×16=6.4   …6
          0         …E  高位     0.4×16=6.4   …6  低位

      整数部分                      小数部分
```

图2.3　十进制数到十六进制数的转换过程

3．二进制数和八进制数、十六进制数之间的转换

8和16都是2的整数次幂，即$8=2^3$、$16=2^4$，由数学原理可严格证明3位二进制数相当于1位八进制数，4位二进制数相当于1位十六进制数。表2.2中描述了二进制数、八进制数、十进制数、十六进制数之间的对应关系。

表2.2　二进制数、八进制数、十进制数、十六进制数之间的对应关系

十 进 制 数	二 进 制 数	八 进 制 数	十六进制数	十 进 制 数	二 进 制 数	八 进 制 数	十六进制数
0	0000	0	0	8	1000	10	8
1	0001	1	1	9	1001	11	9
2	0010	2	2	10	1010	12	A
3	0011	3	3	11	1011	13	B
4	0100	4	4	12	1100	14	C
5	0101	5	5	13	1101	15	D
6	0110	6	6	14	1110	16	E
7	0111	7	7	15	1111	17	F

【例2.4】 将二进制数110101110.0010101_2转换为八进制数、十六进制数。

将二进制数转换为八进制数的基本思想是"三位归并"，即将二进制数以小数点为中心分别向两边按每3位为一组进行分组。整数部分向左分组，不足位数左边补0；小数部分向右分组，不足部分右边补0，然后将每组二进制数转化为一个八进制数即可。将二进制数转换为十六进制数的基本思想是"四位归并"，转换过程如下：

$$(\underbrace{110}_{6}\ \underbrace{101}_{5}\ \underbrace{110}_{6}.\underbrace{001}_{1}\ \underbrace{010}_{2}\ \underbrace{100}_{4})_2=(656.124)_8$$

$$(\underbrace{0001}_{1}\ \underbrace{1010}_{A}\ \underbrace{1110}_{E}.\underbrace{0010}_{2}\ \underbrace{1010}_{A})_2=(1AE.2A)_{16}$$

【例2.5】 将八进制数625.621_8转换为二进制数。

将八进制数转换为二进制数的基本思想是"一位分三位"，转换过程如下：

$$625.621_8=(\underbrace{110}_{6}\ \underbrace{010}_{2}\ \underbrace{101}_{5}.\underbrace{110}_{6}\ \underbrace{010}_{2}\ \underbrace{001}_{1})_2$$

【例2.6】 将十六进制数$A3D.A2_{16}$转换为二进制数。

将十六进制数转换为二进制数的基本思想是"一位分四位"，转换过程如下：

$$A3D.A2_{16}=(\underbrace{1010}_{A}\quad\underbrace{0011}_{3}\quad\underbrace{1101}_{D}.\underbrace{1010}_{A}\quad\underbrace{0100}_{2})_2$$

2.1.3　计算机中数值型数据的表示方法

在计算机中，数值型的数据有两种表示方法：一种称为定点数；另一种称为浮点数。所谓定点数，是指在计算机中所有数的小数点位置固定不变。定点数有两种：定点小数和定点整数。定点小数将小数点固定在最高数据位的左边，因此，它只能表示小于 1 的纯小数。定点整数将小数点固定在最低数据位的右边，因此定点整数表示的只是纯整数。

定点数在计算机中可用不同的码制表示，常用的码制有原码、反码和补码 3 种。无论用什么码制表示，数据本身的值并不会发生变化，数据本身所代表的值称为真值。下面以 8 位二进制数为例来说明这 3 种码制的表示方法。

1．原码

原码的表示方法为如果真值是正数，则最高位为 0，其他位保持不变；如果真值是负数，则最高位为 1，其他位保持不变，其基本格式如图 2.4 所示。

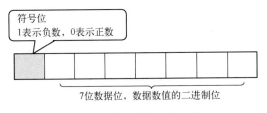

图 2.4　原码表示方法基本格式

【例 2.7】　写出 37 和-37 的原码表示。

37 的原码为 **00100101**，其中，高位 0 表示正数。

说明：100101 是 37 的二进制值，不够 7 位，前面补 0。

-37 的原码为 **10100101**，其中，高位 1 表示负数。

说明：100101 是 37 的二进制值，不够 7 位，前面补 0。

原码表示的优点是转换非常简单，只要根据正负号将最高位补 0 或 1 即可，但用原码表示加减运算时，符号位不能参与运算。

2．反码

反码的引入是为了解决减法问题，希望能够通过加法规则去计算减法。正数的反码就是其原码；负数的反码是符号位不变，其他位按位求反。

【例 2.8】　写出 37 和-37 的反码表示。

37 的原码为 **00100101**，37 的反码为 **00100101**。

-37 的原码为 **10100101**，-37 的反码为 **11011010**。

反码与原码相比，符号位虽然可以作为数字参与运算，但计算完成后，仍需要根据符号位进行调整。为了克服反码的这一缺点，人们又引入了补码表示法。补码的作用在于能把减法运算转化为加法运算。在现代计算机中，一般采用补码来表示定点数。

3．补码

补码与反码一样，正数的补码就是其原码；负数的补码是反码加 1。

【例2.9】 写出37和-37的补码表示。

37的原码为**00100101**，37的反码为**00100101**，37的补码为**00100101**。

-37的原码为**10100101**，-37的反码为**11011010**，-37的补码为**11011011**。

补码的符号可以作为数字参与运算，且计算完成后，不需要根据符号位进行调整。

注意：整数在计算机中以补码形式存储。

2.1.4 计算机中的基本运算

计算机解决现实问题的过程就是对存储在计算机中现实问题抽象表示的一系列运算过程。无论运算过程有多复杂，运算步骤有多麻烦，其都基于计算机提供的两种基本运算：算术运算和逻辑运算。

1. 算术运算

算术运算包括加、减、乘、除4类运算。需要注意的是，引入数字的补码表示之后，两个数字的减法运算是通过它们的补码相加来实现的。

二进制数的算术运算与十进制数的算术运算类似，但二进制数的运算规则更为简单，如表2.3所示。

表2.3 二进制数的运算规则

加	乘	减	除
0+0=0	0×0=0	0-0=0	0÷1=0
0+1=1	0×1=0	1-0=1	1÷0=（没有意义）
1+0=1	1×0=0	1-1=0	1÷1=1
1+1=0（高位进一）	1×1=1	0-1=1（高位借一当二）	

【例2.10】 以8位二进制数为例，计算19+27的值。

系统将通过计算19的补码与27的补码的和来完成计算。

19的补码和其原码相同，是**00010011**。

27的补码和其原码相同，是**00011011**。

两个补码相加：**00010011+00011011=00101110**。

数字在计算机中以补码形式存在，所以**00101110**是补码形式。高位为0，说明是正数，其原码、反码、补码相同，对应的原码是**00101110**，即结果是十进制数的46。

【例2.11】 以8位二进制数为例，计算37-38的值。

系统将通过计算37的补码与-38的补码的和来完成计算，运算过程如图2.5所示。

37的补码和其原码相同，是**00100101**。

-38的原码是**10100110**，反码是**11011001**，补码是**11011010**。

两个补码相加：**00100101+11011010=11111111**。

数字在计算机中以补码形式存在，所以**11111111**是补码形式。高位为1，说明是负数，其对应的反码是**11111110**，对应的原码是**1000001**，即结果是十进制数的-1。

2. 逻辑运算

在现实中，除数值型问题外就是判断型问题。这类问题往往要求用户根据多个条件进行判断。逻辑运算就是针对这类问题而出现的。逻辑运算有两种形式：逻辑运算和逻辑位运算。

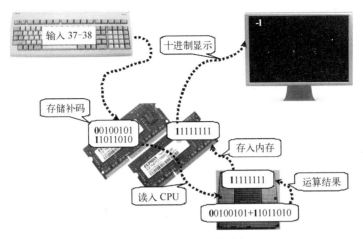

图 2.5　37-38 的运算过程

计算机中的逻辑关系是一种二值逻辑，逻辑运算的结果只有"真"或"假"两个值。参与运算的条件值也无外乎"真"或"假"两个值。

例如，打开窗户，让空气流通。

条件是"打开窗户"，若打开，则为"真"，若没打开，则为"假"。

结果是"空气流通"，它会随条件的变化而不同，打开一扇窗户，结果为"真"；打开两扇窗户，结果为"真"；打开所有窗户，结果为"真"；一扇都没打开，结果为"假"。

数字在参与逻辑运算时，系统规定，非 0 为真，0 为假。在计算机中，真一般用 1 表示，假用 0 表示。

逻辑运算有"与"、"或"和"非" 3 种，运算规则如表 2.4 所示。

表 2.4　逻辑运算的运算规则

运　算	规　则	举　例	
与	所有条件都为真，结果才为真	7 与 5	结果为真，即 1
		-289 或 0	结果为假，即 0
或	只要有一个条件为真，结果就为真	100 或 0	结果为真，即 1
		0 或 0	结果为假，即 0
非	取反，非真即假，非假即真	非 1000	结果为假，即 0
		非 0	结果为真，即 1

逻辑位运算是指将数据中每个二进制位上的"0"或"1"看成逻辑值，逐位进行逻辑运算。按对应位进行运算，每位之间相互独立，不存在进位和借位关系，运算结果也是逻辑值。逻辑位运算有"与"、"或"、"非"和"异或" 4 种，运算规则如表 2.5 所示。

表 2.5　逻辑位运算的运算规则

运　算	规　则
与	对应位都为 1，结果才为 1
或	对应位只要有一位为 1，结果就为 1
非	取反，非 1 即 0，非 0 即 1
异或	同值为 0，异值为 1

【例 2.12】 给出十进制数 73、83，计算两数的与、或、异或结果和 73 的非。

73 与 83，结果为十进制数 65。

73 或 83，结果为十进制数 91。

73 异或 83，结果为十进制数 26。

非 73，结果为十进制数-74。

下面以 16 位二进制数为例来说明计算过程。

73 对应的二进制数为 0000000001001001，83 对应的二进制数为 0000000001010011。

73 与 83 的运算过程如下：

$$
\begin{array}{lll}
 & 0000000001001001 & （73 的二进制数） \\
与 & \underline{0000000001010011} & （83 的二进制数） \\
 & 0000000001000001 & （按位与的结果为十进制数 65）
\end{array}
$$

73 或 83 的运算过程如下：

$$
\begin{array}{lll}
 & 0000000001001001 & （73 的二进制数） \\
或 & \underline{0000000001010011} & （83 的二进制数） \\
 & 0000000001011011 & （按位或的结果为十进制数 91）
\end{array}
$$

73 异或 83 的运算过程如下：

$$
\begin{array}{lll}
 & 0000000001001001 & （73 的二进制数） \\
异或 & \underline{0000000001010011} & （83 的二进制数） \\
 & 0000000000011010 & （按位异或的结果为十进制数 26）
\end{array}
$$

非 73 运算过程如下：

$$
\begin{array}{lll}
非 & \underline{0000000001001001} & （73 的二进制数） \\
 & 1111111110110110 & （非的运算结果为十进制数-74）
\end{array}
$$

【例 2.13】 假设现在有一个手机号码 18082286080 需要进行加密传送，我们来设计一个简单的加密算法。

思路为设计一个 4 位二进制数的加密密码（假设为 1011），然后将手机号码的每位数字转换为 4 位二进制数，并和加密密码进行异或运算，运算结果对应的十六进制数为加密后的一位电话号码。运算过程如下：

	1	8	0	8	2	2	8	6	0	8	0	（电话号码）
	0001	1000	0000	1000	0010	0010	1000	0110	0000	1000	0000	（二进制序列）
异或	1011	1011	1011	1011	1011	1011	1011	1011	1011	1011	1011	（加密密码）
	1010	0011	1011	0011	1001	1001	0011	1101	1011	0011	1011	（二进制序列）
	A	3	B	3	9	9	3	D	B	3	B	（密文号码）

得到的密文为 A3B3993DB3B。

接收方得到密文后，用同样的方法进行解密，解密过程如下：

A	3	B	3	9	9	3	D	B	3	B	（密文号码）
1010	0011	1011	0011	1001	1001	0011	1101	1011	0011	1011	（二进制序列）
1011	1011	1011	1011	1011	1011	1011	1011	1011	1011	1011	（解密密码）
0001	1000	0000	1000	0010	0010	1000	0110	0000	1000	0000	（二进制序列）
1	8	0	8	2	2	8	6	0	8	0	（电话号码）

异或（位于第3行左侧）

解密后得到的号码为 18082286080。该方法的特点是加密/解密速度快，但要注意对加密密码的保护，防止泄露。

2.2　文字的存储与显示

2.2.1　编码表示

不同的文字有不同的书写格式，它们不能在计算机中直接存储。为了在计算机中存储文字，操作者必须为每个文字编制无二义性的二进制码，这种为文字或符号编制的二进制码称为文字编码。常见的文字编码有以下几种。

1. ASCII 码

ASCII 码（American Standard Code for Information Interchange，美国标准信息交换码）是基于罗马字母表的一套计算机编码系统。它主要用于显示现代英语和其他西欧语言。它是现今最通用的单字节编码系统，同时被国际标准化组织批准为国际标准。ASCII 码划分为两个集合：128 个字符的基本 ASCII 码和附加的 128 个字符的扩充 ASCII 码。表 2.6 所示为基本 ASCII 码表。

表 2.6　基本 ASCII 码表

低 4 位 b4 b3 b2 b1	高 3 位 b7 b6 b5							
	000	001	010	011	100	101	110	111
0000	NUL	DLE	SP	0	@	P	`	p
0001	SOH	DC1	!	1	A	Q	a	q
0010	STX	DC2	"	2	B	R	b	r
0011	ETX	DC3	#	3	C	S	c	s
0100	EOT	DC4	$	4	D	T	d	t
0101	ENQ	NAK	%	5	E	U	e	u
0110	ACK	SYN	&	6	F	V	f	v
0111	BEL	ETB	`	7	G	W	g	w
1000	BS	CAN	(	8	H	X	h	x
1001	HT	EM	)	9	I	Y	i	y
1010	LF	SUB	*	:	J	Z	j	z
1011	VT	ESC	+	;	K	[	k	{
1100	FF	FS	,	<	L	\	l	|
1101	CR	GS	–	=	M	]	m	}
1110	SO	RS	.	>	N	^	n	~
1111	SI	US	/	?	O	_	o	DEL

基本 ASCII 码共有 128 个字符，其中有 96 个可打印字符，包括常用的字母、数字、标点符号等，还有 32 个控制字符。基本 ASCII 码使用 7 位二进制数对字符进行编码，对应的 ISO 标准为 ISO646 标准。ASCII 码的局限在于只能显示 26 个基本拉丁字母、阿拉伯数字和英式标点符号，因此只能用于显示现代英语。

例如，大写字母 A 的 ASCII 码为 1000001，即 ASC(A)=65；小写字母 a 的 ASCII 码为 1100001，即 ASC(a)=97。只要记住了一个字母或数字的 ASCII 码（如 A 的 ASCII 码为 65，0 的 ASCII 码为 48），并知道大、小写字母之间差 32，就可以推算出其余数字、字母的 ASCII 码。基本 ASCII 码是 7 位二进制编码，由于计算机基本处理单位为字节（1B = 8b），因此，当某个系统以 ASCII 码表示字符时，将以 1 字节来存放该字符的 ASCII 码。每 1 字节中多余出来的 1 位（最高位）在计算机内部通常为 0。

2．GB 18030—2005 字符集

GB 18030—2005 全称《信息技术 中文编码字符集》，是中国国家标准所规定的变长多字节字符集，完全向后兼容 GB 2312—1980，并支持 Unicode（GB 13000）的所有码位。GB 1803—2005 是以汉字为主并包含多种我国少数民族文字（如藏族、蒙古族、傣族、彝族、朝鲜族、维吾尔族等）的超大型中文编码字符集强制性标准，共收录汉字 70 244 个。

GB 18030—2005 采用单字节、双字节和四字节三种方式对字符进行编码。单字节部分采用 GB/T 11383 的编码结构与规则，使用 0X00 至 0X7F 码位（对应 ASCII 码的相应码位）。双字节部分，首字节码位从 0X81 至 0XFE，尾字节码位分别是 0X40 至 0X7E 和 0X80 至 0XFE。四字节部分采用 GB/T 11383 的 0X30 到 0X39 作为对双字节编码扩充的后缀，其中第三个字节编码的码位为 0X81 至 0XFE，第二、第四个字节编码的码位均为 0X30 至 0X39。GB 18030—2005 汉字、字符码位表如表 2.7 所示，GB 18030—2005 收录了 128 个字符、70 244 个汉字。

表 2.7　GB 18030—2005 汉字、字符码位表

类　别	码 位 范 围	码 位 数	字 符 数	字 符 类 型
单字节部分	0X00-0X7F	128	128	字符
双字节部分	第一字节 0XB0 至 0XF7 第二字节 0XA1 至 0XFE	6768	6763	汉字
双字节部分	第一字节 0X81 至 0XA0 第二字节 0X40 至 0XFE	6080	6080	汉字
	第一字节 0XAA 至 0XFE 第二字节 0X40 至 0XA0	8160	8160	汉字
四字节部分	第一字节 0X81 至 0X82 第二字节 0X30 至 0X39 第三字节 0X81 至 0XFE 第四字节 0X30 至 0X39	6530	6530	CJK 统一汉字扩充 A
	第一字节 0X95 至 0X98 第二字节 0X30 至 0X39 第三字节 0X81 至 0XFE 第四字节 0X30 至 0X39	42 711	42 711	CJK 统一汉字扩充 B

3．Unicode 编码

Unicode 是为了解决传统的字符编码方式的局限性而产生的。很多传统的编码方式都有一个共同的问题，即允许计算机处理双语言环境（通常使用拉丁字母和其本地语言），但无法同时支持多语言环境（指可同时处理多种语言混合的情况）。

Unicode 按照通用字符集（Universal Character Set）的标准来发展，它为每种语言中的每个字符设定了统一且唯一的二进制编码，以满足跨语言、跨平台进行文本转换和处理的要求。目前实用的 Unicode 版本是 UCS-2，使用 16 位的编码空间。也就是每个字符占用 2 字节。这样在理论上一共最多可以表示 2^{16} 个字符，基本满足各种语言的使用。目前的 Unicode 版本尚未填满这 16 位编码，保留了大量空间作为特殊使用或将来扩展。通常会用"U+"加上一组十六进制数来表示一个 Unicode 的字符，例如，大写字母"A"的 Unicode 编码为"U+0041"，汉字"汉"的 Unicode 编码是"U+6C49"。

在非 Unicode 环境下，由于不同国家和地区采用的编码不一致，因此有可能会出现计算机无法正常显示所有字符的情况。Microsoft 公司使用了代码页（Codepage）转换表技术来解决这一问题，即通过指定的转换表将非 Unicode 的字符编码转换为同一字符对应的系统内部使用的 Unicode 编码。操作者可以在"语言与区域设置"中选择一个代码页作为非 Unicode 编码所采用的默认编码方式，如 936 为简体中文 GBK，950 为繁体中文 Big5（皆指在计算机上的使用）。在这种情况下，一些使用非英语的欧洲语言编写的软件和文档很可能会出现乱码，而在将代码页设置为相应语言时，中文处理又会出现问题，这种情况无法避免。

2.2.2　输入

1．英文字符的输入

英文字符的输入可以通过键盘直接完成，当按下某个键时，此按键将按下开关，从而闭合电路，一旦处理器发现某处电路闭合，它就将该电路在键矩阵（见图 2.6）上的位置与其只读存储器（ROM）内的字符映射表进行对比，同时将该字符的 ASCII 码存储于内存中。例如，字符映射表

图 2.6　键矩阵

会告诉处理器单独按下 A 键对应小写字符 a，而同时按下 Shift 键和 A 键则对应大写字符 A。如果按下某键并保持不放，则处理器认为是反复按下该键。

2．汉字的输入

要在计算机中处理汉字，需要解决汉字的输入、输出及汉字的处理问题，较为复杂。汉字集很大，想要在计算机中处理汉字，必须先解决如下问题。

① 键盘上无汉字，不可能直接与键盘对应，所以需要使用输入码来对应。

② 汉字在计算机中的存储需要用机内码来表示，以便查找。

③ 汉字量大、字形变化复杂，需要用对应的字库来存储汉字字形。

根据汉字特征信息的不同，汉字输入编码分为从音编码和从形编码两大类。从音编码以《汉语拼音方案》为基本编码元素，易于记忆，但同音字多，所以需要增加额外序号编码。从形编码以笔画和字根为基本编码元素，汉字的从形编码充分利用现代汉字的字形演变特征，把汉字平面图形编成线性代码。与之对应的汉字输入方法有很多种，拼音输入法

以智能 ABC、微软拼音为代表；从形编码广泛使用的是五笔字型；从音编码使用较多的是自然码；手写主要有汉王笔和慧笔；语音有 IBM 的 ViaVoice 等。计算机终端通常以拼音和五笔字型输入为主，而掌上终端包括手机、PDA，除使用拼音等编码方式外，触摸式手写输入应用也非常广泛。

2.2.3 存储

1．英文字符的存储

在输入英文字符后，系统将在内存中存储其对应的编码。系统不同，采用的存储编码也会不同。以 Windows 为例，在 Windows 中，字符存储其对应的 Unicode 编码。一个字符的 Unicode 编码在内存中占 2 字节。字符的 Unicode 编码兼容 ASCII 码，只是占 2 字节而已。例如，输入大写字符 A，系统将存储二进制数 00000000 01000001，对应十进制数的 65、十六进制数的 0X41。

在 Windows 中，英文字符的输入、存储、输出过程如图 2.7 所示。

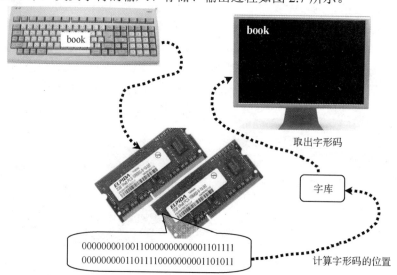

图 2.7　英文字符的输入、存储、输出过程

2．汉字的存储

汉字输入码被接收后就转换为机内码，系统不同，其机内码也不同。以 Windows 为例，在 Windows 中，汉字存储的是其对应的 Unicode 编码。一个汉字的 Unicode 编码在内存中占 2 字节。例如，输入汉字"岛"，系统将存储二进制数 0101110110011011，对应十进制数的 23707、十六进制数的 0X5C9B。

在 Windows 中，汉字的输入、存储、输出过程如图 2.8 所示。

需要注意的是，GB 18030—2005 中双字节汉字的编码和对应汉字的 Unicode 编码之间的映射没有规律可循，另外 GB 18030—2005 四字节汉字和对应汉字的 Unicode 编码之间也没有明显的映射规律，所以一般用查表的方法获得对应的编码。

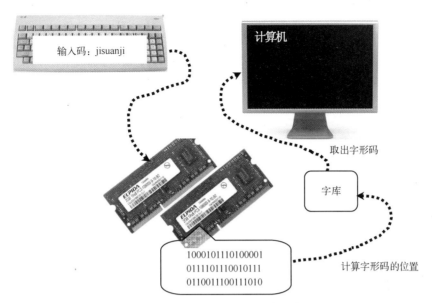

图 2.8　汉字的输入、存储、输出过程

2.2.4　输出

1．英文字符的输出

（1）英文字符的字形码

每个字符的字形可被绘制在一个 $M \times N$ 点阵中。图 2.9 所示为字符"A"字形的 8×8 点阵表示。

在图 2.9 中，笔画经过的方格用 1 表示，未经过的方格用 0 表示，这样形成的 0、1 矩阵称为字符点阵。依水平方向按从左到右的顺序将 0、1 代码组成字节信息，每行为 1 字节，从上到下共形成 8 字节，如图 2.10 所示，这就是字符的字形点阵编码，将所有字符的点阵编码按照其在 ASCII 码表中的位置顺序存放，就形成了字符点阵字库。字体不同，其对应的点阵字库也不同。在 Windows 中，英文字符字库文件默认的存储位置是 C:\Windows\Fonts。

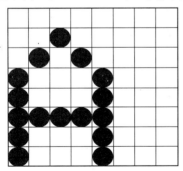

0	0	0	0	0	0	0	0	0X00
0	0	1	0	0	0	0	0	0X20
0	1	0	1	0	0	0	0	0X50
1	0	0	0	1	0	0	0	0X88
1	0	0	0	1	0	0	0	0X88
1	1	1	1	1	0	0	0	0XF8
1	0	0	0	1	0	0	0	0X88
1	0	0	0	1	0	0	0	0X88

图 2.9　字符"A"字形的 8×8 点阵表示　　　　图 2.10　字符"A"的字形点阵编码

（2）英文字符的显示

系统根据所要显示字符的 Unicode 编码，到对应字库文件中获取该字符的字形码，然后，根据字形码在显示器上实现字符的显示。

2．汉字的输出

（1）汉字的字形码

在输出汉字时，无论汉字的笔画是多还是少，每个汉字都可以写在同样大小的方块中，为了能准确地表达汉字的字形，每个汉字都有对应的字形码。

目前大多数汉字系统中都以点阵的方式来存储和输出汉字的字形。汉字字形点阵有 16×16、24×24、48×48、72×72 等，点阵越大，对每个汉字的修饰作用就越强，打印质量也就越高。在实际中，用得最多的是 16×16 点阵，一个 16×16 点阵的汉字字形码需要用 2×16=32 字节来表示，这 32 字节中的信息是汉字的数字化信息，即汉字字形码，也称字模。图 2.11 所示为汉字"跑"的 32×32 点阵。图 2.12 所示为汉字"跑"的字形码。

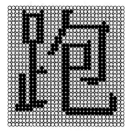

图 2.11 汉字"跑"的 32×32 点阵

```
00000000000000000000000000000000
00001000010000011100000000000000
00001111110000011000000000000000
00001100110000011000000000000000
00001100110000011000000000000000
00001100110000011111111111110000
               ...
00000000000000000000000000000000
```

图 2.12 汉字"跑"的字形码

将汉字字形码按特定顺序进行排列，以二进制文件形式存放构成汉字字库。同英文字符一样，汉字字体不同，其对应的点阵字库也不同。在 Windows 中，汉字字库文件默认的存储位置是 C:\Windows\Fonts。

Windows 中的 Fonts 文件夹下存储了两类字体，如果字体扩展名为.fon，则表示该文件为点阵字库；如果扩展名为.ttf，则表示该文件为矢量字库。

矢量字体是与点阵字体相对应的一种字体。矢量字体的每个字形都是通过数学方程来描述的，在一个字形上分割出若干个关键点，相邻关键点之间由一条被有限个参数唯一确定的光滑曲线连接。矢量字库保存每个文字的描述信息，如笔画的起始、终止坐标，以及半径、弧度等。在显示、打印矢量字体时，要经过一系列的数学运算，在理论上，矢量字体被无限地放大后，笔画轮廓仍然能保持圆滑。

（2）汉字的显示

以 Windows 为例，在输入汉字后，系统存储其 Unicode 编码；然后根据 Unicode 编码从字库中检索出该汉字的点阵信息，利用显示驱动程序将这些信息送到显卡的显示缓冲存储器中；最后显示器的控制器将点阵信息顺次读出，并使每个二进制位与屏幕的一个点位相对应，就可以将汉字字形在屏幕上显示出来了。

2.3 多媒体的存储与显示

具有多媒体功能的计算机除了可以处理数值和字符信息，还可以处理图像、声音和视频信息。在计算机中，图像、声音和视频的使用能够增强信息的表现能力。

2.3.1　图形图像

1．图形

图形与位图（图像）从各自不同的角度来表现物体的特性。图形是对物体形象的几何抽象，反映了物体的几何特性，是客观物体的模型化表现；而位图则是对物体形象的影像描绘，反映了物体的光影与色彩的特性，是客观物体的视觉再现。图形与位图可以相互转换。利用渲染技术可以把图形转换成位图，而利用边缘检测技术则可以从位图中提取几何数据，把位图转换成图形。

（1）图形的概念

图形也称矢量图，是指由数学方法描述的、只记录图形生成算法和图形特征的数据文件。其格式是一组描述点、线、面等几何图形的大小、形状及位置、维数的指令集合。例如，Line（x1,y1,x2,y2,color）表示以（x1,y1）为起点、（x2,y2）为终点画一条 color 色的直线，绘图程序负责读取这些指令并将其转换为屏幕上的图形。若是封闭图形，还可用着色算法进行颜色填充。图 2.13 和图 2.14 所示为简单的矢量图和较为复杂的矢量图。

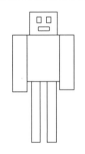

图 2.13　简单的矢量图　　　　　　图 2.14　较为复杂的矢量图

（2）矢量图的特点

矢量图最大的特点在于，使用者对图中的各个部分进行移动、旋转、缩放、扭曲等操作其不会失真。此外，不同的物体还可以在屏幕上重叠并保持各自的特征，必要时还可以分离。由于矢量图只保存了算法和特征，其占用的存储空间小，当再次显示时需要重新进行计算，因此，其显示速度取决于算法的复杂程度。

（3）矢量图和位图的区别

矢量图和位图的区别表现在以下 4 个方面。

① 存储容量不同。矢量图只保存了算法和特征，数据量少，存储空间也较小；而位图由大量像素点信息组成，容量取决于颜色种类、亮度变化及图像的尺寸等，数据量多，存储空间也较大，经常需要进行压缩存储。

② 处理方式不同。矢量图一般是通过画图得到的，其处理侧重于绘制和创建；而位图一般是通过数码相机实拍或对照片扫描得到的，其处理侧重于获取和复制。

③ 显示速度不同。矢量图在显示时需要重新运算和变换，速度较慢；而位图在显示时只是将图像对应的像素点显示到屏幕上，显示速度较快。

④ 控制方式不同。矢量图的放大只是改变计算的数据，可任意放大而不会失真，显示及打印时质量较好；而位图的尺寸取决于像素点的个数，放大时需进行插值，多次放大便会明显失真。

2．图像

（1）模拟图像与数字图像

用胶卷拍出的照片就是模拟图像，它的特点是空间连续。模拟图像含有无穷多的信息，在理论上，可以对模拟图像进行无穷放大而其不会失真。

模拟图像只有在空间上进行数字化处理后才是数字图像，数字图像的特点是空间离散，如 1000 像素×1000 像素的图片，包含 100 万个像素点，数字图像所包含的信息量有限，对其进行的放大次数有限，否则会出现失真。图 2.15 和图 2.16 所示为两种不同类型的数字图像。

图 2.15　自然风景图像

图 2.16　通过软件设计的图像

（2）图像的数字化

图像的数字化包括采样、量化和编码 3 个步骤，如图 2.17 所示。

图 2.17　图像的数字化过程

① 采样。采样是指计算机按照一定的规律，用数据的方式对模拟图像所呈现出的表象特征进行记录。这个过程的核心在于，要决定在一定的面积内取多少个点（即有多少像素），即图像的分辨率是多少（单位是 dpi）。

② 量化。通过采样获取了大量特征点，现在需要得到每个特征点的二进制数据，这个过程称为量化。在量化过程中有一个很重要的概念——颜色精度。颜色精度是指图像中的每个像素的颜色（或亮度）信息所占的二进制数位数，它决定了构成图像的每个像素可能出现的最大颜色数。颜色精度值越高，显示的图像色彩越丰富。

③ 编码。编码是指在满足一定质量（信噪比的要求或主观评价要求）的条件下，以较少的位数表示图像。

显然，无论是从平面的取点还是从记录数据的精度来讲，通过采样形成的数字图像与模拟图像之间都存在着一定的差距，但这个差距通常控制得相当小，以至于人的肉眼难以分辨，所以，可以将数字图像等同于模拟图像。

（3）数字图像常见格式

数字图像的处理必须采用一定的图像格式，图像格式决定了在文件中存放何种类型的信息，对信息采用何种方式进行组织和存储，文件如何与应用软件兼容，文件如何与其他文件交换数据等内容。

① BMP 格式。BMP（位图格式）格式与硬件设备无关，是 DOS 和 Windows 兼容的标

准图像格式，扩展名为.BMP。Windows 环境下运行的所有图像处理软件都支持 BMP 格式。BMP 格式支持 RGB 颜色、索引颜色、灰度和位图颜色模式，使用非常广泛。它采用位映射存储格式，除图像深度可选以外，不采用其他任何压缩方式，因此，BMP 文件所占用的空间很大。BMP 文件在存储数据时，图像的扫描方式按从左到右、从下到上的顺序。BMP 文件的图像深度可选 1 位、4 位、8 位及 24 位。

② TIFF 格式。TIFF（Tag Image File Format，标志图像文件格式）是一种非失真的压缩格式（最高 2～3 倍的压缩比），扩展名为.TIFF。这种压缩是文件本身的压缩，即把文件中某些重复的信息采用一种特殊的方式记录，文件可完全还原，能保持原有图像的颜色和层次。TIFF 格式是桌面出版系统中使用较多的格式之一，它不仅在排版软件中普遍使用，也可以用来直接输出。TIFF 格式主要的优点是适用于广泛的应用程序，它与计算机的结构、操作系统和图形硬件无关，支持 256 色、24 位真彩色、32 位色、48 位色等多种色彩位。因此，大多数扫描仪都能输出 TIFF 格式的图像文件。将图像存储为 TIFF 格式时，需注意选择所存储的文件是由 Macintosh 还是由 Windows 读取的。因为，虽然这两个平台都使用 TIFF 格式，但它们在数据排列和描述上有一些差别。

③ GIF 格式。GIF（Graphics Interchange Format，图像互换格式）是 CompuServe 公司在 1987 年开发的图像文件格式，扩展名为.GIF。GIF 格式的数据采用可变长度压缩算法进行压缩，其压缩比一般在 50%左右，目前几乎所有相关软件都支持 GIF 格式。GIF 格式的特点是，在一个 GIF 文件中可以存储多幅彩色图像，如果把存储于一个文件中的多幅图像数据逐条读出并显示到屏幕上，就可以构成一种最简单的动画，但 GIF 格式只能显示 256 色，另外，GIF 格式的动画图片失真较大，一般经过羽化等效果处理的透明背景图会出现杂边。

④ JPEG 格式。JPEG（Joint Photographic Experts Group，联合图像专家组）是最常用的图像文件格式，扩展名为.JPG 或.JPEG，是一种有损压缩格式。通过选择性地去掉数据来压缩文件，图像中重复或不重要的资料会被丢弃，因此容易造成图像数据的损失。目前，大多数彩色和灰度图像都使用 JPEG 格式进行压缩，其压缩比很大而且支持多种压缩级别的格式。当对图像的精度要求不高而存储空间又有限时，JPEG 格式是一种理想的压缩方式。JPEG 格式支持 CMYK 颜色、RGB 颜色和灰度颜色模式。JPEG 格式保留 RGB 图像中的所有颜色信息。

⑤ PDF 格式。PDF（Portable Document Format，便携式文件格式）是由 Adobe Systems 在 1993 年提出的用于文件交换的文件格式。它的优点是跨平台、能保留文件原有格式、具有开放标准等。PDF 格式可以包含矢量和位图图形，还可以包含电子文档的查找和导航功能。

2.3.2　声音

声音是通过空气的振动发出的，通常用模拟波的方式表示。振幅反映声音的音量，频率反映声音的音调。

1．声音的数字化

声音是连续变化的模拟信号，要使计算机能处理声音信号，必须进行声音的数字化。将模拟信号通过声音设备（如声卡）进行数字化时，会涉及采样、量化及编码等多种技术。图 2.18 所

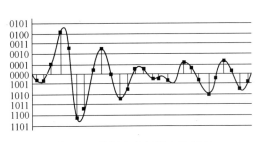

图 2.18　模拟声音的数字化示意

示为模拟声音的数字化示意。

2．数字化性能指标

在模拟声音的数字化过程中，有两个重要的指标。

（1）采样频率

每秒的采样样本数称为采样频率，采样频率越高，数字化后声波就越接近于原来的波形，即声音的保真度越高，但数字化后声音信息的存储量也越大。根据采样定理，只有当采样频率高于声音信号最高频率的两倍时，才能把离散声音信号唯一地还原成原来的声音。

目前，多媒体系统中捕获声音的标准采样频率有 44.1kHz、22.05kHz 和 11.025kHz 3 种。人耳所能接收声音的频率范围为 20Hz～20kHz，但在不同的实际应用中，音频的频率范围是不同的。例如，根据 CCITT 公布的声音编码标准，把声音根据使用范围分为 3 级，分别为电话语音级，300Hz～3.4kHz；调幅广播级，50Hz～7kHz；高保真立体声级，20Hz～20kHz。DVD 的标准采样频率是 96kHz。

（2）采样精度

采样精度可以理解为采集卡处理声音的解析度。这个数值越大，解析度就越高，录制和回放的声音就越真实。一段相同的音乐信息，16 位声卡能把它分为 64K 精度单位进行处理，而 8 位声卡只能处理 256 个精度单位，造成了较大的信号损失。目前市面上所有的主流产品都是 16 位的声卡，16 位声卡的采样精度对于计算机多媒体音频而言已经绰绰有余了。

3．声音文件格式

常见的声音文件格式有以下 6 种。

（1）WAV 格式

WAV 格式是 Microsoft 公司开发的一种声音文件格式，也叫波形声音文件，是最早的数字音频格式，被 Windows 平台及其应用程序广泛支持。WAV 格式支持多种压缩算法，支持多种音频位数、采样频率和声道。

在对 WAV 音频文件进行编/解码的过程中，包括对采样点和采样帧的处理和转换。一个采样点的值代表了给定时间内的音频信号，一个采样帧由一定数量的采样点组成并能构成音频信号的多条通道。对于立体声信号，一个采样帧有两个采样点，一个采样点对应一条声道。一个采样帧作为单一的单元被传送到数模转换器中，以确保正确的信号能同时发送到各自的通道中。

（2）MIDI 格式

MIDI（Musical Instrument Digital Interface，乐器数字接口）格式定义了计算机音乐程序、数字合成器及其他电子设备交换音乐信号的方式，规定了不同厂家的电子乐器与计算机连接的电缆和硬件及设备间数据传输的协议，可以模拟多种乐器的声音。MIDI 文件本身并不包含波形数据，在 MIDI 文件中存储的是一些指令，把这些指令发送给声卡，由声卡按照指令将声音合成出来，所以 MIDI 文件所占用的空间非常小。

MIDI 要形成计算机音乐必须通过合成，现在的声卡大都采用的是波表合成，MIDI 首先将各种真实乐器所能发出的所有声音（包括各个音域、声调）进行取样，然后将其存储为一个波表文件。在播放时，根据 MIDI 文件记录的乐曲信息向波表发出指令，从波表文件中逐一找出对应的声音信息，经过合成、加工后播放出来。因为 MIDI 采用的是真实乐器的采样，所以效果好于 FM。一般波表的乐器声音信息都以 44.1kHz、16 位精度录制，以达到最真实的回放效果。在理论上，波表容量越大，合成效果越好。

（3）CDA 格式

CDA 格式就是 CD 音乐格式，其取样频率为 44.1kHz，16 位量化位数。CD 存储采用音轨形式，记录的是波形流，是一种近似无损的格式。CD 光盘可以在 CD 唱机中播放，也可以用计算机中的各种播放软件来重放。一个 CD 音频文件是一个 CDA 文件，但这只是一个索引信息，并不是真正的声音信息，所以无论 CD 音乐的长短如何，在计算机上看到的 CDA 文件都是 44 字节长。

注意： 不能直接复制 CD 格式的 CDA 文件到硬盘上播放，需要使用类似 EAC 的抓音轨软件把 CD 格式的文件转换成 WAV 格式的文件才可以播放。

（4）MP3 格式

MP3 是利用 MPEG Audio Layer 3 技术将音乐以 1∶10 甚至 1∶12 的压缩比压缩成容量较小的文件，MP3 能够在音质丢失很小的情况下把文件压缩到更小的程度。正是因为 MP3 体积小、音质高的特点，MP3 格式几乎成了网上音乐的代名词。每分钟音乐的 MP3 格式只有 1MB 左右大小，这样每首歌的大小只有 3MB～4MB。使用 MP3 播放器对 MP3 文件进行实时解压，这样，高品质的 MP3 音乐就播放出来了。MP3 格式的缺点是压缩破坏了音乐的质量，不过一般听众几乎感受不到。

（5）WMA 格式

WMA 是 Microsoft 公司在互联网音频、视频领域定义的文件格式。WMA 格式通过在保持音质基础上采用减少数据流量的方式达到压缩目的，其压缩比一般可以达到 1∶18。此外，WMA 还可以通过 DRM（Digital Rights Management）方案加入防止复制限制，或者加入播放时间和播放次数的限制，可以有力地防止盗版。

（6）DVD Audio 格式

DVD Audio 是新一代的数字音频格式，采样频率有 44.1kHz、48kHz、88.2kHz、96kHz、176.4kHz 和 192kHz 等，能以 16 位、20 位、24 位精度量化，当 DVD Audio 采用 192kHz、24 位精度的取样频率量化时，可完美再现演奏现场的真实感。频带扩大使得再生频率接近 100kHz（约 CD 的 4.4 倍），因此 DVD Audio 格式能够逼真再现各种乐器层次分明、精细微妙的音色成分。

2.3.3　视频

视频由一幅幅单独的画面（称为帧）序列组成，这些画面以一定的速率（帧率，即每秒显示帧的数目）连续地显示在屏幕上，利用人眼的视觉暂留原理，使观察者产生图像连续运动的感觉。

1．模拟视频数字化

计算机只能处理数字化信号，普通的 NTSC 制式和 PAL 制式的模拟视频必须经过模/数转换和色彩空间变换等过程进行数字化。模拟视频一般采用分量数字化方式：先把复合视频信号中的亮度和色度分离，得到 YUV 或 YIQ 分量，然后用 3 个模/数转换器对 3 个分量分别进行数字化，最后转换成 RGB 空间。

2．视频编码方式

所谓视频编码方式，是指通过特定的压缩技术，将某个视频格式的文件转换成另一种视频格式的文件。视频流传输中最为重要的编/解码标准有国际电联电信标准化部门（TTO-T）

的 H.261、H.263、H.264，运动静止图像专家组的 M-JPEG 和国际标准化组织动态图像专家组的 MPEG 系列标准。此外，在互联网上被广泛应用的还有 RealNetworks 的 RealVideo、Microsoft 公司的 WMV 和苹果公司的 QuickTime 等。

3. 视频文件格式

（1）AVI 格式

AVI（Audio Video Interleaved，音频视频交错格式）是将语音和影像同步组合在一起的文件格式。它对视频文件采用了一种有损压缩方式，压缩比比较高，画面质量不太好，但其应用范围仍然非常广泛。AVI 主要应用在多媒体光盘上，用来保存电视、电影等各种影像信息。

AVI 最直接的优点就是兼容性好、调用方便。但它的缺点也十分明显：文件大。根据不同的应用要求，AVI 的分辨率可以随意调整。窗口越大，文件的数据量也就越大。降低分辨率可以大幅减少它的数据量，但图像质量必然受损。与 MPEG-2 格式文件大小相近的情况下，AVI 格式的视频质量相对要差得多，但其制作简单，对计算机的配置要求不高，所以，人们经常先录制好 AVI 格式的视频，再转换为其他格式。

（2）MPEG 格式

MPEG（Moving Picture Experts Group，动态图像专家组）是国际标准组织（ISO）认可的媒体封装形式，可以得到大部分机器的支持。其储存方式多样，可以适应不同的应用环境。MPEG 的控制功能较丰富，可以有多个视频（即角度）、音轨、字幕（位图字幕）等。

（3）RM 格式

RM（RealMedia，实时媒体）是 RealNetworks 公司开发的一种流媒体视频文件格式，包含 RealAudio、RealVideo 和 RealFlash 三部分。它的特点是文件小、画质相对良好、适合在线播放。用户可以使用 RealPlayer 对符合 RM 技术规范的网络音频/视频资源进行实况转播。并且 RM 可以根据不同的网络传输速率制定出不同的压缩比，从而实现在低速率的网络上进行影像数据的实时传送和播放。另外，RM 作为目前主流的网络视频格式，它还可以通过其 RealServer 服务器将其他格式的视频转换成 RM 格式的视频并由 RealServer 服务器负责对外发布和播放。

RM 格式最大的特点是边传边播，即先从服务器上下载一部分视频文件，形成视频流缓冲区后进行实时播放，同时继续下载，为接下来的播放做好准备。这种方法避免了用户必须等待整个文件从因特网上全部下载完毕才能观看的缺陷。RM 文件的大小完全取决于制作时选择的压缩比，压缩比不同，影像大小也不同。这就是为什么会看到同样 1 小时的影像有的只有 200MB，有的却有 500MB。

（4）ASF 格式

ASF（Advanced Streaming Format，高级流格式）是一个开放标准，它能依靠多种协议在多种网络环境下支持数据的传送。ASF 是 Microsoft 为了和 RealPlayer 竞争而发展出来的一种可以直接在网上观看视频节目的文件压缩格式。它是专为在 IP 网上传送有同步关系的多媒体数据而设计的，所以 ASF 格式的信息特别适合在 IP 网上传输。

音频、视频、图像及控制命令脚本等多媒体信息通过 ASF 格式以网络数据包的形式传输，实现流媒体内容发布。ASF 使用 MPEG-4 的压缩算法，可以边传边播，它的图像质量一般比 VCD 的图像质量要差一些，但比 RM 格式要好。

（5）WMV 格式

WMV（Windows Media Video）是 Microsoft 公司推出的一种流媒体格式，它是 ASF 格式

的升级延伸。在同等视频质量下，WMV 格式的文件非常小，很适合在网上播放和传输。WMV 文件一般同时包含视频和音频部分。视频部分使用 Windows Media Video 进行编码，音频部分使用 Windows Media Audio 进行编码。

2.4　知识扩展

2.4.1　理解编码

1．编码的概念

所谓编码，是指使用预先规定的方法将文字、数字或其他对象编成数码，或将信息、数据转换成规定的电脉冲信号。编码在现实生活中被人们广泛使用，在计算机中，通过编码来表示各组数据资料，使其成为可利用计算机进行处理和分析的信息。

2．信息化编码

计算机的深入使用极大地促进了管理水平的提升，而其中重要的一环就是对管理对象的信息化编码。信息化实施面对的行业和企业千差万别，但无一例外，编码是必须解决的首要问题。借助编码标准化进行相应的管理优化，不仅可以成功实施信息系统，还能实现准确的运营管理，以及快速产品开发等更高的目标。

确定编码的一般原则可归纳为：唯一性、简单性、完整性和可扩展性。例如，实际中的身份证编码、邮政编码、学号编码、企业物料编码等。在信息管理中，没有含义的顺序编码已基本被舍弃，因为编码不是目的，管理才是价值所在。

3．计算机中的编码

因为计算机采用二进制，所以在计算机内部所有信息均采用二进制编码方式。现实问题中的非二进制编码最终会被转换为二进制编码进行存储和处理。

（1）地址编码

为了便于对内存进行管理，系统对内存空间以字节为单位进行编号，每字节对应的编号就称为该字节的内存地址，简称地址。

假设系统的地址总线是 32 位，那么系统所支持的最小地址是 0X00000000（0X 开头表示十六进制），最大地址是 0XFFFFFFFF，即从 32 个 0 排到 32 个 1，每个编号对应 1 字节，那么系统所能管理的地址空间可达 2^{32}B=4GB。

（2）数字信号编码

信息通过信道进行传输，其信号格式取决于信道的特性。例如，在模拟信道中，可能需要传送波形信号。传输数字信号最普通且最容易的方法是用两个不同的电压值来表示两个二进制值。用无电压（或负电压）表示 0，而用正电压表示 1。

常见的数字信号编码有不归零（NRZ）编码、曼彻斯特（Manchester）编码和差分曼彻斯特（Differential Manchester）编码 3 类，如图 2.19 所示。

① 不归零编码。不归零编码的优点是：根据通信理论，每个脉冲的亮度越大，信号的能量就越大，且抗干扰能力就越强，脉冲亮度与信道带宽成反比，即全亮码占用信道较小的带宽，编码效率高。

不归零编码的缺点是：当出现连续 0 或 1 时，难以分辨复位的起停点，会产生直流分量的积累，使信号失真。因此，过去大多数数据传输系统都不采用这种编码方式。近年来，随着技术的完善，不归零编码已成为高速网络的主流技术。

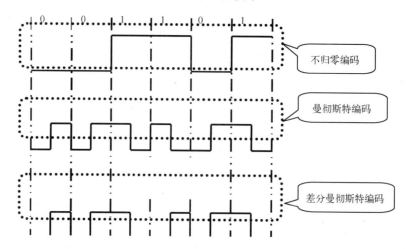

不归零编码

曼彻斯特编码

差分曼彻斯特编码

图 2.19　常见的数字信号编码

② 曼彻斯特编码。在曼彻斯特编码中，用电压跳变的相位不同来区分 1 和 0，即用正的电压跳变表示 0，用负的电压跳变表示 1。因此，这种编码也称为相位编码。由于跳变都发生在每个码元的中间，接收端可以方便地将它作为位同步时钟，因此，这种编码也称为自同步编码。

③ 差分曼彻斯特编码。差分曼彻斯特编码是曼彻斯特编码的一种修改格式。其不同之处在于，每位的中间跳变只用于同步时钟信号；而 0 或 1 的取值判断是用位的起始处有无跳变来表示的（若有跳变则为 0；若无跳变则为 1）。这种编码的特点是每位均用不同电平的两个半位来表示，因而始终能保持直流的平衡。这种编码也是一种自同步编码。

（3）压缩编码

对于图像、声音和视频信息而言，数据量大是其基本特点，为了存储和传输，必须对其进行压缩。压缩的实质是在不损害或不明显损害显示质量的基础上减少编码的数据量。下面介绍几种常用的压缩标准。

① JPEG 标准。JPEG 标准主要用于连续色调、多级灰度、彩色/单色静态图像的压缩，具有较高的压缩比（一个 1000KB 的 BMP 文件压缩成 JPEG 格式后可能只有 20KB～30KB），在压缩过程中的失真程度很小，目前使用范围比较广泛（特别是在因特网中）。

② H.263 标准。H.263 是 ITU-T 的一个标准草案，是为低码流通信而设计的，但实际上这个标准可用在很宽的码流范围内，而非只用于低码流。1998 年，ITU-T 推出的 H.263+是 H.263 建议的第 2 版，它提供了 12 个新的可协商模式和其他特征，进一步提高了压缩编码性能。H.263+允许使用更多的源格式，图像时钟频率也有多种选择，拓宽了应用范围；另一个重要的改进是可扩展性，它支持多速率及多分辨率，增强了视频信息在易误码、易丢包等异构网络环境下的传输。另外，H.263+对 H.263 中的不受限运动矢量模式进行了改进，加上了 12 个新增的可选模式，不仅提高了编码性能，而且增强了应用的灵活性。

③ MPEG 标准。MPEG 标准包括 MPEG 视频、MPEG 音频和 MPEG 系统（视频、音频同步）三部分。MPEG 压缩标准是针对运动图像而设计的，可实现帧之间的压缩，其平均压缩比可达 50∶1。在多媒体数据压缩标准中，较多采用 MPEG 系列标准，包括 MPEG-1、MPEG-2、MPEG-4 等。MPEG-1 用于传输 1.5Mbps 数据传输速率的数字存储媒体运动图像及

其伴音的编码，MPEG-1 提供每秒 30 帧、352 像素×240 像素分辨率的图像，具有接近家用视频制式录像带的质量。MPEG-1 允许超过 70 分钟的高质量的视频和音频存储在一张 CD-ROM 盘上。MPEG-2 主要针对高清晰度电视（HDTV）的需要，传输速率为 10Mbps，与 MPEG-1 兼容，适用于 1.5M～60Mbps 甚至更高的编码范围。MPEG-4 标准是超低码率运动图像和语言的压缩标准，用于传输速率低于 64Mbps 的实时图像，它不仅可覆盖低频带，也正在向高频带发展。

2.4.2　浮点数的表示方法

浮点数表示法类似于科学记数法，任意一个数字均可通过改变其指数部分使小数点发生移动。例如，1898.12 可以表示为 $1.89812×10^3$。浮点数的一般表示形式为 $N=2^E×D$，其中，D 称为尾数，E 称为阶码。下面以 IEEE 标准为例来说明浮点数的存储形式，如图 2.20 所示。

图 2.20　浮点数的存储形式

在上述格式中，数的正负可由符号位表示，而对于阶码的正负表示，IEEE 标准的方法是：对于 2^n，阶码=n+127。当 n 为 0 时，阶码为 127；当 n>0 时，阶码大于 127，表示正数；当 n<0 时，阶码小于 127，表示负数。

例如，对于十进制数-12，用二进制数表示为-1100，规格化后为 $-1.1×2^3$，其单精度浮点数表示如下：

1	10000010	10000000000000000000000

对于十进制数 0.25，用二进制数表示为 0.01，规格化后为 $1.0×2^{-2}$，其单精度浮点数表示如下：

0	01111101	00000000000000000000000

习题 2

一、填空题

1．所谓＿＿＿＿＿＿，是指用一组固定的数字和一套统一的规则来表示数目的方法。

2．单个位上可使用的基本数字的个数就称为该计数制的＿＿＿＿＿＿。

3．标准 ASCII 码是 7 位编码，但计算机仍以＿＿＿＿＿＿来存放一个 ASCII 字符。

4．将汉字字形码按国标码的顺序排列，以二进制文件形式存放在存储器中，构成＿＿＿＿＿＿。

5．将下列二进制数转换成相应的十进制数、八进制数、十六进制数。

$(10110101)_2$=（　　　）$_{10}$=（　　　）$_8$=（　　　）$_{16}$

$(11001.0010)_2$=（　　　）$_{10}$=（　　　）$_8$=（　　　）$_{16}$

6．＿＿＿＿＿＿一般指用计算机绘制的画面，如直线、圆、圆弧、任意曲线和图表等。

7. _____是指由输入设备捕捉的实际场景画面或以数字化形式存储的画面。

8. 图像的数字化包括采样、_____和编码3个步骤。

9. _____越高，数字化后声波就越接近于原来的波形，即声音的保真度越高，但数字化后声音信息的存储量也越大。

二、选择题

1. 在计算机中，信息的存放与处理采用（　　）。

    A. ASCII码　　　　　B. 二进制　　　　　C. 十六进制　　　　　D. 十进制

2. 在GB 2312字符集中，汉字和图形符号的总个数为（　　）。

    A. 3755　　　　　B. 3008　　　　　C. 7445　　　　　D. 6763

3. 二进制数1110111转换成十六进制数为（　　）。

    A. 77　　　　　B. D7　　　　　C. E7　　　　　D. F7

4. 下列4组数中依次为二进制数、八进制数和十六进制数的是（　　）。

    A. 11、78、19　　　　　B. 12、77、10　　　　　C. 12、80、10　　　　　D. 11、77、19

5. 在微型计算机中，应用最普遍的字符编码是（　　）。

    A. BCD码　　　　　B. ASCII码　　　　　C. 汉字编码　　　　　D. 补码

6. 下列编码中，用于汉字输出的是（　　）。

    A. 输入编码　　　　　B. 汉字字模　　　　　C. 汉字内码　　　　　D. 数字编码

7. 一般说来，声音的质量越高，则（　　）。

    A. 量化级数越低和采样频率越低　　　　　B. 量化级数越高和采样频率越高

    C. 量化级数越低和采样频率越高　　　　　D. 量化级数越高和采样频率越低

8. JPEG是（　　）图像压缩编码标准。

    A. 静态　　　　　B. 动态　　　　　C. 点阵　　　　　D. 矢量

9. 下列声音文件格式中，（　　）是波形文件格式。

    A. WAV　　　　　B. CMF　　　　　C. AVI　　　　　D. MIDI

10. 扩展名为.MP3的含义是（　　）。

    A. 采用MPEG压缩标准第3版压缩的文件格式

    B. 必须通过MP-3播放器播放的音乐格式

    C. 采用MPEG音频层标准压缩的音频格式

    D. 将图像、音频和视频3种数据采用MPEG标准压缩后形成的文件格式

三、简答题

1. 什么是二进制？计算机为什么要采用二进制？

2. 什么是编码？计算机中常用的信息编码有哪几种？

3. 简述图像数字化的基本过程。

4. 常见的图像文件格式有哪些？

5. 简述声音数字化的基本过程。

6. 常见的声音文件格式有哪些？

7. 声音文件的大小由哪些因素决定？

8. 在声音数字化的基本过程中，哪些参数对数字化质量影响大？

第3章　复杂数据的存储与处理

复杂数据往往由大量有联系的数据组成，并且数据的存储方式也影响着处理的方法，因此，研究者应掌握必要的复杂数据的存储与处理方法。

本章主要介绍数据的逻辑结构和存储结构及算法的基本概念，并介绍常见的线性结构与非线性结构及运算，以及查找和排序算法。

3.1　算法与数据结构

3.1.1　算法

1．算法与程序

（1）算法的定义

算法是指对解题方案准确而完整的描述，即一组严谨地定义运算顺序的规则，并且每个规则都是有效的、明确的，没有二义性，同时该规则在有限次运算后可终止。

算法可以理解为由基本运算及规定的运算顺序构成的完整的解题步骤，或者将其看成按照要求设计好的、有限的、确切的计算序列，并且这样的步骤和序列可以解决一类问题。

（2）程序的定义

程序是为实现特定目标或解决特定问题而用程序设计语言描述的适合计算机执行的指令（语句）序列。一个程序应该包括以下两个方面的内容。

① 对数据的描述，在程序中要指定数据的类型和数据的组织形式，即数据结构。

② 对操作的描述，即操作步骤，也就是算法。

（3）算法与程序的区别

算法不等于程序，也不是计算方法。算法是指在逻辑层面上对解决问题的方法的一种描述。一个算法可以被很多不同的程序实现，即程序可以作为算法的一种描述，但程序通常还需考虑很多与算法和分析无关的细节问题，这是因为在编写程序时要受到计算机系统运行环境的限制。算法可以被程序模拟出来，但程序只是一个手段，让计算机机械式地执行，算法才是灵魂，驱动计算机"怎么去"执行。程序的编制不可能优于算法的设计，算法并不是程序或者函数本身。程序中的指令必须是机器可执行的，而算法中的指令则无此限制。

2．算法的基本特征

（1）可行性

算法中执行的任何计算步骤都可以被分解为基本的、可执行的操作步骤，即每个计算步骤都可以在有限时间内完成（也称为有效性）。

由于算法是为了在某一个特定的计算工具上解决某一个实际的问题而设计的，因此，它总是受到计算工具的限制，从而使执行产生偏差。例如，计算机的数值有效位是有限的，往往会因为有效位的影响而产生错误。因此，在设计算法时，必须考虑它的可行性，要根据具体的系统调整算法，否则将不会得到满意的结果。

（2）确定性

算法的设计必须每个步骤都有明确的定义，不允许有模糊的解释，也不能有多义性。

（3）有穷性

算法的有穷性是指在一定的时间内能够完成指定的步骤，即算法应该在计算有限个步骤后能够正常结束。

例如，对于数学中的无穷级数，在计算机中只能求有限项，即计算的过程是有穷的。

算法的有穷性还应包括合理的执行时间的含义。因为，如果一个算法需要执行千万年，那么显然失去了实用价值。

（4）输入项

一个算法有 0 个或多个输入项，以刻画运算对象的初始情况。所谓 0 个输入项是指算法本身定出了初始条件。

（5）输出项

一个算法有一个或多个输出项，以反映对输入项加工后的结果。没有输出项的算法是毫无意义的。

3．算法的复杂度

算法的复杂度包括时间复杂度和空间复杂度。

（1）时间复杂度

时间复杂度是指实现该算法需要的计算工作量。算法的工作量用算法所执行的基本运算次数来计算。

算法的时间复杂度反映了程序执行时间随输入规模增长而增长的量级，在很大程度上能很好地反映出算法的优劣。

从数学上定义，给定算法 A，如果存在函数 $F(n)$，当 $n=k$ 时，$F(k)$ 表示算法 A 在输入规模为 k 的情况下的运行时间，则称 $F(n)$ 为算法 A 的时间复杂度。

这里首先要明确输入规模的概念。输入规模是指算法 A 所接收输入的自然独立体的大小。例如，对于排序算法来说，输入规模一般是指待排序数据元素的个数，而对于求两个同型矩阵乘积的算法，输入规模可以看作单个矩阵的维数。为了简单起见，在下面的讨论中，我们总是假设算法的输入规模是用大于零的整数表示的，即 $n=1,2,3,\cdots,k$。

算法的工作量用算法所执行的基本运算次数来度量，而算法所执行的基本运算次数是问题规模的函数，即

$$算法的工作量=F(n)$$

其中，n 是问题的规模。例如，两个 n 阶矩阵相乘所需的基本运算（即两个实数相乘）次数为 n^3，即算法的工作量为 n^3，也就是时间复杂度为 n^3。

对于同一个算法，每次执行的时间不仅取决于输入规模，还取决于输入的特性和具体的硬件环境在某次执行时的状态。所以想要得到一个统一精确的 $F(n)$ 是不可能的。为了解决这个问题，需要说明以下两点。

① 忽略硬件及环境因素，假设每次执行时硬件条件和环境条件是完全一致的。

② 对于输入特性的差异，操作者将从数学上进行精确分析并代入函数解析式。

【例 3.1】 时间复杂度分析示例。

问题：输入一组从 1 到 n 的整数，但其顺序是完全随机的。其数据元素个数为 n，n 为大

于零的整数。输出数据元素 n 所在的位置（第一个数据元素的位置为1）。

这个问题非常简单，下面是其解决算法之一（伪代码）：

```
LocationN(A)
{
    for(int i=1;i<=n;i++)----------------------t1
        if(A[i] == n) -------------------------t2
            return i;  ------------------------t3
}
```

在上述代码中，t1、t2 和 t3 分别表示此行代码执行一次需要的时间。

首先，输入规模 n 是影响算法执行时间的因素之一。在 n 固定的情况下，不同的输入序列会影响其执行时间。在最好的情况下，n 排在序列的第一个位置，那么此时的运行时间= t1+t2+t3；在最坏的情况下，n 排在序列的最后一位，那么此时的运行时间为 $n×t1+n×t2+t3=(t1+t2)×n+t3$。

可以看到，在最好情况下的运行时间是一个常数，而在最坏情况下的运行时间是输入规模的线性函数。那么，平均情况又是如何呢？

由于输入序列的顺序是完全随机的，即 n 出现在 $1\sim n$ 这 n 个位置上的可能性相等，即概率均为 $1/n$。而在平均情况下的执行次数即为执行次数的数学期望，其解为

$$E= p(n=1)×1+p(n=2)×2+\cdots+p(n=n)×n$$
$$= (1/n)×(1+2+\cdots+n)$$
$$= (1/n)×((n/2)×(1+n))$$
$$= (n+1)/2$$

即在平均情况下 for 循环要执行 $(n+1)/2$ 次，则平均运行时间为 $(t1+t2)×(n+1)/2+t3$。

由此得出分析结论：

t1+t2+t3 <= $F(n)$ <= (t1+t2)×n+t3，在平均情况下，$F(n)$ = (t1+t2)×(n+1)/2+t3。

（2）空间复杂度

空间复杂度是对一个算法在运行过程中临时占用存储空间大小的度量。一个算法在计算机存储器中所占用的存储空间，包括存储算法本身所占用的存储空间、算法的输入/输出数据所占用的存储空间和算法在运行过程中临时占用的存储空间三部分。算法的输入/输出数据所占用的存储空间是由要解决的问题所决定的，是通过参数表由调用函数传递而来的，它不随本算法的不同而改变。存储算法本身所占用的存储空间与算法书写的长短成正比，要压缩这方面的存储空间，就必须编写出较短的算法。算法在运行过程中临时占用的存储空间随算法的不同而不同，有的算法只需要占用少量的临时工作单元，而且不随问题规模的大小而改变，这种算法被称为"就地"进行的、节省存储的算法；有的算法需要占用的临时工作单元数量与解决问题的规模 n 有关，它随着 n 的增大而增大，当 n 较大时，将占用较多的存储单元，例如，快速排序和归并排序算法就属于这种情况。

分析一个算法所占用的存储空间要从各方面综合考虑，如递归算法，一般都比较简短，算法本身所占用的存储空间较少，但运行时需要一个附加栈，从而会占用较多的临时工作单元；若写成非递归算法，一般比较长，算法本身占用的存储空间较多，但运行时将占用较少的临时工作单元。

计算一个算法的空间复杂度只考虑在运行过程中为局部变量分配的存储空间的大小，它包括为参数表中形参变量分配的存储空间和为在函数体中定义的局部变量分配的存储空间两

部分。若一个算法为递归算法，其空间复杂度为递归所使用的栈空间的大小，它等于一次调用所分配的临时存储空间的大小乘以被调用的次数（即递归调用的次数加 1，这个 1 表示开始进行的一次非递归调用）。算法的空间复杂度一般也以数量级的形式给出，例如，当一个算法的空间复杂度为一个常量，即不随被处理数据规模 n 的大小而改变时，可表示为 $O(1)$；当一个算法的空间复杂度与以 2 为底的 n 的对数成正比时，可表示为 $O(\log_2 n)$；当一个算法的空间复杂度与 n 成线性比例关系时，可表示为 $O(n)$。若形参为数组，则只需要为它分配一个用于存储由实参传送来的一个地址指针的空间，即一个机器字长空间；若形参为引用方式，则只需要为其分配用于存储一个地址的空间，用它来存储对应实参变量的地址，以便由系统自动引用实参变量。

例如，插入排序的时间复杂度是 $O(n^2)$，空间复杂度是 $O(1)$。而一般的递归算法要有 $O(n)$ 的空间复杂度，因为每次递归都要存储返回的信息。

对于一个算法，其时间复杂度和空间复杂度往往是相互影响的。当追求一个较好的时间复杂度时，可能会使空间复杂度的性能变差，即可能导致占用较多的存储空间；反之，当追求一个较好的空间复杂度时，可能会使时间复杂度的性能变差，即可能导致占用较长的运行时间。

3.1.2 数据结构

数据结构与算法之间存在本质联系，在某一类型的数据结构上，总要涉及其上施加的运算，而只有通过对定义运算的研究，才能清楚地理解数据结构的定义和作用；在涉及运算时，总会联系到该算法处理的对象和结果的数据。

数据是指计算机可以保存和处理的信息。

数据元素是构成数据的基本单位，在计算机程序中通常作为一个整体进行处理。一个数据元素可以由一个或多个数据项组成。数据元素也称为元素、节点或记录。

数据项是指数据中不可分割的、含有独立意义的最小单位，也被称为字段（Field）或域。

例如，实现对会员档案的管理，设会员档案的内容包括编号、姓名、性别、出生年月、等级和积分，如表 3.1 所示，则每个会员的编号、姓名、性别、出生年月、等级和积分就是数据项，每个会员的所有数据项就构成一个数据元素。

表 3.1　会员档案登记表

编　号	姓　名	性　别	出 生 年 月	等　级	积　分
601110901	蒋一奇	男	1975-10-02	32	1052
601110902	刘怡婧	女	1982-01-20	38	892
601110903	张鹏	男	1980-09-23	15	165
601110904	郑晓敏	女	1978-06-12	33	1125
601110905	吴涛	男	1978-03-05	52	78

数据结构是指相互之间存在一种或多种特定关系的数据元素集合，是带有结构的数据元素的集合。它指的是数据元素之间的相互关系，即数据的组织形式。数据结构是研究数据及数据元素之间关系及其操作的实现算法的学科。它不仅是一般程序设计的基础，而且是设计和实现编译程序、操作系统、数据库系统（Data Base System，DBS）及其他系统程序和大型

应用程序的重要基础。

下面通过例 3.2 来认识数据结构。

【例 3.2】电话是通信联络必不可少的工具，如何用计算机来实现自动查询电话号码的操作呢？要求对于给定的任意姓名，如果该人有电话号码，则迅速给出其电话号码，否则，给出查找不到该人电话号码的信息。

对于这个问题，我们可以按照用户向电信局申请电话号码的先后次序建立电话号码表，并将其存储到计算机中。在这种情况下，因为电话号码表是没有任何规律的，所以只能从第一个电话号码开始逐一进行查找，这种逐一按顺序进行查找的方式，效率非常低。为了提高查找的效率，我们可以根据每个用户姓名的第一个拼音字母，按照 26 个英文字母的顺序进行排列，这样根据姓名的第一个字母就可以迅速地进行查找，从而极大地减少了查找所需的时间。进一步地，可以按照用户的中文姓名的汉语拼音顺序进行排序，这样就可以进一步提高查找效率了。

在例 3.2 中，要解决的另一个问题是如何提高查找效率。为了解决这个问题，就必须了解待处理对象之间的关系，以及如何存储和表示这些数据。例 3.2 中的每个电话号码就是一个要处理的数据对象，也称为数据元素。在数据结构中为了抽象地表示不同的数据元素，以及为了研究对于具有相同性质的数据元素的共同特点和操作，人们又将数据元素称为数据节点，简称节点。电话号码经过处理并按照汉语拼音排好顺序后，每个电话号码之间的先后次序就是数据元素之间的关系。

由此可见，计算机所处理的数据并不是数据的杂乱堆积，而是具有内在联系的数据集合，如表结构（见表 3.1）、树状结构（见图 3.1）、图状结构（见图 3.2）等。这里关心的是数据元素之间的相互关系与组织方式及其上施加的运算及运算规则，并不涉及数据元素内容的具体值。

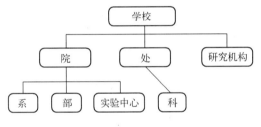

图 3.1　树状结构

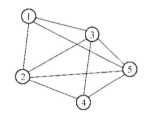

图 3.2　图状结构

例如，一维数组是向量 $A=(a_1,a_2,\cdots,a_n)$ 的存储映象，使用时采用下标变量 $a[i]$ 的方式，关心的是其按序排列、按行存储的特性，并不关心 $a[i]$ 中存放的具体值。同理，二维数组 $b[i,j]$ 是矩阵 $B_{m \times n}$ 的存储映象，我们关心的是结构关系的特性而不关心其数组元素本身的内容。

现实世界中客观存在的一切对象，在数据处理中都可以抽象成数据元素，如描述光谱颜色的名称（红、橙、黄、绿、蓝、紫）是光谱的数据元素；$1 \sim n$ 的各个整数可以作为整数数值的数据元素；描述物体的长、宽、高、重量等也是物体的数据元素。

在实际应用中，需要处理的数据元素一般有很多，而且，作为某种处理对象，其中的数据元素一般具有某种共同特征，如春、夏、秋、冬这 4 个数据元素有一个共同特征，即它们都是季节名，分别表示了一年中的 4 个季节，从而这 4 个数据元素构成了季节名的集合。

一般来说，人们不会同时处理特征完全不同且互相之间没有任何关系的各类数据元素，对于具有不同特征的数据元素总是分别进行处理的。

在一般情况下，在具有相同特征的数据元素集合中，各个数据元素之间存在某种关系，这种关系反映了该集合中的数据元素所固有的结构。在数据处理领域中，人们通常把数据元素之间这种固有的关系简单地用前后件关系（或直接前驱与直接后继关系）来描述。

例如，在描述一年 4 个季节的顺序关系时，"春"是"夏"的前件（即直接前驱，下同），而"夏"是"春"的后件（即直接后继，下同）。同样地，"夏"是"秋"的前件，"秋"是"夏"的后件；"秋"是"冬"的前件，"冬"是"秋"的后件。

前后件关系是数据元素之间的一个基本关系，但前后件关系所表示的实际意义随具体对象的不同而不同。一般来说，数据元素之间的任何关系都可以用前后件关系来描述。

数据结构就是用于研究这类非数值处理的程序设计问题的。它包括 3 个方面的内容：数据的逻辑结构、数据的存储结构和数据的运算。

1. 数据的逻辑结构

数据的逻辑结构是指数据元素之间的逻辑关系，与数据在计算机内部如何存储的无关，数据的逻辑结构是独立于计算机的。

例如，在城市交通中，两个地点之间就存在一种逻辑关系，两个地点之间的逻辑关系分为三种：第一种，两个地点之间有公共汽车可以直达；第二种，两个地点之间没有公共汽车可以直达，但可以通过中途换乘其他公共汽车而到达目的地；第三种，两个地点之间没有公共汽车可以到达。

又如，在电话号码本中，电话号码如何进行分类，以及按照什么顺序进行排列等都是数据之间的逻辑关系。

数据的逻辑结构有如下两个要素。

① 数据元素的集合，记作 D。

② 数据之间的前后件关系，记作 R。

可得

$$数据结构=(D,R)$$

其中，D 是组成数据的数据元素的有限集合，R 是数据元素之间的关系集合。

例如，光谱颜色的数据结构可以表示为

$$D=\{红,橙,黄,绿,蓝,紫\}$$
$$R=\{(红,橙),(橙,黄),(黄,绿),(绿,蓝),(蓝,紫)\}$$

而学校成员的数据结构可以表示为

$$D=\{学校,院,处,研究机构,系,部,实验中心,科\}$$
$$R=\{(学校,院),(学校,处),(学校,研究机构),(院,系),(院,部),(院,实验中心),(处,科)\}$$

根据数据元素之间的不同特性，通常有下列 4 类基本的结构（见图 3.3）。

① 集合结构中的数据元素之间除同属于一个集合的关系以外，无任何其他关系。

② 线性结构中的数据元素之间存在一对一的线性关系。

③ 树状结构中的数据元素之间存在一对多的层次关系。

④ 图状结构或网状结构中的数据元素之间存在多对多的任意关系。

由于集合的关系非常松散，因此可以用其他的结构来代替它。

集合

线性表

树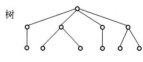

图

图 3.3　4 类基本的结构

故数据的逻辑结构可概括为

$$
逻辑结构\begin{cases} 线性结构——线性表、栈、队列、字符、串、数据、广义表 \\ 非线性结构——树、图 \end{cases}
$$

线性结构的逻辑特征是，除第一个节点和最后一个节点外，其他所有节点都有且只有一个直接前驱和一个直接后继节点。非线性结构的逻辑特征是，一个节点可能有多个直接前驱节点和多个直接后继节点。

2．数据的存储结构

数据的逻辑结构在计算机存储空间中的存放形式称为数据的存储结构，或称为数据的物理结构，即数据在存储时，不仅要存储数据元素的信息，还要存储数据元素之间的前后件关系的信息。

通常的数据存储结构有顺序、链接、索引等。

例如，在城市交通的例子中，研究的是如何在计算机中表示一个地点、如何在计算机中表示两个地点之间存在一条公共汽车线路，以及该线路有多长等问题。

又如，在电话号码查询例子中，研究的是电话号码资料信息在计算机中是如何存储的，以及如何表示资料的分类、如何表示排好顺序的电话号码之间的先后次序关系等问题。

数据的逻辑结构是面向应用问题的，是从用户角度看到的数据的结构。数据必须在计算机中存储，数据的存储结构研究的是数据元素和数据元素之间的关系如何在计算机中表示，是逻辑数据的存储映象，它是面向计算机的。

实现从数据的逻辑结构到存储器的映象有多种不同的方式。通常，数据在存储器中的存储有如下 4 种基本的映象方法。

① 顺序存储结构：把逻辑上相邻的节点存储在物理位置相邻的存储单元中，节点间的逻辑关系由存储单元的邻接关系来体现。由此得到的存储形式称为顺序存储结构，它主要用于存储线性数据结构，非线性的数据结构也可以通过某种线性化的方法来实现顺序存储。

② 链式存储结构：把逻辑上相邻的两个数据元素存储在物理上不一定相邻的存储单元中，节点间的逻辑关系是由附加的指针字段表示的。链式存储结构的特点就是将存放每个数据元素的节点分为两部分：一部分存放数据元素（称为数据域）；另一部分存放指示存储地址的指针（称为指针域），借助指针表示数据元素之间的关系。

③ 索引存储结构：在存储节点信息的同时，建立附加的索引表。索引表中的每项称为一个索引项，索引项的一般形式是：关键字，地址。关键字是能唯一标志一个节点的数据项，地址则指向节点信息的存储位置。

④ 散列存储结构：根据节点的关键字值计算出该节点的存储地址，即在数据元素与其在存储器中的存储位置之间建立一个映象关系 F，根据关键字值和映象关系 F 就可以得到它的存储地址，即 $D=F(E)$，E 是要存放的数据元素的关键字值，D 是该数据元素的存储地址。散列表是散列存储结构中最常用的一种。

3．数据的运算

数据的运算是定义在数据逻辑结构上的操作，每种数据结构都有一个运算的集合。常用的运算有检索、插入、删除、更新、排序等。运算的具体实现要在对应的存储结构上进行。例如，在电话号码查询问题中，就要设计如何插入一个新的电话号码信息，如何删除一个作废的电话号码信息，如何对电话号码进行快速整理排序，如何高效、快速地查找资料等算法。

在城市交通问题中，就要设计求两个地点之间最短线路的算法，要能够判断从城市的任意一个地点出发乘坐公共汽车是否可以到达该城市的任何地点。

3.1.3　线性结构与非线性结构

如果在数据结构中一个数据元素都没有，则该数据结构为空数据结构；如果在空数据结构中插入一个新的数据元素，则数据结构变为非空数据结构；如果将数据结构中的所有数据元素全部删除，则该数据结构变成空数据结构。

1．线性结构

如果一个非空的数据结构满足如下条件，则该数据结构为线性结构。

- 有且只有一个根节点。
- 每个节点最多只有一个直接前驱，也最多只有一个直接后继。

线性结构的特点是：在数据元素的非空有限集合中，存在唯一的首数据元素和唯一的尾数据元素，首数据元素无直接前驱，尾数据元素无直接后继，集合中其他的每个数据元素均有唯一的直接前驱和唯一的直接后继。

注意：在线性结构表中插入或删除数据元素后，该线性表仍然应满足线性结构的条件。

线性结构的主要特征为，各个数据元素之间有明确的、唯一的"先后"顺序。线性结构包括线性表、栈和队列等。在日常生活中具有线性结构的实例非常多，例如，排队购物，队列中的每个人之间都有一个明确的先后次序关系。

2．非线性结构

如果一个数据结构不满足线性结构的条件，则为非线性结构。非线性结构包括树状结构和图状结构。

树状结构的主要特征是节点之间存在一种层次关系，每个节点对应下一层的多个节点，也就是说，数据元素之间是"一对多"的关系。例如，学校下面有多个院/系，每个院/系下面有多个班，每个班下面有多个学生。学校—院/系—班—学生，每层之间都是一种一对多的关系，这就是一个典型的树状结构。

而在图状结构中，任何两个节点之间都可能存在联系，数据元素之间存在多对多的关系。典型的图状结构就是城市交通。如果城市中有单行线路，则从城市中的一个地点 A 出发，可以到达 N 个不同的地点，从城市中的 M 个不同的地点出发又可以到达地点 A。城市交通就是一个典型的"多对多"的图状结构（见图 3.2）。

3.2　线性结构的存储与处理

3.2.1　线性表的存储与处理

1．基本概念

线性表是 n 个类型相同的数据元素的有限序列，数据元素之间是一对一的关系，即每个数据元素最多有一个直接前驱和一个直接后继，如图 3.4 所示。这里的数据元素是指广义的数据元素，并不仅仅是指一个数据，如矩阵、学生记录表等。

图 3.4　线性表中数据元素之间的关系

非空线性表的结构特征如下。

- 有且只有一个根节点，它无直接前驱。
- 有且只有一个终端节点，它无直接后继。
- 除根节点和终端节点以外，所有的节点有且只有一个直接前驱和一个直接后继。

线性表中节点的个数称为节点的长度 n。当 $n=0$ 时，称为空表。

例如，英文字母表（A、B、…、Z）就是一个简单的线性表，表中的每个英文字母是一个数据元素，每个数据元素之间存在唯一的顺序关系，如在英文字母表中字母 B 的前面是字母 A，而字母 B 的后面是字母 C。在较为复杂的线性表中，数据元素可由若干个数据项组成，例如，在学生成绩表中，每个学生及其各科成绩是一个数据元素，它由学号、姓名、各科成绩及平均成绩等数据项组成，常称为一个记录，含有大量记录的线性表称为文件。数据对象是性质相同的数据元素集合。

如表 3.1 所示的会员档案登记表，每个会员的相关信息由编号、姓名、性别、出生年月、等级和积分 6 个数据项组成，它是文件的一个记录（数据元素）。

综上所述，线性表的定义如下。

线性表是由 n（$n \geq 0$）个类型相同的数据元素组成的有限序列，记作 $(a_1, a_2, \cdots, a_{i-1}, a_i, a_{i+1}, \cdots, a_n)$。这里的数据元素 a_i（$1 \leq i \leq n$）只是一个抽象的符号，其具体含义在不同情况下可以不同，它既可以是原子类型，也可以是结构类型，但同一线性表中的数据元素必须属于同一数据对象。此外，线性表中相邻数据元素之间存在着序偶关系，即对于非空的线性表 $(a_1, a_2, \cdots a_{i-1}, a_i, a_{i+1}, \cdots, a_n)$ 而言，表中 a_{i-1} 领先于 a_i，称 a_{i-1} 是 a_i 的直接前驱，而称 a_i 是 a_{i-1} 的直接后继。除第一个数据元素 a_1 外，每个数据元素 a_i 有且仅有一个被称为其直接前驱的节点 a_{i-1}，除最后一个数据元素 a_n 外，每个数据元素 a_i 有且仅有一个被称为其直接后继的节点 a_{i+1}。

线性表的特点可概括为如下几点。

- 同一性：线性表由同类数据元素组成，每个 a_i 必须属于同一数据对象。
- 有穷性：线性表由有限个数据元素组成，表长度就是表中数据元素的个数。
- 有序性：线性表中相邻数据元素之间存在着序偶关系 $<a_i, a_{i+1}>$。

由此可以看出，线性表是一种最简单的数据结构，因为数据元素之间是由一个前驱和一个后继的直观有序的关系确定的；线性表又是一种最常见的数据结构，因为矩阵、数组、字符串、栈、队列等都符合线性条件。

2．顺序存储结构

线性表的顺序存储结构是指用一组地址连续的存储单元依次存储线性表中的各个数据元素，使得线性表中在逻辑结构上相邻的数据元素存储在相邻的物理存储单元中，即通过数据元素物理存储的相邻关系来反映数据元素之间逻辑上的相邻关系。采用顺序存储结构的线性表通常称为顺序表。

顺序存储结构的特点如下。

- 线性表中所有的数据元素所占的存储空间是连续的。
- 线性表中各数据元素在存储空间中是按照逻辑顺序依次存放的。

假设线性表中有 n 个数据元素，每个数据元素占 k 个单元，第一个数据元素的地址为 $\mathrm{loc}(a_1)$，则可以通过如下公式计算出第 i 个数据元素的地址 $\mathrm{loc}(a_i)$：

$$\mathrm{loc}(a_i) = \mathrm{loc}(a_1) + (i-1) \times k^*$$

存储地址	内存空间状态	逻辑地址
$loc(a_1)$	a_1	1
$loc(a_1)+(2-1)\times k$	a_2	2
…	…	…
$loc(a_1)+(i-1)\times k$	a_i	i
…	…	…
$loc(a_1)+(n-1)\times k$	a_n	n

图 3.5　线性表的顺序存储结构示意

其中，$loc(a_1)$ 称为基址。

图 3.5 所示为线性表的顺序存储结构示意。从图 3.5 中可以看出，在线性表的顺序存储结构中，其前、后两个数据元素在存储空间中是紧邻的，前数据元素一定存储在后数据元素的前面，且每个节点 a_i 的存储地址是该节点在表中的逻辑位置 i 的线性函数。只要知道线性表中第一个数据元素的存储地址（基址）和表中每个数据元素所占存储单元的多少，就可以计算出线性表中任意一个数据元素的存储地址，从而实现对顺序表中数据元素的随机存取。

顺序存储结构可以借助高级程序设计语言中的数组来表示，一维数组的下标与数据元素在线性表中的序号相对应。在用一维数组存放线性表时，该一维数组的长度通常要定义得比线性表的实际长度长一些，以便对线性表进行各种运算，特别是插入运算。在一般情况下，如果线性表的长度在处理过程中是动态变化的，则在开辟线性表的存储空间时要考虑线性表在动态变化过程中可能达到的最大长度。如果在开始时所开辟的存储空间太小，则在线性表动态增长时可能会出现由于存储空间不够而无法再插入新的数据元素的问题；但如果在开始时所开辟的存储空间太大，而实际上又用不到那么大的存储空间，则会造成存储空间的浪费。在实际应用中，读者可以根据线性表动态变化过程中的一般规模来决定要开辟的存储空间的大小。

3．线性表的基本操作

（1）线性表的查找运算

线性表有按序号查找和按内容查找两种基本的查找运算。

① 按序号查找：其结果是线性表中第 i 个数据元素。

② 按内容查找：要求查找线性表中与给定值相等的数据元素，其结果是若在表中找到与给定值相等的数据元素，则返回该数据元素在表中的序号；若找不到，则返回一个"空序号"，表示无此数据元素。

查找运算可采用顺序查找法实现，即从第一个数据元素开始，依次将表中数据元素与给定值相比较，若相等，则查找成功，返回该数据元素在表中的序号；若给定值与表中的所有数据元素都不相等，则查找失败，可返回"无此数据元素"信息的一个值（具体可由所用语言或实际需要决定其值的形式）。

（2）线性表的插入运算

线性表的插入运算是指在表的第 i（$1 \leqslant i \leqslant n+1$）个位置，插入一个新数据元素 e，使长度为 n 的线性表（$e_1, e_2, \cdots, e_{i-1}, e_i, \cdots, e_n$）变成长度为 $n+1$ 的线性表（$e_1, e_2, \cdots, e_{i-1}, e, e_i, \cdots, e_n$）。

用顺序表作为线性表的存储结构时，由于节点的物理顺序必须和节点的逻辑顺序保持一致，因此必须将原表中（$n, n-1, \cdots, i$）位置上的节点，依次后移到（$n+1, n, \cdots, i+1$）位置上，空出第 i 个位置，然后在该位置上插入新节点 e。当 $i=n+1$ 时，表示在线性表的末尾插入节点，所以无须移动节点，直接将 e 插入表的末尾即可。

【例 3.3】已知一个线性表（4,7,15,28,30,32,42,51,63），现需在第 4 个数据元素之前插入一个数据元素"21"。

方法：要将数据元素"21"插入线性表中，首先需将第 4 个位置到第 9 个位置的数据元素依次向后移动一个位置，然后将数据元素"21"插入第 4 个位置，如图 3.6 所示（注意区分数据元素与数据元素的序号）。

注意：在定义线性表时，一定要定义足够的空间，否则，将不允许插入新数据元素。另外，在找到插入位置后，需要移动从插入位置开始的所有数据元素，从最后一个数据元素开始顺序后移。

显然，在线性表采用顺序存储结构时，如果插入运算在线性表的末尾进行，即在第 n 个数据元素之后（可以认为是在第 $n+1$ 个数据元素之前）插入新数据元素时，则只要在表的末尾增加一个数据元素即可，不需要移动表中的数据元素；如果要在线性表的第 1 个数据元素之前插入一个新数据元素，则需要移动表中所有的数据元素。在一般情况下，如果插入运算在第 i（$1 \leqslant i \leqslant n$）个数据元素之前进行，则原来第 i 个数据元素之后（包括第 i 个数据元素）的所有数据元素都必须移动。在平均情况下，要在线性表中插入 1 个新数据元素，需要移动表中一半的数据元素。因此，在线性表采用顺序存储结构的情况下，要插入 1 个新数据元素，其效率是很低的，特别是在线性表比较大的情况下更为突出，数据元素的移动需要消耗较多的处理时间。

（3）线性表的删除运算

线性表的删除运算是指将表中的第 i（$1 \leqslant i \leqslant n$）个数据元素删除，使长度为 n 的线性表（$e_1, e_2, \cdots, e_{i-1}, e_i, e_{i+1}, \cdots, e_n$）变成长度为 $n-1$ 的线性表（$e_1, e_2, \cdots, e_{i-1}, e_{i+1}, \cdots, e_n$）。与插入运算类似，在顺序表上实现删除运算也必须移动节点，这样才能反映出节点间逻辑关系的变化。

【例 3.4】 将线性表（4,7,15,28,30,32,42,51,63）中的第 4 个数据元素删除。

方法：将第 5 个位置到第 9 个位置的数据元素依次向前移动一个位置（见图 3.7），即可完成任务。

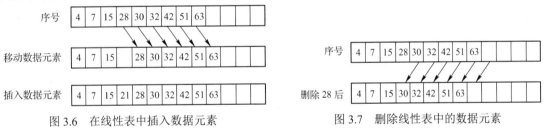

图 3.6　在线性表中插入数据元素　　　　图 3.7　删除线性表中的数据元素

显然，在线性表采用顺序存储结构时，如果删除运算在线性表的末尾进行，即删除第 n 个数据元素，则不需要移动表中的数据元素；如果要删除线性表中的第 1 个数据元素，则需要移动表中所有的数据元素。在平均情况下，要在线性表中删除 1 个数据元素，需要移动表中一半的数据元素。

由线性表在顺序存储结构下的插入与删除运算可以看出，顺序存储结构对于小线性表或者其中数据元素不常变动的线性表来说是合适的，因为顺序存储结构比较简单，但这种顺序存储的方式对于其中数据元素经常需要变动的大线性表就不太合适了，因为插入与删除运算的效率比较低。

4．链式存储结构

解决静态内存分配不足的办法就是使用动态内存分配。所谓动态内存分配，是指在程序执行的过程中动态地分配或者回收存储空间。动态内存分配不像静态内存分配那样需要预先分配存储空间，而是由系统根据程序的需要即时分配的，且分配的大小就是程序要求的大小。

每个数据节点对应一个存储单元，该存储单元称为存储节点，简称节点。

链式存储方式要求每个节点由两部分组成：一部分用于存放数据元素的值，称为数据域；另一部分用于存放指针，称为指针域。其中，指针用于指向该节点的前一个或后一个节点（即前件或后件），如图 3.8 所示。

在链式存储结构中，存储数据结构的存储空间可以不连续，各节点的存储顺序与数据元素之间的逻辑关系也可以不一致，数据元素之间的逻辑关系是由指针域来确定的。

5．线性链表

线性链表用一组任意的存储单元来存放线性表中的节点，这组存储单元可以是连续的，也可以是非连续的，甚至是零散分布在内存的任意位置上的。因此，链表中节点的逻辑顺序和物理顺序不一定相同。为了正确地表示节点间的逻辑关系，必须在存储线性表中每个数据元素值的同时，存储指示其后继节点的地址（或位置）信息，这两部分信息组成的存储映象称为节点，如图 3.8 所示。

（1）单链表

在单链表中用一个专门的指针 HEAD 指向线性链表中第一个数据元素的节点（即存放第一个数据元素的地址）。线性链表中的最后一个数据元素没有后件，因此，线性链表中的最后一个节点的指针域为空（用 NULL 或 0 表示），表示链终结。

在线性链表中，各数据元素的存储序号是不连续的，数据元素间的前后件关系与位置关系也是不一致的。在线性链表中，前后件的关系依靠各节点的指针来指示，指向表的第一个数据元素的指针 HEAD 称为头指针，当 HEAD=NULL 时，表示该链表为空。

例如，线性表（A,B,C,D,E,F,G,H）的单链表存储结构如图 3.9 所示，整个链表的存取需从头指针开始进行，依次顺着每个节点的指针域找到线性表的各个数据元素。

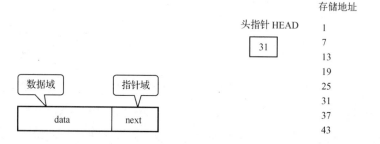

图 3.8　节点　　　　　图 3.9　线性表（A,B,C,D,E,F,G,H）的单链表存储结构

在一般情况下，我们在使用链表时，只关心链表中节点间的逻辑顺序，并不关心每个节点的实际存储位置，因此通常用箭头来表示链域中的指针，于是链表就可以更直观地表示成用箭头连接起来的节点序列。图 3.9 中的单链表存储结构可表示为如图 3.10 所示的逻辑状态。

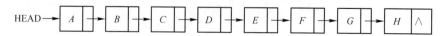

图 3.10　单链表存储结构的逻辑状态

有时为了操作方便，还可以在单链表的第一个节点之前附设一个头节点，头节点的数据域可以存储一些关于线性表的长度的附加信息，也可以什么都不存储；而头节点的指针域存

储指向第一个节点的指针（即第一个节点的存
储位置）。此时带头节点的单链表（见图 3.11）
的头指针就不再指向表中的第一个节点而是
指向头节点。如果线性表为空表，则头节点
的指针域为空。

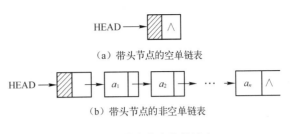

（a）带头节点的空单链表

（b）带头节点的非空单链表

图 3.11　带头节点的单链表

　　单链表可以从表头开始，沿着各节点的
指针向后扫描链表中的所有节点，而不能从
中间或表尾节点向前扫描位于该节点之前的
节点。

（2）循环单链表

　　循环单链表是单链表的另一种形式，它是一个首尾相接的链表。其特点是将单链表最后
一个节点的指针域由 NULL 改为指向头节点或线性表中的第一个节点，就得到了单链形式的
循环链表，被称为循环单链表，如图 3.12 所示。

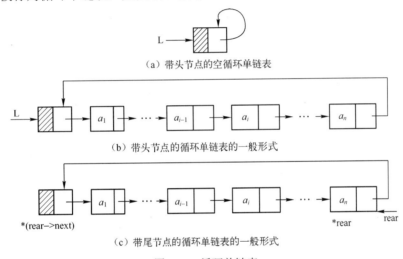

（a）带头节点的空循环单链表

（b）带头节点的循环单链表的一般形式

（c）带尾节点的循环单链表的一般形式

图 3.12　循环单链表

　　带头节点的循环单链表的各种操作的实现算法与带头节点的单链表的实现算法类似。在
循环单链表中附设尾指针有时比附设头指针会使操作变得更简单。例如，在用头指针表示的
循环单链表中要找到终端节点 a_n，需要从头指针开始遍历整个链表，如果用尾指针 rear 来表
示循环单链表，则查找头节点和终端节点都很方便。因此，在实用中多采用尾指针表示循环
单链表的形式。

（3）双向链表

　　单链表和循环单链表结构的缺点是不能任意地对链表中的节点按不同的方向进行扫描。
通常，对链表中的节点设置两个指针域：一个为指向前件的
指针域，称为前指针域（prior）；另一个为指向后件的指针
域，称为后指针域（next）。用这种节点形成的链表就是双
向链表，如图 3.13 所示。双向链表也可以有循环表，称为
双向循环链表，如图 3.14 所示。

图 3.13　双向链表的节点

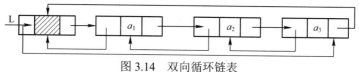

图 3.14　双向循环链表

6．线性链表的基本运算

（1）线性链表的查找运算

链表存储结构不是一种随机存取结构，如果要查找单链表中的一个节点，则必须从头指针出发，沿节点的指针域逐个往后查找，直到找到要查找的节点为止。

① 按序号查找。在单链表中，因为每个节点的存储位置都放在其前一节点的 next 域中，所以即使知道被访问节点的序号 i，也不能像顺序表那样直接按序号 i 访问一维数组中的相应数据元素，实现随机存取，而只能从单链表的头指针出发，顺着指针域 next 逐个往下搜索，直至搜索到第 i 个节点为止。

算法描述：设带头节点的单链表的长度为 n，要查找表中第 i 个节点，则需要从单链表的头指针 L 出发，从头节点（L->next）开始顺着指针域扫描，用指针 p 指向当前扫描到的节点，初值指向头节点，设 j 为计数器，累计当前扫描过的节点数（初值为 0），当 $j = i$ 时，指针 p 所指的节点就是要找的第 i 个节点。

② 按值查找。按值查找是指在单链表中查找是否存在一个节点的数据域的值等于要找的值，若有，则返回首次找到的节点的存储位置，否则返回找不到该值的信息提示。

算法描述：从单链表的头指针指向的头节点出发，顺着指针域逐个将节点的数据域的值和给定的值进行比较。

（2）线性链表的插入运算

线性链表的插入运算是指在基于链式存储结构的线性表中插入一个新数据元素（节点）。

如果要在带头节点的单链表 L 中第 i 个节点之前插入一个节点 e，则需要先在单链表中找到第 $i-1$ 个节点并由指针 pre 指示，然后申请一个新的节点并由指针 s 指示，其数据域的值为 e，并修改第 $i-1$ 个节点的指针，使其指向指针 s 指向的节点，然后使该节点的指针域指向第 i 个节点。在单链表第 i 个节点前插入一个节点的过程如图 3.15 所示。

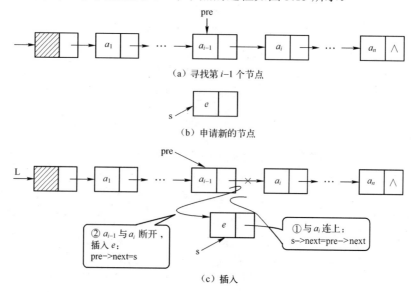

图 3.15　在单链表中第 i 个节点前插入一个节点的过程

在线性链表的插入操作中，新节点是来自可利用栈的，因此不会造成线性表的溢出。同样地，由于可利用栈可被多个线性表利用，因此，不会造成存储空间的浪费，大家动态地共同使用存储空间。另外，线性链表在插入过程中不会发生数据元素移动的现象，只需改变有关节点的指针即可，从而提高了插入的效率。

（3）线性链表的删除运算

线性链表的删除运算是指在基于链式存储结构的线性表中删除指定数据元素的节点。

如果要在带头节点的单链表 L 中删除第 i 个节点，则首先要找到第 i-1 个节点并使指针 p 指向第 i-1 个节点，如图 3.16（a）所示；然后将第 i-1 个节点的指针域的值赋给指针 r；接下来将第 i 个节点的指针域的值赋给指针 p，这样就使第 i-1 个节点与第 i+1 个节点直接连接起来；最后用指针 r 将第 i 个节点释放，如图 3.16（b）所示，即归还给可利用栈。

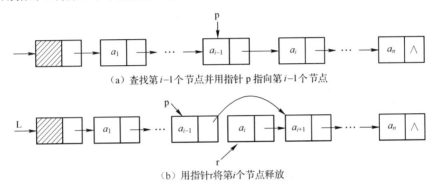

（a）查找第 i-1 个节点并用指针 p 指向第 i-1 个节点

（b）用指针 r 将第 i 个节点释放

图 3.16　线性链表的删除过程

从线性链表的删除过程可以看出，在线性链表中删除一个数据元素后，不需要移动表中的数据元素，只需改变被删除数据元素所在节点的前一个节点的指针域即可。另外，由于可利用栈是用于收集计算机中所有的空闲节点的，因此，当从线性链表中删除一个数据元素后，该数据元素的存储节点就变为空闲节点，应将该空闲节点送回可利用栈。

3.2.2　先进后出结构的存储与处理

1. 栈

栈就是将线性表的插入和删除运算限制为仅在表的一端进行。通常将表中允许进行插入、删除操作的一端称为栈顶（top），因此栈顶的当前位置是动态变化的，它由一个称为栈顶指针的位置指示器指示。同时，表的另一端称为栈底（bottom）。当栈中没有数据元素时称为空栈。栈的插入操作称为进栈或入栈，删除操作称为出栈或退栈。

根据上述定义，每次进栈的数据元素都被放在原栈顶数据元素之上而成为新的栈顶，而每次出栈的总是当前栈中"最新"的数据元素，即最后进栈的数据元素。在如图 3.17（a）所示的栈中，数据元素是以 $a_1,a_2,\cdots,a_n$ 的顺序进栈的，而退栈的顺序却是 $a_n,\cdots,a_2,a_1$。栈的修改是按照后进先出的原则进行的。因此，栈又被称为先进后出的线性表，简称 FILO（First In Last Out）表。在日常生活中也可以见到很多"先进后出"的例子，如手枪子弹夹中的子弹，子弹的装入与子弹的弹出均在弹夹的最上端进行，先装入的子弹后发出，而后装入的子弹先发出。又如铁路调度站，如图 3.17（b）所示，都是栈结构的实际应用。

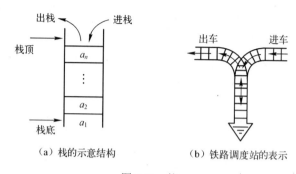

（a）栈的示意结构　　　　　（b）铁路调度站的表示

图 3.17　栈

栈的基本操作除了进栈（栈顶插入）、出栈（删除栈顶），还有建立栈（栈的初始化）、判空、判满及取栈顶数据元素等。

栈作为一种特殊的线性表，在计算机中有顺序和链式两种基本的存储结构。一般称顺序存储的栈为顺序栈，称链式存储的栈为链栈。

2. 栈的顺序存储及其运算

在程序设计中，顺序栈与一般的线性表一样，用一维数组 S(1:m)作为栈的顺序存储空间，其中，m 为栈的最大容量。通常，栈底指针指向栈空间的低地址一端（即数组的起始地址这一端）。图 3.18（a）所示为容量为 10 的栈顺序存储空间，栈中已有 6 个数据元素。图 3.18（b）与图 3.18（c）所示分别为入栈与退栈后的状态。

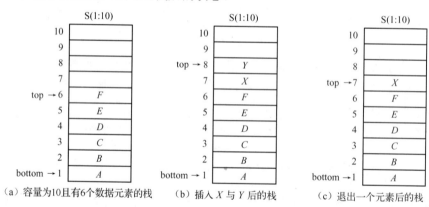

（a）容量为10且有6个数据元素的栈　　（b）插入 X 与 Y 后的栈　　（c）退出一个元素后的栈

图 3.18　栈在顺序存储结构下的运算

在栈的顺序存储空间 S(1:m)中，S(bottom)通常为栈底数据元素（在栈非空的情况下），S(top)为栈顶数据元素。top=0 表示栈空；top=m 表示栈满。

栈的基本运算有 3 种：入栈、退栈与读栈顶数据元素。下面分别介绍在顺序存储结构下栈的 3 种基本运算。

（1）入栈运算

入栈运算是指在栈顶位置插入一个新数据元素。其基本操作分为两步：首先将栈顶指针进一（即 top 加 1），然后将新数据元素插入栈顶指针指向的位置。

当栈顶指针已经指向存储空间的最后一个位置时，说明栈空间已满，不可以再进行入栈操作，这种情况称为栈"上溢"错误。

（2）退栈运算

退栈运算是指取出栈顶数据元素并赋给一个指定的变量。其基本操作分为两步：首先将栈顶数据元素（栈顶指针指向的数据元素）赋给一个指定的变量，然后将栈顶指针退一（即 top 减 1）。

当栈顶指针为 0 时，说明栈空，不可以进行退栈操作，这种情况称为栈"下溢"错误。

（3）读栈顶数据元素运算

读栈顶数据元素运算是指将栈顶数据元素赋给一个指定的变量。必须注意，这个运算不删除栈顶数据元素，只是将它的值赋给一个变量，因此，在这个运算中，栈顶指针不会发生改变。

当栈顶指针为 0 时，说明栈空，读不到栈顶数据元素。

3.2.3　先进先出结构的存储与处理

1．队列

队列是另一种限定性的线性表，它只允许在表的一端插入数据元素，而在另一端删除数据元素，所以队列具有先进先出（FIFO）的特性。这与我们日常生活中的排队是一致的，最早进入队列的人最早离开，新来的人总是加入队尾。在队列中，允许插入的一端称为队尾（通常用一个队尾指针 rear 指向队尾）；允许删除的一端则称为队头（通常用一个队头指针 front 指向队头）。假设队列为 $q=(a_1,a_2,\cdots,a_n)$，那么 a_1 就是队头数据元素，a_n 则是队尾数据元素。队列中的数据元素是按照 $a_1,a_2,\cdots,a_n$ 的顺序进入的，退出队列也必须按照同样的次序依次出队，也就是说，只有在 $a_1,a_2,\cdots,a_{n-1}$ 都退出队列之后，a_n 才能退出队列。

队列在程序设计中经常出现。一个最典型的例子就是操作系统中的作业排队。在允许多道程序运行的计算机系统中，有几个作业同时运行。如果运行的结果都需要通过通道输出，就要按请求输出的先后次序排队。凡是请求输出的作业都从队尾进入队列。

在队列中，队尾指针 rear 与队头指针 front 共同反映了队列中数据元素动态变化的情况。图 3.19 所示为具有 8 个数据元素的队列示意。

图 3.19　具有 8 个数据元素的队列示意

向队列的队尾插入一个数据元素称为入队运算，从队列的队头删除一个数据元素称为退队运算。

图 3.20 所示为在队列 $(a_1,a_2,\cdots,a_8)$ 中进行插入与删除操作的示意。从图 3.20 中可以看出，在队列的末尾插入一个数据元素 a_9（入队运算），只涉及队尾指针 rear 的变化，而要删除队列中的队头数据元素 a_1（退队运算），只涉及队头指针 front 的变化。

与此类似，在程序设计语言中，用一维数组作为队列的顺序存储空间。

队列在计算机中有顺序和链式两种基本的存储结构。

2．循环队列及其运算

循环队列是队列的一种顺序表示和实现方法。与顺序栈类似，在队列的顺序存储结构中，用一组地址连续的存储单元依次存放从队头到队尾的数据元素，如一维数组 Queue[MAXSIZE]。此外，由于队列中队头和队尾的位置都是动态变化的，因此需要附设两个指针 front 和 rear，分别指示队头数据元素和队尾数据元素在数组中的位置。在初始化队列时，令 front=rear=0，如图 3.21（a）所示；在入队时，直接将新数据元素送入队尾指针 rear 所指的单元，然后队尾指针增 1；在出队时，直接取出队头指针 front 所指的数据元素，然后队头指针增 1。显然，在非空顺序队列中，队头指针始终指向当前的队头数据元素，而队尾指针始终指向真正队尾数据元素后面的单元。当 rear=MAXSIZE 时，认为队满，但此时不一定是真的队满，因为随着部分数据元素的出队，数组前面会出现一些空单元，如图 3.21（d）所示。由于只能在队尾入队，因此上述空单元无法使用，这种现象称为假溢出，真正队满的条件是 rear-front=MAXSIZE。

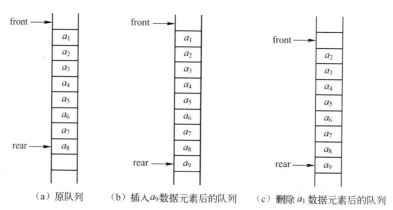

（a）原队列　　　　（b）插入 a_9 数据元素后的队列　　　（c）删除 a_1 数据元素后的队列

图 3.20　在队列 $(a_1, a_2, \cdots, a_8)$ 中进行插入与删除操作的示意

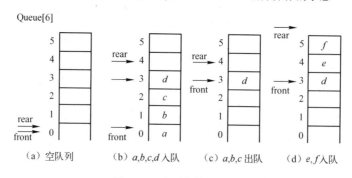

（a）空队列　　　（b）a,b,c,d 入队　　　（c）a,b,c 出队　　　（d）e,f 入队

图 3.21　队列的基本操作

　　为了解决假溢出现象并使得队列空间得到充分利用，一个较巧妙的办法是将顺序队列的数组看成一个环状的空间，即规定最后一个单元的后继为第一个单元，可形象地称之为循环队列。假设队列数组为 Queue[MAXSIZE]，当 rear+1=MAXSIZE 时，令 rear=0，即可求得最后一个单元 Queue[MAXSIZE-1]的后继：Queue[0]。更简便的办法是通过数学中的取模（求余）运算来实现，即 rear=(rear+1)mod MAXSIZE，显然，当 rear+1=MAXSIZE 时，rear=0，同样可求得最后一个单元 Queue[MAXSIZE-1]的后继：Queue[0]。所以，借助于取模（求余）运算，可以自动实现队尾指针、队头指针的循环变化。在进队操作时，队尾指针的变化是 rear=(rear+1)mod MAXSIZE ；而在出队操作时，队头指针的变化是 front=(front+1)mod MAXSIZE。图 3.22 所示为循环队列的几种情况。

　　与一般的非空顺序队列相同，在非空循环队列中，队头指针始终指向当前的队头数据元素，而队尾指针始终指向真正队尾数据元素后面的单元。在如图 3.22（c）所示的循环队列中，队头数据元素是 e_3，队尾数据元素是 e_5，当 e_6、e_7 和 e_8 相继入队后，队列空间均被占满，如图 3.22（b）所示，此时队尾指针追上队头指针，所以有 front =rear。反之，若相继从如图 3.22（c）

所示的队列中删除 e_3、e_4 和 e_5，则得到空队列，如图 3.22（a）所示，此时队头指针追上队尾指针，所以也存在关系式：front=rear。可见，只凭 front=rear 无法判别队列的状态是"空"还是"满"。对于这个问题，可有两种处理方法：一种是少用一个数据元素空间，即当队尾指针所指向的空单元的后继单元是队头数据元素所在的单元时，则停止入队，这样一来，队尾指针永远追不上队头指针，所以队满时不会有 front=rear，现在队列"满"的条件为(rear+1)mod MAXSIZE=front，判断队空的条件不变，仍为 rear=front；另一种是增设一个标志量，以区别队列是"空"还是"满"。

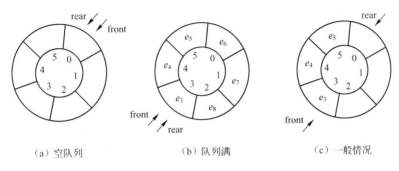

（a）空队列　　　　　（b）队列满　　　　　（c）一般情况

图 3.22　循环队列的几种情况

3.3　数据的查找与排序

3.3.1　查找

查找是指在一个给定的数据结构中查找某个指定的数据元素。

1．顺序查找

顺序查找又称顺序搜索。一般是指在线性表中查找指定的数据元素。

基本操作方法如下。

从线性表的第一个数据元素开始，与被查找数据元素进行比较，若相等则查找成功，否则继续向后查找。如果所有的数据元素均查找完毕而未找到相等的数据元素，则表示该数据元素在指定的线性表中不存在。

顺序查找的最好情况是要查找的数据元素为线性表的第一个数据元素。如果要查找的数据元素在线性表的最后或根本不存在，则需要搜索线性表的所有数据元素，这是最差情况。

对于线性表而言，顺序查找的效率很低，但以下的线性表只能采用顺序查找的方法。

① 线性表是无序表，即表中的数据元素不是按照大小顺序进行排列的，这类线性表无论它的存储方式是顺序存储还是链式存储，都只能按顺序查找的方法进行查找。

② 即使是有序线性表，如果采用链式存储方式，也只能采用顺序查找的方法。

【例 3.5】 现在有线性表（7,2,1,5,9,4），整个线性表的长度为 6，要在表中查找 6，查找过程如表 3.2 所示。

2．二分查找

二分查找只适用于顺序存储的线性表，即有序表。此处所述的有序表是指线性表中的数据元素按值非递减排列（即由小到大排列，但允许相邻数据元素的值相等）。

表 3.2　线性表的查找过程

查 找 计 次	操　　作
1	将 6 与表中的第 1 个数据元素 7 进行比较，不相等，继续查找
2	将 6 与表中的第 2 个数据元素 2 进行比较，不相等，继续查找
3	将 6 与表中的第 3 个数据元素 1 进行比较，不相等，继续查找
4	将 6 与表中的第 4 个数据元素 5 进行比较，不相等，继续查找
5	将 6 与表中的第 5 个数据元素 9 进行比较，不相等，继续查找
6	将 6 与表中的第 6 个数据元素 4 进行比较，不相等，继续查找
7	超出线性表的长度，查找结束，该表中不存在要查找的数据元素

二分查找的方法如下。

将要查找的数据元素与有序序列的中间数据元素进行比较。

● 如果要查找的数据元素的值比中间数据元素的值大，则继续在线性表的后半部分（中间项以后的部分）进行查找。

● 如果要查找的数据元素的值比中间数据元素的值小，则继续在线性表的前半部分（中间项以前的部分）进行查找。

这个查找操作一直按相同的顺序进行下去，直到查找成功或子表长度为 0（说明线性表中没有要查找的数据元素）为止。

线性表的二分查找的条件是这个线性表必须是顺序存储的。它的查找效率比顺序查找要高得多，它的最坏情况的查找次数是 $\log_2 n$ 次，而顺序查找的最坏情况的查找次数是 n 次。

当然，二分查找的方法也支持基于顺序存储结构的递减序列的线性表。

【例 3.6】　现在有（1,2,4,5,7,9）非递减有序线性表，要查找数据元素 6。

查找的方法如下。

① 序列长度为 $n=6$，中间数据元素的序号 $m=[(n+1)/2]=3$。

② 查找计次 $k=1$，将 6 与中间数据元素 4 进行比较，6>4，不相等。

③ 查找计次 $k=2$，继续在后半部分进行查找，后半部分子表的长度为 3，计算中间数据元素的序号 $m=3+[(3+1)/2]=5$，将 6 与后半部分的中间数据元素 7 进行比较，6<7，不相等。

④ 查找计次 $k=3$，继续在后半部分序列的前半部分子表中进行查找，子表长度为 1，则中间数据元素的序号 $m=3+[(1+1)/2]=4$，即与第 4 个数据元素 5 进行比较，不相等，继续查找的子表长度为 0，则查找结束。

3.3.2　排序

排序是指将一个无序的序列整理成按值非递减顺序排列的有序序列。排序的方法有很多种，根据待排序序列的规模以及对数据处理的要求，可以采用不同的排序方法。这里主要讨论基于顺序存储结构的线性表的排序操作。

1. 交换排序法

交换排序法是指通过交换逆序数据元素进行排序的方法。下面介绍的冒泡排序法和快速排序法都属于交换排序法。

（1）冒泡排序法

冒泡排序法是一种简单的交换排序法，它通过将相邻的数据元素（记录）进行交换，逐步将待排序序列变成有序序列。冒泡排序法的基本思想是：从头扫描待排序记录序列，在扫描的过程中顺序比较相邻的两个数据元素的大小。以升序为例，在第一趟排序中，对 n 个记录进行如下操作：将相邻的两个记录的关键字（能唯一进行数据元素区分的数据项或数据项集合）进行比较，逆序时就交换位置。在扫描的过程中，不断地将相邻两个记录中关键字大的记录向后移动，最后将待排序记录序列中的最大关键字记录换到了待排序记录序列的末尾，这也是最大关键字记录应在的位置。然后进行第二趟冒泡排序，对前 $n-1$ 个记录进行同样的操作，其结果是关键字大的记录被放在第 $n-1$ 个记录的位置上。如此反复，直到排好序为止（若在某一趟冒泡排序过程中，没有发现逆序现象，则可结束冒泡排序），所以冒泡过程最多进行 $n-1$ 趟。

【例 3.7】　现在有序列（5,2,9,4,1,7,6），将该序列按照从小到大的顺序进行排序。

采用冒泡排序法对序列进行排序，具体操作步骤如下。

序列长度 $n=7$						
原序列	5	2	9	4	1	7	6
第一趟（从前往后）	5←→	2	9	4	1	7	6
	2	5	9←→	4	1	7	6
	2	5	4	9←→	1	7	6
	2	3	4	1	9←→	7	6
	2	5	4	1	7	9←→	6
第一趟结束后	2	5	4	1	7	6	9
第二趟（从前往后）	2	5←→	4	1	7	6	9
	2	4	5←→	1	7	6	9
	2	4	1	5	7←→	6	9
	2	4	1	5	6	7	9
第二趟结束后	2	4	1	5	6	7	9
第三趟（从前往后）	2	4←→	1	5	6	7	9
	2	1	4	5	6	7	9
第三趟结束	2	1	4	5	6	7	9
第四趟（从前往后）	2←→	1	4	5	6	7	9
	1	2	4	5	6	7	9
第四趟结束	1	2	4	5	6	7	9
最后结果	1	2	4	5	6	7	9

冒泡排序法最多需要扫描 $n-1$ 次，如果各数据元素已经就位，则扫描结束。测试各数据元素是否已经就位，可设置一个标志，如果该次扫描没有数据交换，则说明排序结束。

（2）快速排序法

冒泡排序法每次交换只能改变相邻两个数据元素之间的逆序，速度相对较慢。如果将两个不相邻的数据元素进行交换，则可以消除多个逆序。

快速排序法的操作过程如下。

　　从线性表中选取一个数据元素，设为 T，将线性表后面小于 T 的数据元素移到前面，而前面大于 T 的数据元素移到后面，结果是线性表被分为两部分（称为两个子表），T 插入其分界线的位置处，这个过程称为线性表的分割。对线性表的一次分割，就以 T 为分界线，将线性表分成前后两个子表，且前面子表中的所有数据元素均小于或等于 T，而后面的所有数据元素均大于 T。

　　再将前后两个子表进行相同的快速排序，将子表再进行分割，直到所有的子表均为空，则完成快速排序操作。

　　在快速排序过程中，随着对各个子表不断地进行分割，划分出的子表会越来越多，但一次又只能对一个子表进行分割，所以需要将暂时不用的子表记忆起来，这里可用栈来实现。

　　对某个子表进行分割后，可以将分割出的后一个子表的第一个数据元素与最后一个数据元素的位置压入栈中，而继续对前一个子表再进行分割；当分割出的子表为空时，可以从栈中退出一个子表进行分割。

　　这个过程直到栈为空为止，说明所有子表为空，没有子表需要分割，排序完成。

2．插入排序法

　　插入排序法是指在一个已排好序的记录子集的基础上，将下一个待排序的记录有序地插入已排好序的记录子集中，直到将所有待排记录全部插入为止。

　　打扑克牌时的抓牌就是插入排序的一个例子，每抓一张牌，插入合适位置，直到抓完牌为止，即可得到一个有序序列。

　　直接插入排序是一种最基本的插入排序法。其基本操作是将第 i 个记录插入前面 $i-1$ 个已排好序的记录中，具体过程为：将第 i 个记录的关键字 K_i 顺次与其前面 $i-1$ 个记录的关键字 $K_{i-1},K_{i-2},\cdots,K_n$ 进行比较，将所有关键字大于 K_i 的记录依次向后移动一个位置，直到遇见一个关键字小于或等于 K_i 的记录（关键字为 K_j），此时该记录后面必为空位置，将第 i 个记录插入空位置即可。完整的直接插入排序是从 $i=2$ 开始的，也就是说，将第 1 个记录视为已排好序的单数据元素子集合，然后将第 2 个记录插入单数据元素子集合中。i 从 2 循环到 n，即可实现完整的直接插入排序。

　　该方法与冒泡排序法的效率相同，最坏情况需要进行 $n(n-1)/2$ 次比较。

　　【例 3.8】　现在有序列（5,2,9,4,1,7,6），将该序列按照从小到大的顺序进行排序。

　　采用插入排序法对序列进行排序，具体操作步骤如下。

5	2	9	4	1	7	6
	↑$j=2$					
2	5	9	4	1	7	6
		↑$j=3$				
2	5	9	4	1	7	6
			↑$j=4$			
2	4	5	9	1	7	6
				↑$j=5$		
1	2	4	5	9	7	6
					↑$j=6$	
1	2	4	5	7	9	6
						↑$j=7$
1	2	4	5	6	7	9

序列长度 $n=7$

插入排序后的结果

3．选择排序法

选择排序法的基本思想是在每趟排序中，在 $n-i+1$（$i=1,2,\cdots,n-1$）个记录中选取关键字最小的记录作为有序序列中第 i 个记录。下面介绍简单选择排序法。

简单选择排序法的基本思想：在第 i 趟排序中，通过 $n-i$ 次关键字的比较，从 $n-i+1$ 个记录中选出关键字最小的记录，并和第 i 个记录进行交换，共需进行 $i-1$ 趟比较，直到所有记录排序完成为止。例如，在进行第 i 趟比较时，从当前候选记录中选出关键字最小的第 k 个记录，并和第 i 个记录进行交换。图 3.23 所示为简单选择排序法示例，图中有方框的是被选择出来的最小关键字。

原序列	89	21	56	48	85	16	19	47
第 1 趟选择	16	21	56	48	85	89	19	47
第 2 趟选择	16	19	56	48	85	89	21	47
第 3 趟选择	16	19	21	48	85	89	56	47
第 4 趟选择	16	19	21	47	85	89	56	48
第 5 趟选择	16	19	21	47	48	89	56	85
第 6 趟选择	16	19	21	47	48	56	89	85
第 7 趟选择	16	19	21	47	48	56	85	89

图 3.23　简单选择排序法示例

3.4　知识扩展

3.4.1　树

树是一种简单的非线性结构，在树的图表示中，用直线连接两端的节点，上端点为直接前驱，下端点为直接后继，如图 3.24 所示。

线性结构中节点间具有唯一前驱、唯一后继关系，而非线性结构的特征则是节点间的前驱、后继关系不具有唯一性。在树状结构中，节点间的关系是前驱唯一而后继不唯一，即节点之间是一对多的关系。直观地看，树状结构是指具有分支关系的结构（其分叉、分层的特征，类似于自然界中的树）。树状结构应用非常广泛，特别是在处理大量数据方面，如文件系统、编译系统、目录组织等。

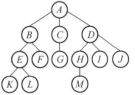

在树状结构中，每个节点只有一个直接前驱，称为双亲节点，如图 3.24 所示的节点 D 即为节点 H、I、J 的双亲节点。没有双亲节点的节点只有一个，称为根节点，如图 3.24 所示的节点 A。每个节点可以有多个后件，它们均称为该节点的子节点，图 3.24 中的节点 E、F 是节点 B 的子节点。没有后件的节点，称为叶子节点，图 3.24 中的叶子节点有 K、L、F、G、M、I 和 J。

图 3.24　树的图表示

与树相关的术语如下。

- 节点：包含一个数据元素及若干条指向其他节点的分支信息。
- 节点的度：一个节点的子树个数称为此节点的度。例如，在图 3.24 中的节点 D 的度为 3，节点 E 的度为 2。按此原则，所有叶子节点的度均为 0。
- 叶子节点：度为 0 的节点，即无后继的节点，也称为终端节点。
- 分支节点：度不为 0 的节点，也称为非终端节点。

- 孩子节点：一个节点的直接后继称为该节点的孩子节点。在图 3.24 中，节点 B、C 是节点 A 的孩子节点。
- 双亲节点：一个节点的直接前驱称为该节点的双亲节点。在图 3.24 中，节点 A 是节点 B、C、D 的双亲节点。
- 兄弟节点：同一双亲节点的孩子节点之间互称兄弟节点。在图 3.24 中，节点 H、I、J 互为兄弟节点。
- 祖先节点：一个节点的祖先节点是指从根节点到该节点的路径上的所有节点。在图 3.24 中，节点 K 的祖先节点是 A、B、E。
- 子孙节点：一个节点的直接后继和间接后继称为该节点的子孙节点。在图 3.24 中，节点 D 的子孙节点是 H、I、J、M。
- 树的度：树中所有节点的度的最大值。在图 3.24 中，所有节点中最大的度是 3，所以该树的度为 3。
- 节点的层次：从根节点开始定义，根节点的层次为 1，根节点的直接后继的层次为 2，以此类推。
- 树的深度（高度）：树中所有节点的层次的最大值。
- 有序树：在树 T 中，如果各子树 T_i 之间是有先后顺序的，则称为有序树。
- 森林：m（$m \geq 0$）棵互不相交的树的集合。将一棵非空树的根节点删去，树就变成一个森林；反之，给森林增加一个统一的根节点，森林就变成一棵树。
- 树分层，根节点为第一层，往下以此类推。同一层节点的所有子节点均在下一层。如图 3.24 所示：节点 A 在第 1 层，节点 B、C、D 在第 2 层；节点 E、F、G、H、I、J 在第 3 层；节点 K、L、M 在第 4 层。

3.4.2　二叉树

1．二叉树的定义

二叉树是一个有限节点的集合，该集合或者为空，或者由一个根节点和两棵互不相交的称为该根节点的左子树和右子树所组成。二叉树应满足以下两个条件。

① 每个节点的度都不大于 2。

② 每个节点的孩子节点的次序不能任意颠倒。

因此，一个二叉树中的每个节点只能含有 0、1 或 2 个孩子，而且每个孩子有左右之分。我们把位于左边的孩子称为左孩子，把位于右边的孩子称为右孩子。图 3.25 所示为二叉树的 5 种基本形态。

2．二叉树的性质

性质 1：在二叉树的第 i 层上至多有 2^{i-1} 个节点（$i \geq 1$）。

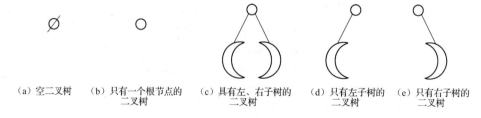

| (a) 空二叉树 | (b) 只有一个根节点的二叉树 | (c) 具有左、右子树的二叉树 | (d) 只有左子树的二叉树 | (e) 只有右子树的二叉树 |

图 3.25　二叉树的 5 种基本形态

证明：用数学归纳法进行证明。

归纳基础：当 i=1 时，整个二叉树只有一个根节点，此时 $2^{i-1}=2^0=1$，结论成立。

归纳假设：假设 i=k 时结论成立，即第 k 层上的节点总数最多有 2^{k-1} 个。

现证明当 i=k+1 时，结论成立。

因为二叉树中每个节点的度最大为 2，所以第 k+1 层的节点总数最多为第 k 层上节点最大数的 2 倍，即 $2 \times 2^{k-1}=2^{(k+1)-1}$，故结论成立。

性质 2：深度为 k 的二叉树至多有 2^k-1 个节点（$k \geqslant 1$）。

证明：因为深度为 k 的二叉树，其节点总数的最大值是二叉树每层上节点的最大值之和，所以深度为 k 的二叉树的节点总数最多有

$$\sum_{i-1}^{k} 第 i 层上的最大节点个数 = \sum_{i-1}^{k} 2^{i-1} = 2^k - 1$$

故结论成立。

性质 3：任意一棵二叉树 T，若终端节点数为 n_0，而其度为 2 的节点数为 n_2，则 $n_0 = n_2 + 1$。

证明：设二叉树中节点总数为 n，二叉树中度为 1 的节点总数为 n_1。

因为二叉树中所有节点的度均小于或等于 2，所以有

$$n = n_0 + n_1 + n_2$$

设二叉树中的分支数目为 B，因为除根节点外，每个节点均对应一个进入它的分支，所以有

$$n = B + 1$$

又因为二叉树中的分支都是由度为 1 和度为 2 的节点发出的，所以分支数目为

$$B = n_1 + 2n_2$$

整理上述两式可得

$$n = B + 1 = n_1 + 2n_2 + 1$$

将 $n = n_0 + n_1 + n_2$ 代入上式得出 $n_0 + n_1 + n_2 = n_1 + 2n_2 + 1$，整理后得 $n_0 = n_2 + 1$，故结论成立。

下面先给出两种特殊的二叉树，然后讨论其有关性质。

满二叉树：深度为 k 且有 2^k-1 个节点的二叉树。在满二叉树中，每层节点都是满的，即每层节点都具有最大节点数。如图 3.26（a）所示的二叉树，即为一棵满二叉树。

满二叉树的顺序表示为，从二叉树的根节点开始，层间从上到下，层内从左到右，逐层进行编号（1,2,…,n）。例如，图 3.26（a）中的满二叉树的顺序表示为（1,2,3,4,5,6,7,8,9,10,11,12,13,14,15）。

完全二叉树：深度为 k，节点数为 n 的二叉树，如果其节点 1～n 的位置序号分别与满二叉树的节点 1～n 的位置序号一一对应，则为完全二叉树，如图 3.26（b）所示。

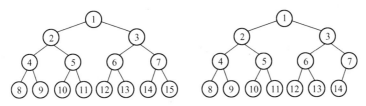

（a）满二叉树　　　　　　　　　（b）完全二叉树

图 3.26　满二叉树与完全二叉树

满二叉树必为完全二叉树，而完全二叉树不一定是满二叉树。

性质 4：具有 n 个节点的完全二叉树的深度为 $\lfloor \log_2 n \rfloor +1$。

证明：假设具有 n 个节点的完全二叉树的深度为 k，根据性质 2 可知，深度为 $k-1$ 的满二叉树的节点总数为

$$n_1 = 2^{k-1}-1$$

深度为 k 的满二叉树的节点总数为

$$n_2 = 2^k-1$$

显然有 $n_1 < n \leq n_2$，进一步可以推出 $n_1 + 1 \leq n < n_2 + 1$。

将 $n_1 = 2^{k-1}-1$ 和 $n_2 = 2^k-1$ 代入上式，可得 $2^{k-1} \leq n < 2^k$，即 $k-1 \leq \log_2 n < k$。

因为 k 是整数，所以 $k-1 = \lfloor \log_2 n \rfloor$，$k = \lfloor \log_2 n \rfloor +1$，故结论成立。

性质 5：对于具有 n 个节点的完全二叉树，如果按照从上到下和从左到右的顺序对二叉树中的所有节点从 1 开始顺序编号，则对于任意的序号为 i 的节点有如下结论。

① 如果 $i=1$，则序号为 i 的节点是根节点，无双亲节点；如果 $i>1$，则序号为 i 的节点的双亲节点序号为 $\lfloor i/2 \rfloor$。

② 如果 $2 \times i > n$，则序号为 i 的节点无左孩子；如果 $2 \times i \leq n$，则序号为 i 的节点的左孩子节点的序号为 $2 \times i$。

③ 如果 $2 \times i+1 > n$，则序号为 i 的节点无右孩子；如果 $2 \times i+1 \leq n$，则序号为 i 的节点的右孩子节点的序号为 $2 \times i+1$。

可以用数学归纳法证明其中的②和③。

当 $i=1$ 时，由完全二叉树的定义可知，如果 $2 \times i=2 \leq n$，则说明二叉树中存在两个或两个以上的节点，所以其左孩子存在且序号为 2；反之，如果 $2>n$，则说明二叉树中不存在序号为 2 的节点，其左孩子不存在。同理，如果 $2 \times i+1=3 \leq n$，则说明其右孩子存在且序号为 3；如果 $3>n$，则说明二叉树中不存在序号为 3 的节点，其右孩子不存在。

假设对于序号为 j（$1 \leq j \leq i$）的节点，当 $2 \times j \leq n$ 时，其左孩子存在且序号为 $2 \times j$；当 $2 \times j > n$ 时，其左孩子不存在；当 $2 \times j+1 \leq n$ 时，其右孩子存在且序号为 $2 \times j+1$；当 $2 \times j+1 > n$ 时，其右孩子不存在。

当 $i=j+1$ 时，根据完全二叉树的定义，如果二叉树的左孩子存在，则其左孩子节点的序号一定等于序号为 j 的节点的右孩子的序号加 1，即其左孩子节点的序号 $=(2 \times j+1)+1=2(j+1)=2 \times i$，且有 $2 \times i \leq n$；如果 $2 \times i > n$，则左孩子不存在。如果右孩子节点存在，则其右孩子节点的序号应等于其左孩子节点的序号加 1，即右孩子节点的序号 $=2 \times i+1$，且有 $2 \times i+1 \leq n$；如果 $2 \times i+1 > n$，则右孩子不存在。

故②和③得证。

由②和③，我们可以很容易证明①。

当 $i=1$ 时，显然该节点为根节点，无双亲节点。当 $i>1$ 时，设序号为 i 的节点的双亲节点的序号为 m，如果序号为 i 的节点是其双亲节点的左孩子，根据②有 $i=2 \times m$，即 $m=i/2$；如果序号为 i 的节点是其双亲节点的右孩子，根据③有 $i=2 \times m+1$，即 $m=(i-1)/2=i/2-1/2$，综合这两种情况，可以得到，当 $i>1$ 时，其双亲节点的序号等于 $\lfloor i/2 \rfloor$。

证毕。

3．二叉树的存储结构

二叉树的结构是非线性的，每个节点最多可有两个后继。二叉树有顺序存储结构和链式存储结构两种。

（1）顺序存储结构

二叉树的顺序存储结构是指用一组连续的存储单元来存放二叉树的数据元素，如图 3.27 所示。

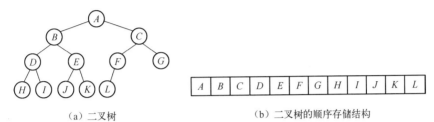

（a）二叉树　　　　　　　（b）二叉树的顺序存储结构

图 3.27　二叉树及其顺序存储结构

用一维数组存储，将二叉树中编号为 i 的节点存放在数组的第 i 个分量中。这样，可得节点 i 的左孩子的位置为 LChild(i)=2×i，右孩子的位置为 RChild(i)=2×i+1。

显然，这种存储方式对于一棵完全二叉树来说是非常方便的。因为此时该存储结构既不浪费空间，又可以根据公式计算出每个节点的左、右孩子的位置。但是，对于一般的二叉树而言，其必须按照完全二叉树的形式来存储，这就造成了空间的浪费。单支二叉树及其顺序存储结构如图 3.28 所示，从图中可以看出，一个深度为 k 的二叉树，在最坏情况下（每个节点只有右孩子）需要占用 2^k-1 个存储单元，而实际该二叉树只有 k 个节点，浪费的空间太大。这是顺序存储结构的一大缺点。

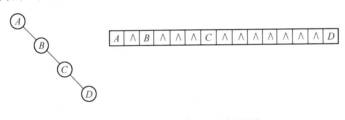

（a）单支二叉树　　　　　（b）顺序存储结构

图 3.28　单支二叉树及其顺序存储结构

（2）链式存储结构

对于任意的二叉树来说，每个节点只有两个孩子，一个双亲节点。因此我们可以设计二叉树节点至少包括三个域，分别为 Data 域、LChild 域和 RChild 域，如图 3.29 所示。

其中，LChild 域指向该节点的左孩子，Data 域记录该节点的信息，RChild 域指向该节点的右孩子。

有时，为了便于找到双亲节点，可以增加一个 Parent 域，Parent 域指向该节点的双亲节点，如图 3.30 所示。

LChild	Data	RChild

LChild	Data	Parent	RChild

图 3.29　链式存储结构下二叉树节点示意　　　图 3.30　具有 Parent 域的二叉树节点示意

用如图 3.29 所示的节点结构形成的二叉树的链式存储结构称为二叉链表，如图 3.31 所示；用如图 3.30 所示的节点结构形成的二叉树的链式存储结构称为三叉链表。

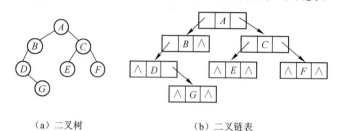

（a）二叉树　　　　　　　　　　　（b）二叉链表

图 3.31　二叉树及其二叉链表

若一个二叉树含有 n 个节点，则它的二叉链表中必定含有 $2n$ 个指针域，其中必定有 $n+1$ 个空的指针域。此结论证明如下。

证明：分支数目 $B=n-1$，即非空的指针域有 $n-1$ 个，故空指针域有 $2n-(n-1)=n+1$ 个。

不同的存储结构实现二叉树的操作也不同，如要找某个节点的双亲节点，在三叉链表中很容易实现；在二叉链表中则需从根指针出发一一查找。可见，在具体应用中，要根据二叉树的形态和要进行的操作来决定二叉树的存储结构。

4．二叉树的遍历

二叉树的遍历是指按一定规律对二叉树中的每个节点进行访问且仅访问一次。其中的访问可指计算二叉树中节点的数据信息、打印该节点的信息，以及对节点进行的任何其他操作。

为什么需要遍历二叉树呢？因为二叉树是非线性的结构，所以需要通过遍历将二叉树中的节点访问一遍，得到访问节点的顺序序列。从这个意义上说，遍历操作就是将二叉树中的节点按一定规律进行线性化的操作，目的在于将非线性化结构变成线性化的访问序列。二叉树的遍历操作是二叉树中最基本的运算。

二叉树的基本组成结构如图 3.31（a）所示，它由根节点、左子树和右子树 3 个基本单元组成，因此只要依次遍历这 3 部分，即可遍历整个二叉树。

（1）先序遍历（DLR）

若二叉树为空，则不进行操作，否则依次执行如下 3 步操作：①访问根节点；②按先序遍历左子树；③按先序遍历右子树。

（2）中序遍历（LDR）

若二叉树为空，则不进行操作，否则依次执行如下 3 步操作：①按中序遍历左子树；②访问根节点；③按中序遍历右子树。

（3）后序遍历（LRD）

若二叉树为空，则不进行操作，否则依次执行如下 3 步操作：①按后序遍历左子树；②按后序遍历右子树；③访问根节点。

显然，这种遍历是一个递归过程。

对如图 3.32 所示的二叉树进行先序、中序、后序遍历后的序列如下。

- 先序遍历：（A,B,D,F,G,C,E,H）。
- 中序遍历：（B,F,D,G,A,C,E,H）。
- 后序遍历：（F,G,D,B,H,E,C,A）。

最早提出的遍历问题是对存储在计算机中的表达式求值。例如，表达式 $(a+b*c)-d/e$，用

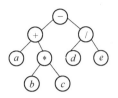

二叉树表示如图 3.33 所示。当对此二叉树进行先序、中序、后序遍历后，便可获得表达式的前缀、中缀、后缀的书写形式。

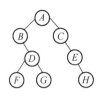

图 3.32　二叉树

图 3.33　表达式用二叉树表示

- 前缀：$-+a*bc/de$。
- 中缀：$a+b*c-d/e$。
- 后缀：$abc*+de/-$。

其中，中缀形式是算术表达式的一般形式，只是没有括号。前缀表达式称为波兰表达式。后缀表达式称为逆波兰表达式。在计算机中，使用后缀表达式易于求值。

习题 3

一、填空题

1. 在树状结构中，树的根节点没有_____。

2. 栈顶的位置是随着_____操作而变化的。

3. 顺序存储是把逻辑上相邻的节点存储在物理位置_____的存储单元中。

4. 数据的逻辑结构有线性和_____两大类。

5. 在算法正确的前提下，评价一个算法的两个标准是_____。

6. 数据结构分为逻辑结构与存储结构，线性链表属于_____。

7. 在最坏情况下，冒泡排序法的时间复杂度为_____。

8. 数据的基本单位是_____。

9. 算法的工作量大小和实现算法所需的存储单元的多少分别称为算法的_____。

10. 在长度为 n 的基于顺序存储结构的线性表中，当在任何位置上插入一个数据元素的概率都相等时，插入一个数据元素所需移动数据元素的平均个数为_____。

11. 在一个容量为 15 的循环队列中，若队头指针 front=6，队尾指针 rear=9，则该循环队列中共有_____个数据元素。

12. 有序线性表能进行二分查找的前提是该线性表必须是_____存储的。

13. 用树状结构表示实体类型及实体间联系的数据模型称为_____。

14. 设一棵完全二叉树共有 700 个节点，则在该二叉树中共有_____个叶子节点。

15. 设一棵二叉树的中序遍历结果为（D,B,E,A,F,C），前序遍历结果为（A,B,D,E,C,F），则其后序遍历结果为_____。

二、选择题

1. 用链表示线性表的优点是（　　）。

    A. 便于随机存取　　　　　　　　　　B. 占用的存储空间比顺序存储的要少

    C. 便于进行插入和删除操作　　　　　D. 数据元素的物理顺序与逻辑顺序相同

2．在单链表中，增加头节点的目的是（　　）。

  A．方便运算的实现   B．使单链表至少有一个节点

  C．标志表中头节点的位置   D．说明单链表是线性表的链式存储实现

3．算法的时间复杂度是指（　　）。

  A．执行算法程序所需要的时间

  B．算法程序的长度

  C．算法执行过程中所需要的基本运算次数

  D．算法程序中的指令条数

4．算法的空间复杂度是指（　　）。

  A．算法程序的长度   B．算法程序中的指令条数

  C．算法程序所占的存储空间   D．算法执行过程中所需要的存储空间

5．下列叙述中正确的是（　　）。

  A．线性表是线性结构   B．栈与队列是非线性结构

  C．线性链表是非线性结构   D．二叉树是线性结构

6．数据的存储结构是指（　　）。

  A．数据所占的存储空间   B．数据的逻辑结构在计算机中的表示

  C．数据在计算机中的顺序存储方式 D．存储在外存中的数据

7．下列关于队列的叙述正确的是（　　）。

  A．在队列中只能插入数据   B．在队列中只能删除数据

  C．队列是先进先出的线性表   D．队列是先进后出的线性表

8．下列关于栈的叙述正确的是（　　）。

  A．在栈中只能插入数据   B．在栈中只能删除数据

  C．栈是先进先出的线性表   D．栈是先进后出的线性表

9．若进栈的输入序列是（A,B,C,D,E），并且在它们进栈的过程中可以进行出栈操作，则不可能出现的出栈序列是（　　）。

  A．E,D,C,B,A B．D,E,C,B,A C．D,C,E,A,B D．A,B,C,D,E

10．对长度为 n 的线性表进行顺序查找，在最坏情况下所需要的比较次数为（　　）。

  A．n+1   B．n C．$(n$+1$)$/2   D．n/2

11．在数据结构中，与所使用的计算机无关的是数据的（　　）。

  A．存储结构   B．物理结构   C．逻辑结构   D．物理和存储结构

12．一些重要的程序设计语言（如 C 语言和 Pascal 语言）允许过程的递归调用，而实现递归调用中的存储分配通常用（　　）。

  A．栈   B．堆   C．数组   D．链表

13．下列叙述中正确的是（　　）。

  A．算法就是程序

  B．在设计算法时只需要考虑数据结构的设计

  C．在设计算法时只需要考虑结果的可靠性

  D．以上三种说法都不对

14．如果进栈序列为（e_1,e_2,e_3,e_4），则可能的出栈序列是（　　）。

  A．e_3,e_1,e_4,e_2 B．e_2,e_4,e_3,e_1 C．e_3,e_4,e_1,e_2 D．任意顺序

15. 下列关于栈的叙述正确的是（　　）。

　　A．栈顶数据元素最先被删除

　　B．栈顶数据元素最后才能被删除

　　C．栈底数据元素永远不能被删除

　　D．以上三种说法都不对

16. 已知二叉树的后序遍历序列是(d,a,b,e,c)，中续遍历序列是(d,e,b,a,c)，则它的前序遍历序列是（　　）。

　　A．a,c,b,e,d　　　　　B．d,e,c,a,b　　　　　C．d,e,a,b,c　　　　　D．c,e,b,d,a

17. 在深度为 5 的满二叉树中，叶子节点的个数为（　　）。

　　A．32　　　　　　　　B．31　　　　　　　　　C．16　　　　　　　　D．15

18. 设树 T 的度为 5，其中度为 1、2、3 的节点个数分别为 5、1、1，则树 T 中的叶子节点个数为（　　）。

　　A．8　　　　　　　　　B．7　　　　　　　　　C．6　　　　　　　　　D．5

19. 已知一棵树的前序遍历和中序遍历序列分别为（A,B,D,E,G,C,F,H）和（D,B,G,E,A,C,H,F），则该二叉树的后序遍历序列为（　　）。

　　A．G,E,D,H,F,B,C,A　　B．D,G,E,B,H,F,C,A　　C．A,B,C,D,E,F,G,H　　D．A,C,B,F,E,D,H,G

20. 树是节点的集合，它的根节点数目（　　）。

　　A．有且只有 1 个　　　B．1 或多于 1 个　　　C．0 或 1 个　　　　D．至少有 2 个

三、简答题

1. 什么是算法？算法具有的基本特点有哪些？

2. 什么是数据结构？逻辑结构和物理结构各有什么特点？

3. 什么是线性结构？线性表、栈和队列各有什么特点？

4. 顺序存储和链式存储各有什么优缺点？

5. 二叉树有哪些基本特征？

6. 试说明二叉树的 3 种遍历顺序的特点。

7. 简述顺序比较法的基本原理。

8. 常见的排序方法有哪些？各有什么特点？

第4章 规模数据的有效管理

规模数据管理已深入各个经济部门并影响着现代企业经济活动，丰富的数据和先进的数据管理可以创造巨大的价值。在数据库技术出现之前，人们经常通过程序处理数据，这种方法不仅处理速度慢，数据冗余大，而且程序设计和修改复杂。20世纪60年代末期出现的数据库技术是规模数据管理中一项非常重要的技术。

4.1 数据管理概述

4.1.1 数据管理的发展

数据管理包括数据组织、分类、编码、存储、检索和维护。随着硬件、软件技术的发展及计算机应用范围的扩展，数据管理经历了3个阶段。

1. 人工管理阶段

20世纪50年代中期以前，计算机主要用于科学计算。计算机的软硬件均不完善，硬件方面只有卡片、纸带、磁带等，没有可以直接访问和存取的外部存取设备；软件方面没有操作系统，也没有专门管理数据的软件，数据由程序自行携带，数据与程序不能独立存在，数据不能长期保存，如图4.1所示。

在人工管理阶段，程序员在程序中不仅要规定数据的逻辑结构，还要设计其物理结构，包括存储结构、存取方法、输入/输出方式等。当数据的物理组织或存储设备改变时，用户程序就必须重新编制。数据的组织面向应用，不同的计算程序之间不能共享数据，使得不同的应用之间存在大量的重复数据。

人工管理阶段主要具有如下特点。

- 计算机中没有支持数据管理的软件。
- 数据的组织面向应用，数据不能共享，存在大量重复数据。
- 在程序中要规定数据的逻辑结构和物理结构，数据与程序不独立。
- 数据处理方式为批处理。

2. 文件系统阶段

20世纪50年代中期到60年代中期，计算机大容量存储设备（如硬盘）的出现，推动了软件技术的发展，而操作系统的出现标志着数据管理步入了一个新的阶段。在文件系统阶段，数据以文件为单位被存储在外存中，且由操作系统统一管理。

在文件系统阶段，程序与数据分开，有了程序文件与数据文件的区别。数据文件可以长期保存在外存中被多次存取，程序员可以对其进行查询、修改、插入、删除等操作。文件的逻辑结构与物理结构脱钩，程序和数据分离，使数据与程序有了一定的独立性。用户的程序与数据可分别存放在外存中，各个应用程序可以共享一组数据，实现了以文件为单位的数据共享，如图4.2所示。

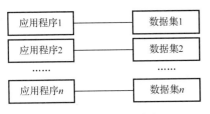

图 4.1　人工管理阶段

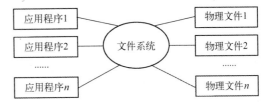

图 4.2　文件系统阶段

在文件系统阶段，因为数据的组织仍然是面向程序的，所以存在大量的数据冗余，而且数据的逻辑结构不能被方便地修改和扩充，数据逻辑结构的微小改变都会影响应用程序。由于文件之间互相独立，因此它们不能反映现实世界中事物之间的联系。操作系统不负责维护文件之间的联系信息，如果文件之间有内容上的联系，则只能由应用程序处理。

3. 数据库系统阶段

20 世纪 60 年代后期，随着计算机在数据管理领域的普遍应用，人们对数据管理技术提出了更高的要求，要求以数据为中心组织数据，减少数据的冗余，提供更高的数据共享能力，同时要求程序和数据具有较高的独立性，以降低应用程序研制与维护的费用。数据库技术正是在这样一个应用需求的基础上发展起来的。

在数据库系统阶段，数据的结构设计成为信息系统的首要问题。数据库是通用化的相关数据集合，它不仅包括数据本身，还包括数据之间的联系。为了让多种应用程序并发地使用数据库中具有最小冗余的共享数据，必须使数据与程序具有较高的独立性，所以需要使用一个软件对数据进行专门管理，提供安全性和完整性等方面的统一控制，方便用户以交互式命令或程序方式对数据库进行操作。为数据库的建立、使用和维护而配置的软件就是数据库管理系统（Database Management System，DBMS）。数据库系统阶段如图 4.3 所示。

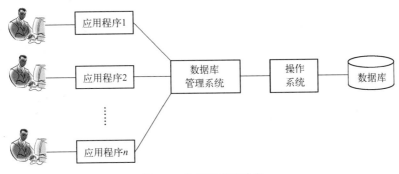

图 4.3　数据库系统阶段

（1）DBMS 的基本功能

DBMS 是位于应用程序与操作系统之间的一个数据库管理系统，是数据库系统的核心。它为用户或应用程序提供了访问数据库的方法，包括数据库的建立、查询、更新及各种数据控制。DBMS 总是基于某种数据模型，常见的数据模型有层次型、网状型、关系型和面向对象型。DBMS 具有以下基本功能。

① 对象定义功能：DBMS 通过提供数据定义语言（Data Definition Language，DDL）实现对数据库中数据对象的定义，例如，对外模式、模式和内模式加以描述和定义；数据库完整性的定义；安全保密的定义（如用户密码、级别、存取权限）；存取路径（如索引）的定义。

② 数据操纵功能：DBMS 通过提供数据操纵语言（Data Manipulation Language，DML）实现对数据库中数据的基本操作，如检索、插入、修改、删除和排序等。DML 一般有两类：一类是嵌入主语言的 DML，如嵌入 C++或 PowerBuilder 等高级语言（称为宿主语言）中；另一类是非嵌入式语言（包括交互式命令语言和结构化语言），它的语法简单，可以独立使用，由单独的解释或编译系统来执行，所以一般被称为自主型或自含型的 DML。

③ 数据库控制功能：DBMS 提供的数据控制语言（Data Control Language，DCL）保证数据库操作都在统一的管理下协同工作，以确保事务处理的正常运行，并保证数据库的正确性、安全性、有效性，多用户对数据的并发使用，以及发生故障后的系统恢复等，如安全性检查、完整性约束条件的检查、数据库内部（如索引和数据字典）的自动维护、缓冲区大小的设置等。

④ 数据组织、存储和管理功能：DBMS 要分类组织、存储和管理各种数据，包括数据字典、用户数据、存取路径等；要确定以何种文件结构和存取方式在存储级上组织数据，以及如何实现数据之间的联系。数据组织和存储的基本目标是提高存储空间利用率和方便用户存取，提供多种存取方法（如索引查找、Hash 查找、顺序查找等），提高存取效率。

⑤ 其他功能：包括 DBMS 与网络中其他软件系统的通信功能；一个 DBMS 与另一个 DBMS 或文件系统的数据转换功能；异构数据库之间的互访和互操作功能等。

（2）数据库中数据的组织

在实际的工作和学习中，为了保持和亲戚、朋友的联系，我们常常将他们的姓名、地址、电话等信息记录在通讯录中，这样在查找时就非常方便。这个"通讯录"就是一个最简单的"数据库"，而每个人的姓名、地址、电话等信息就是这个数据库中的"数据"。

数据是事物特性的反映和描述，不仅包括狭义的数值数据，还包括文字、声音、图形等一切能被计算机接收并处理的符号。数据在空间上的传递称为通信（以信号方式传输），在时间上传递称为存储（以文件形式存取）。

为了便于管理，一般将数据的组织分为 4 级，分别为数据项、记录、文件和数据库，如图 4.4 所示。

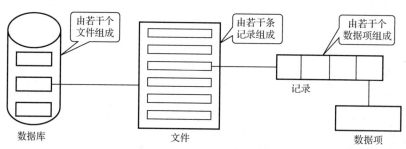

图 4.4　数据组织级别

① 数据项。数据项是可以定义数据的最小单位，也叫元素、基本项、字段等。数据项与现实世界中实体的属性相对应。数据项有名、值、域 3 个特性。每个数据项都有一个名称，称为数据项名。数据项的值可以是数值、字母、字母及数字、汉字等形式。数据项的取值范围称为域，域以外的任何值对该数据项都是无意义的。

② 记录。记录由若干个相关联的数据项组成，是处理和存储信息的基本单位，是关于一个实体的数据总和。构成该记录的数据项表示实体的若干个属性，记录有"型"和"值"的

区别，"型"是同类记录的框架，它定义记录的组成；而"值"是记录反映实体的内容。为了唯一标志每个记录，就必须有记录标志符（也叫关键字）。能唯一标志记录的关键字称为主关键字，其他标志记录的关键字称为辅关键字。

记录可以分为逻辑记录与物理记录，逻辑记录是文件中按信息在逻辑上的独立意义划分的数据单位；物理记录是单个输入/输出命令进行数据存取的基本单元。物理记录和逻辑记录之间的对应关系有一个物理记录对应一个逻辑记录、一个物理记录含有若干个逻辑记录、若干个物理记录存放一个逻辑记录 3 种。

③ 文件。文件是给定类型的记录的全部具体值的集合，文件用文件名称标志。由于数据库文件可以看成具有相同性质的记录的集合，因此数据库文件具有以下特性。

● 文件的记录格式相同，长度相等。

● 不同行是不同的记录，因而具有不同的内容。

● 不同列表示不同的字段，同一列中的数据的性质（属性）相同。

● 每一行中各列的内容是不能分割的，但行的顺序和列的顺序不影响文件内容的表达。

④ 数据库。数据库是比文件更大的数据组织形式。数据库是具有特定联系的数据的集合，也可以看成具有特定联系的多种类型的记录的集合。数据库的内部构造是文件的集合，这些文件之间存在某种联系，不能孤立存在。

数据库包括两层意思。

● 数据库是能够合理保管数据的"仓库"，用户在该"仓库"中存放要管理的事务数据，"数据"和"库"两个概念相结合组成数据库。

● 数据库包含数据管理的新方法和新技术，用户通过数据库可以方便地组织数据、维护数据、控制数据和利用数据。

（3）数据库的特点

相比于传统的人工管理和文件系统，数据库具有很多特点。

① 数据结构化。数据库中的数据从全局观点出发，按一定的数据模型进行组织、描述和存储。数据库中的数据结构基于数据间的自然联系，数据不针对特定应用程序，而是面向全组织的，具有整体的结构化特征。

② 数据独立性。数据独立性是指数据的逻辑组织方式和物理存储方式与用户的应用程序相对独立。数据独立性包括物理独立性和逻辑独立性。利用数据独立性可以将数据的定义和描述从应用程序中分离出来。数据的存取由 DBMS 管理，用户不必考虑存取路径等细节，从而减少了应用程序的维护和修改工作量。

数据的物理独立性是指当数据的物理存储改变时，应用程序不用改变。换言之，用户的应用程序与数据库中的数据是相互独立的。数据的逻辑独立性是指当数据的逻辑结构改变时，用户的应用程序不用改变。也就是说，用户的应用程序与数据库的逻辑结构是相互独立的。

③ 数据低冗余。数据的冗余度是指数据重复的程度。数据库系统从整体角度描述数据，使数据不再面向某一应用程序，而面向整个系统。因此，数据可以被多个应用程序共享。这样不但可以节约存储空间、减少存取时间，而且可以避免数据之间的不相容性和不一致性。但仍然需要有必要的冗余，必要的冗余可保持数据间的联系。

④ 统一的数据管理和控制。数据库对系统中的用户来说是共享资源。计算机的共享一般是并发的，即多个用户可以同时存取数据库中的数据，甚至可以同时存取数据库中的同一个数据。因此，数据库管理系统必须提供数据的安全性保护、数据的完整性控制、数据库恢复

及并发控制等方面的数据控制保护功能。

- 数据的安全性是指保护数据以防止不合法的使用所造成的数据泄露和破坏，使每个用户只能按规定对某种数据以某些方式进行使用和处理。例如，可以使用身份鉴别、检查密码或其他手段来检查用户的合法性，只有合法用户才能进入数据库系统。
- 数据的完整性是指数据的正确性、有效性和相容性。完整性检查可以保证数据库中的数据在输入和修改过程中始终符合原来的定义和规定，即保证数据在有效的范围内或数据之间满足一定的关系。例如，月份是 1~12 之间的整数，性别是"男"或"女"等。
- 数据库恢复机制可及时发现和修复故障，从而防止数据被破坏。
- 当多个用户的并发进程同时存取、修改数据库时，可能会发生相互干扰而导致结果错误的情况，并使数据库完整性遭到破坏。因此，必须对多用户的并发操作加以控制和协调。

4.1.2　数据库系统

1. 数据库系统的概念

数据库系统是一个实际可运行的存储、维护和管理数据的软件系统，是存储介质、处理对象和管理系统的集合体。

一个好的数据库系统需满足以下基本要求。

① 能够保证数据的独立性。数据和程序相互独立有利于加快软件开发速度，节省开发费用。

② 冗余数据少，数据共享程度高。

③ 系统的用户接口简单，用户容易掌握，使用方便。

④ 能够确保系统运行可靠，出现故障时能迅速排除；能够保护数据不受非受权者访问或破坏；能够防止错误数据的产生，一旦产生也能及时发现。

⑤ 有重新组织数据的能力，能改变数据的存储结构或数据的存储位置，以适应用户操作特性的变化，改善由频繁插入、删除操作造成的数据组织零乱和性能变坏的状况。

⑥ 具有可修改性和可扩充性。

⑦ 能够充分描述数据间的内在联系。

2. 数据库系统的组成

数据库系统主要由数据库、软件、硬件和用户 4 部分构成，结构如图 4.5 所示。

① 数据库。数据库是存储在一起的相互有联系的数据的集合。数据按照数据模型所提供的形式框架存放在数据库中。

② 软件。数据库系统的软件包括 DBMS、支持 DBMS 的操作系统、与数据库接口的高级语言和编译系统及以 DBMS 为核心的应用开发工具。

DBMS 是为数据库存取、维护和管理而配置的软件，它是数据库系统的核心组成部分，DBMS 在操作系统的支持下进行工作。软件除了包括 DBMS，还包括数据库应用系统。数据库应用系统是为特定应用开发的数据库应用软件，如管理信息系统、决策支持系统和办公自动化等都属于数据库应用系统。

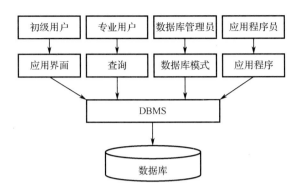

图 4.5　数据库系统的结构

③ 硬件。硬件是数据库赖以存在的物理设备，运行数据库系统的计算机需要足够大的内存以存放系统软件；需要足够大的磁盘等联机直接存取设备以存储数据库中庞大的数据；需要足够多的脱机存储介质（磁盘、光盘等）以存放数据库备份；需要较高的通道能力以提高数据传输速率；要求系统联网以实现数据共享。

④ 用户。数据库系统中存在一组参与分析、设计、管理、维护和使用数据库的人员，他们在数据库系统的开发、维护和应用中起着重要的作用。分析、设计、管理和使用数据库系统的人员主要有应用程序员、数据库管理员、专业用户和初级用户。

3. 数据访问过程

数据库操作的实现是一个复杂的过程，下面以某个应用程序从数据库中读取一条记录为例来说明数据访问过程，如图 4.6 所示。

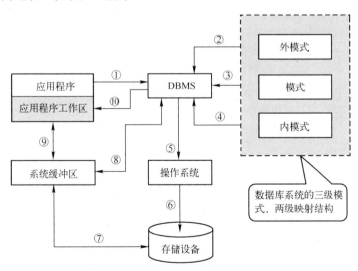

图 4.6　数据访问过程

一次数据的访问大概需要经过十步，不同的 DBMS 具体的实现过程可能会有微小的差别，但其基本原理是相同的。

① 应用程序发出读取数据的请求，需告诉 DBMS 要读取记录的关键字和模式。

② DBMS 收到请求，分析请求的外模式。

③ DBMS 调用模式，分析请求，根据外模式/模式映射关系决定读入哪些模式的数据。

④ DBMS 根据模式/内模式映射关系将逻辑记录转换为物理记录。

⑤ DBMS 向操作系统发出读取数据的请求。

⑥ 操作系统启动文件管理功能，对实际的物理存储设备启动读操作。

⑦ 操作系统将读取的数据传送到系统缓冲区中，同时通知 DBMS 读取成功。

⑧ DBMS 根据模式和外模式的结构对缓冲区中的数据进行格式转换，转换为应用程序所需要的格式。

⑨ DBMS 将转换后的数据传送到应用程序对应的应用程序工作区中。

⑩ DBMS 向应用程序发出读取成功的消息。应用程序在收到消息后，便可对收到的消息进行下一步的处理。

4.2 数据表示

数据从现实世界到计算机数据库的抽象表示经历了 3 个阶段，即现实世界、概念世界、数据世界，如图 4.7 所示。

图 4.7 数据表示的 3 个阶段

4.2.1 现实世界

现实世界里的客观事物之间既有区别也有联系。这种区别和联系取决于事物本身的特性。在数据管理过程中，现实世界是我们所管理的对象的集合，是客观世界的一个子集。

1. 现实世界的基本术语

（1）事物

事物也称为对象，是我们所管理问题的基本组成单位。事物既包括真实存在的事物，也包括根据需要人为构造的事物。

（2）特性

特性是事物本身所固有的、必然的、基本的、不可分离的特殊性质。同时，特性又是事物某个方面质的表现。理论上，一个事物可表现出无穷特性，这些特性有本质特性和非本质特性的区别，其中的部分本质特性是我们关注的重点。

（3）关联

在现实世界中，事物、现象之间以及事物、现象内部各要素之间的相互影响、相互作用、相互制约的关系就是关联。在众多的关联中，有些比较紧密，有些比较松散。这些比较松散的关联往往界定了问题范围的关键位置。

2. 界定和抽象的困难性

现实世界是客观存在的，在现实世界中存在普遍的事物、特性和关联。而现实世界又存在于客观世界中，其又和客观世界有着普遍的联系。因此，对于现实世界的精确界定和抽象是非常困难的，主要原因有以下几点。

（1）交流困难

界定和抽象现实世界需要对现实世界的业务活动进行分析，明确在业务环境中软件系统的作用。但是，调查人员不是用户问题领域的专家，不熟悉用户的业务活动和业务环境。另外，用户不熟悉计算机应用的有关问题，不了解计算机能做什么，不能做什么。调查人员和用户双方互相不了解对方的工作，又缺乏共同语言，导致交流时存在着隔阂。

（2）现实世界和用户需求动态化

一方面，现实世界不是静止的，而是不断变化的。其中的某些事物、事物的某些特性，以及事物之间的关联都可能发生变化。另一方面，用户的需求是变化的。对于一个较为复杂的系统，用户很难精确、完整地提出它要实现的功能和性能要求。开始只能提出一个大概、模糊的功能，只有经过长时间的反复认识才能逐步明确。这无疑给现实世界的抽象表示带来困难。

4.2.2　概念世界

概念世界是现实世界在人脑中的反映，是对客观事物及其联系的抽象。现实世界的客观事物以及客观事物间的联系很难直接在计算机中表示，因此，首先需要对其进行抽象表示，使其更接近于计算中的数据格式。在对现实世界进行抽象表示时，既要表示客观事物，还要表示事物之间的联系。

1．概念世界的基本术语

（1）实体

客观存在并可相互区别的事物在概念世界中被抽象为实体。实体可以是具体的人、事、物，也可以是抽象的概念或联系。例如，一个学生、一门课、一个供应商、一个部门、一本书、一位读者等都是实体。

（2）属性

实体所具有的某一特征称为属性。一个实体可以由若干个属性来描述。例如，图书实体可以由编号、书名、出版社、出版日期、定价等属性来描述。又如，学生实体可以由学号、姓名、性别、出生年份、系别、入学时间来描述（2014119120,王丽,女,1995,计算机系,2014），这些属性组合起来便体现了一个学生的特征。

（3）主码

能唯一标志实体的属性或属性集的称为主码。例如，学号是学生实体的主码，职工号是职工实体的主码。

（4）域

属性的取值范围称为该属性的域。例如，职工性别的域为（男，女）、姓名的域为字母或字符串集合、职工号的域为 5 位数字组成的字符串等。

（5）实体型

具有相同属性的实体必然具有共同的特征和性质。用实体名及其属性名集合来抽象和描述同类实体，称为实体型。例如，学生(学号,姓名,性别,出生年份,系别,入学时间)就是一个实体型，图书(编号,书名,出版社,出版日期,定价)也是一个实体型。

（6）实体集

同型实体的集合称为实体集。例如，全体学生就是一个实体集，图书馆中的所有图书也是一个实体集。

（7）联系

在现实世界中，事物内部及事物之间是有联系的，这些联系在概念世界中反映为实体内部的联系和实体之间的联系。实体内部的联系通常是组成实体的各属性之间的联系，两个实体集之间的联系可以分为如下三类。

① 一对一联系（1:1）。如果对于实体集 A 中的每一个实体，实体集 B 至多有一个实体与之联系，反之亦然，则称实体集 A 与实体集 B 存在一对一联系，记为 1:1。

例如，某宾馆只有单人间，每个客房都对应着一个房间号，一个房间号也唯一地对应这一间客房。所以，客房和房间号之间存在一对一联系。

又如，乘客和座位之间存在一对一联系，意味着一个乘客只能坐一个座位，而一个座位只能被一个乘客占有，如图 4.8 所示。

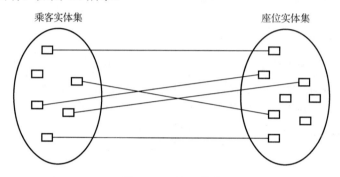

图 4.8 一对一联系

② 一对多联系（1:n）。如果对于实体集 A 中的每一个实体，实体集 B 中有 n 个实体与之联系（n≥0），反之，对于实体集 B 中的每一个实体，实体集 A 中至多有一个实体与之联系，则称实体集 A 与实体集 B 存在一对多联系，记为 1:n。

例如，一个部门中有若干名职工，而每名职工只能在一个部门工作，则部门与职工之间存在一对多联系，如图 4.9 所示。

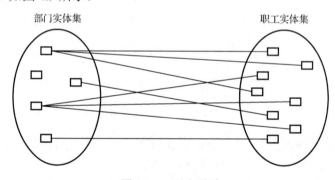

图 4.9 一对多联系

③ 多对多联系（m:n）。如果对于实体集 A 中的每一个实体，实体集 B 中有 n 个实体与之联系（n≥0），反之，对于实体集 B 中的每一个实体，实体集 A 中也有 m 个实体与之联系（m≥0），则称实体集 A 与实体集 B 存在多对多联系，记为 m:n。

例如，在选课系统中，一门课程可同时被若干个学生选修，而一个学生可以同时选修多门课程，则课程与学生之间存在多对多联系，如图 4.10 所示。

实际上，一对一联系是一对多联系的特例，而一对多联系又是多对多联系的特例。实体集之间的这种一对一、一对多、多对多联系不仅存在于两个实体集之间，也存在于两个以上的实体集之间。

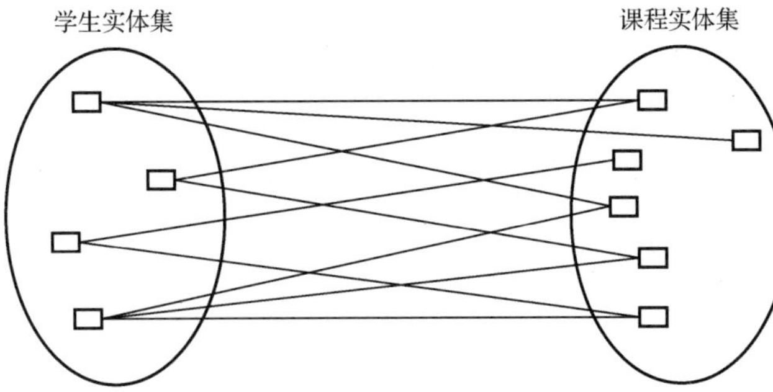

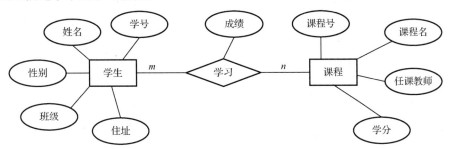

图 4.10　多对多联系

同一个实体集内的各实体之间也可以存在一对一、一对多、多对多的联系。职工实体集内部有领导与被领导的联系，即某职工为部门领导，"领导"若干名职工，而一名职工仅被另外一名职工（领导）直接领导，因此这是一对多联系。

2．概念世界的表示

概念模型用于描述概念世界，与具体的 DBMS 无关。概念模型从用户的观点出发，将管理对象的客观事物及它们之间的联系，用容易使人理解的语言或形式表述出来。概念模型应该能够准确、方便地表示概念世界，E-R 图（实体联系图）是对概念世界进行描述的主要工具，图 4.11 描述了学生学习情况。

图 4.11　学生学习情况的 E-R 图

构成 E-R 图的基本要素是实体型、属性和联系。

① 实体型（Entity）：具有相同属性的实体具有相同的特征和性质，用实体名及其属性名集合来抽象和刻画同类实体，在 E-R 图中用矩形表示。

② 属性（Attribute）：实体所具有的某一特性，一个实体可由若干个属性来刻画。在 E-R 图中用椭圆形表示。

③ 联系（Relationship）：反映了实体内部或实体之间的关系，用菱形表示，菱形内写明联系名称，并用无向边分别与有关实体连接起来，同时在无向边旁标上联系的类型（$1:1$、$1:n$ 或 $m:n$）。

4.2.3　数据世界

1．数据世界中的基本术语

数据世界是概念世界进一步数据化的结果，数据世界主要有以下基本术语。

① 数据项。数据项又称字段，是数据库中数据的最小逻辑单位，用来描述实体的属性。

② 记录。记录是数据项的集合，即一条记录是由若干个数据项组成的，用来描述实体。

③ 文件。文件是一个具有文件名的一组同类记录的集合，用来描述实体集。

2．数据世界的数据模型

数据世界的数据管理基于某种 DBMS，而对应 DBMS 总是按照特定的数据模型进行数据组织。数据模型是数据库的形式框架，用于描述一组数据的概念和定义。简单地讲，任何一种数据模型都是严格定义的概念的集合，这些概念必须能够精确地描述系统的静态特性、动态特性和完整性约束条件。因此，数据模型通常由数据结构、数据操作和数据完整性约束三个要素组成。

① 数据结构。数据结构用于研究数据之间的组织形式（数据的逻辑结构）、数据的存储形式（数据的物理结构）以及数据对象的类型等。数据结构用于描述系统的静态特性。在数据库系统中，通常按照数据结构的类型来命名数据模型。例如，层次结构、网状结构、关系结构的数据模型分别被命名为层次模型、网状模型和关系模型。

② 数据操作。数据操作是指对数据库中的各种对象（型）的实例（值）允许执行的操作的集合，包括操作及有关的操作规则。数据操作用于描述系统的动态特性。数据库主要有查询和更新（包括插入、删除、修改）两大类操作。数据模型必须定义这些操作的确切含义、操作符号、操作规则（如优先级）及实现操作的语言。

③ 数据完整性约束。数据完整性约束是一组完整性规则的集合。完整性规则用于指明给定的数据模型中数据及其联系所具有的制约和存储规则，用以保证数据的正确性、有效性和相容性。数据模型应该提供定义完整性约束的机制，以反映具体所涉及的数据必须遵守的特定的语义约束。例如，学生的"年龄"只能取大于零的值；人员信息中的"性别"只能为"男"或"女"；学生选课信息中的"课程号"的值必须取学校已经开设课程的课程号等。

3．数据模型的基本类型

数据模型是数据库系统的核心和基础，DBMS 都是基于某种数据模型的。通常，按照数据模型的特点将传统数据库系统分成层次数据库、网状数据库和关系数据库三类。20 世纪 80 年代，关系数据库系统以其独特的优点逐渐占据了主导地位，成为数据库系统的主流。

（1）层次模型

层次数据库系统采用层次模型作为数据的组织方式。用树状（层次）结构表示实体类型以及实体间的联系是层次模型的主要特征。层次模型示意如图 4.12 所示。

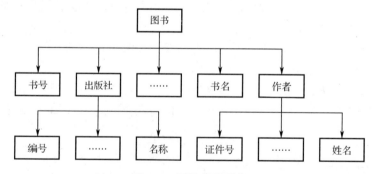

图 4.12　层次模型示意

在数据库中，满足以下两个条件的数据模型被称为层次模型。

● 有且仅有一个节点无双亲节点，这个节点被称为根节点。
● 其他节点有且仅有一个双亲节点。

根节点为第一层，根节点的子节点为第二层，根节点为其子节点的双亲节点，同一双亲节点的子节点称为兄弟节点，没有子节点的节点称为叶节点。其中，每一个节点都代表一个实体型，各实体型由上而下存在 $1:n$ 的联系。

支持层次模型的 DBMS 被称为层次数据库管理系统，在这种数据库系统中建立的数据库是层次数据库。层次模型支持的操作主要有查询和更新（包括插入、删除）。层次数据库系统的典型代表是 IBM 公司推出的 IMS（Information Management System）数据库管理系统，这是 1968 年 IBM 公司推出的第一个大型的商用数据库管理系统，在 20 世纪 70 年代的商业中被广泛应用。目前，仍有某些特定用户在使用。

（2）网状模型

用网状结构表示实体类型及实体之间联系的数据模型被称为网状模型。在网状模型中，一个子节点可以有多个双亲节点，两个节点之间可以有一种或多种联系。记录之间的联系是通过指针实现的，因此，数据的联系十分密切。网状模型的数据结构在物理上易于实现，效率较高，但编写应用程序较复杂，程序员必须熟悉数据库的逻辑结构。网状模型示意如图 4.13 所示。

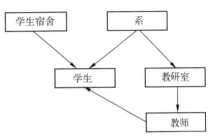

图 4.13　网状模型示意

在数据库中，满足以下两个条件的数据模型被称为网状模型。

● 允许一个及一个以上的节点无双亲节点。

● 一个节点可以有一个及一个以上的双亲节点。

由于在网状模型中子节点与双亲节点的联系不是唯一的，因此要为每个联系命名，并指出与该联系有关的双亲节点和子节点。网状模型的优点是可以表示复杂的数据结构，存取数据的效率比较高；缺点是结构复杂，每个问题都有其相对的特殊性，实现的算法难以规范化。

（3）关系模型

网状数据库和层次数据库已经很好地解决了数据的集中和共享问题，但是在数据独立性和抽象级别的处理上仍有很大欠缺。用户在对这两种数据库中的数据进行存取时，仍然需要明确数据的存储结构，指出存取路径，而后来出现的关系数据库较好地解决了这些问题。关系数据库采用关系模型进行数据的组织。关系模型比较简单，容易被初学者接受。

关系模型是由若干个关系模式组成的集合。关系模式相当于前面提到的记录类型，它的实例称为关系，每个关系实际上是一张二维表，记录是表中的行，属性是表中的列。

图 4.11 对应的关系模式如表 4.1 所示。

表 4.1　关系模式

模　式　名	构　　成
学生	(学号,姓名,性别,班级,住址)
成绩	(学号,课程号,成绩)
课程	(课程号,课程名,任课教师,学分)

表 4.1 对应的关系如表 4.2～表 4.4 所示。

表 4.2　学生关系

学　号	姓　名	性　别	班　级	住　址
2014001119	张瑜婷	女	新闻一班	2-503
2014001120	马云飞	男	新闻一班	7-306
2013001121	周婷婷	女	新闻一班	2-503
……	……	……	……	……

表 4.3　课程关系

课程号	课程名	任课教师	学　分
1-01	大学英语	马丽	1
1-02	大学物理	张远	1
1-03	大学语文	周国	1
1-04	高等数学	韩军	2
1-05	计算机基础	王华	3

表 4.4　成绩关系

学　号	课程号	成　绩
2014001119	1-01	85
2014001119	1-03	90
2014001119	1-04	87
2013001120	1-01	80
2013001120	1-02	67
2013001120	1-04	79
2013001120	1-05	89
……	……	……

与其他数据模型相比，关系模型突出的优点如下。

① 关系模型提供单一的数据结构形式，具有高度的简明性和精确性。

② 关系模型的逻辑结构和操作完全独立于数据存储方式，具有高度的数据独立性。

③ 关系模型使数据库的研究建立在比较坚实的数学基础上。

④ 关系数据库语言与一阶谓词逻辑的固有内在联系，为以关系数据库为基础的推理系统和知识库系统的研究提供了方便。

4.3　关系数据库

关系数据库是当前使用最为普遍的数据库，其建立在关系模型的基础上，借助于集合代数等数学概念和方法来处理数据库中的数据。现实世界中的各种实体及实体之间的各种联系均可用关系模型来表示。关系模型由埃德加·科德于 1970 年首先提出，是数据存储的传统标准。关系模型由关系数据结构、关系操作集合、关系完整性约束三部分组成。

4.3.1　基本概念

1．关系

在现实世界中，人们经常用表格的形式表示数据信息。在关系模型中，数据的逻辑结构就是一张二维表。每一张二维表被称为一个关系。表 4.5 给出的工资表就是一个关系。

表 4.5　工资表

编　号	姓　名	基 本 工 资	工 龄 工 资	扣　除	实 发 工 资
10101	张海云	2520.00	3532.00	545.00	5507.00
10102	周　成	2426.00	3524.00	530.50	5419.50
20103	马　琪	2388.00	3525.00	540.50	5372.50
20201	赵　洲	2388.00	3515.00	533.00	5370.00
30202	玉　涛	2476.00	3512.00	522.50	5465.50
30203	张　强	2698.00	3527.00	560.00	5665.00
40301	刘　山	2900.00	3400.00	550.00	5750.00
40301	金　峰	2850.00	3700.00	500.00	6050.00

并非任何一张二维表都是一个关系，只有具备以下特征的二维表才是一个关系。

① 表中没有组合的列，也就是说，每一列都是不可再分的。

② 表中每一列的所有数据都属于同一种类型。

③ 表中各列都指定了一个不同的名字。

④ 表中没有数据完全相同的行。

⑤ 表中行之间位置的调换和列之间位置的调换不影响它们所表示的信息内容。

具有上述特征的二维表称为规范化的二维表。如果没有特殊说明，则本书提到的二维表均是规范化的二维表。

2．元组与属性

表中的行称为元组。一行为一个元组，对应存储文件中的一个记录值。

表中的列称为属性，每一列有一个属性名。属性值相当于记录中的数据项或者字段值。

一般来说，属性值构成元组，元组构成关系，即一个关系描述了现实世界中的对象集，关系中的一个元组描述了现实世界中的一个具体对象，元组的属性值则描述了这个对象的特性。

3．关键字

能够唯一地标志一个元组的属性或属性集的被称为候选关键字，在一个关系中可能有多个候选关键字，从中选择一个作为主关键字。主关键字在关系中用来作为插入、删除、检索元组的区分标志。如果一个关系中的某些属性或属性集不是该关系的关键字，但它们是另外一个关系的关键字，则称其为该关系的外关键字（简称外键）。

4.3.2　关系数据库系统的体系结构

关系数据库系统为了保证数据的逻辑独立性和物理独立性，在体系上采用三级模式和两级映射结构。数据库系统从内到外分为三个层次描述，分别为存储模式、模式和关系子模式。两级映射是子模式/模式映射和模式/存储模式映射。

1. 三级模式

关系数据库系统的三级模式结构如图 4.14 所示。

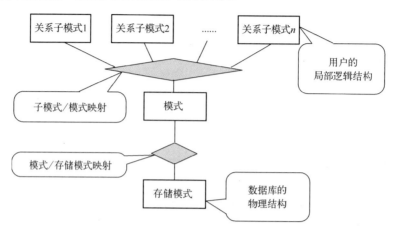

图 4.14　关系数据库系统的三级模式结构

（1）模式

模式描述了数据库的全局数据结构，一般由若干个有联系的关系模式组成（外键发生联系）。关系模式是对关系的描述，它包括模式名、组成该关系的各个属性名、值域名和模式的主键。具体的关系称为实例。

图 4.15 所示为一个教学模型的 E-R 图。

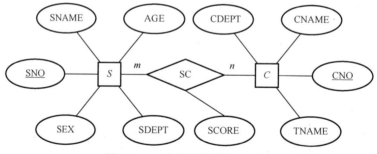

图 4.15　一个教学模型的 E-R 图

实体型 S 的属性 SNO、SNAME、AGE、SEX、SDEPT 分别表示学生的学号、姓名、年龄、性别和学生所在系；实体型 C 的属性 CNO、CNAME、CDEPT、TNAME 分别表示课程号、课程名、课程所属系和任课教师。实体型 S 和 C 之间有 $m:n$ 的联系（一个学生可选多门课程，一门课程可被多个学生选修），联系 SC 的属性成绩用 SCORE 表示。

转换成的模式如下。

- 关系模式 S(SNO,SNAME,AGE,SEX,SDEPT)。
- 关系模式 C(CNO,CNAME,CDEPT,TNAME)。
- 关系模式 SC(SNO,CNO,SCORE)。

关系模式是用数据定义语言定义的。由于不涉及物理存储方面的描述，因此关系模式仅仅是对数据本身的特征的描述。

表 4.6、表 4.7 和表 4.8 分别是关系模式 *S*、关系模式 *C* 和关系模式 SC 对应的关系。

表 4.6 关系 *S*

SNO	SNAME	AGE	SEX	SDEPT
2014112001	卢雨轩	18	女	计算机
2014112009	江南	19	男	计算机
2014108093	韩晓云	18	女	新闻
2014102085	刘流	18	男	外语
2014102090	郑重	19	男	外语

表 4.7 关系 *C*

CNO	CNAME	CDEPT	TNAME
101	组成原理	计算机	张强
103	计算机网络	计算机	周明
201	新闻史	新闻	李莉
202	新闻写作	新闻	范梅
305	英语阅读	外语	杨丽华

表 4.8 关系 SC

SNO	CNO	SCORE
2014112001	101	78
2014112001	103	93
2014112009	101	82
2014112009	103	85
2014108093	201	78
2014108093	202	90
2014102085	305	83

（2）关系子模式

用户使用的数据往往是全局数据的一部分，所以用户所需数据的结构可用关系子模式来实现。关系子模式是对用户所需数据的结构的描述，其中包含这些数据来自哪些模式和应满足哪些条件。

例如，用户要用到成绩子模式 *G*(SNO,SNAME,CNO,SCORE)，子模式 *G* 对应的数据来源于关系 *S* 和 SC，构造时应满足它们的 SNO 值相等。子模式 *G* 的构造过程如图 4.16 所示。

子模式定义语言除了可以定义子模式，还可以定义用户对数据进行操作的权限，例如，是否允许读、修改等。由于关系子模式来源于多个关系模式，因此是否允许对子模式的数据进行插入和修改需要根据实际情况来决定。

（3）存储模式

存储模式描述了关系是如何在物理存储设备上存储的。关系存储时的基本组织方式是文件。由于关系模式有关键码，因此存储一个关系可以用散列方法或索引方法实现。此外，还可以对任意的属性集建立辅助索引。

2．两级映射

三级模式间存在两种映射：一种是子模式/模式映射，这种映射把用户数据与全局数据库联系起来；另一种映射是模式/存储模式映射，这种映射把全局数据库与物理数据库联系起来。数据库的三级模式和两级映射保证了数据的逻辑独立性和物理独立性。

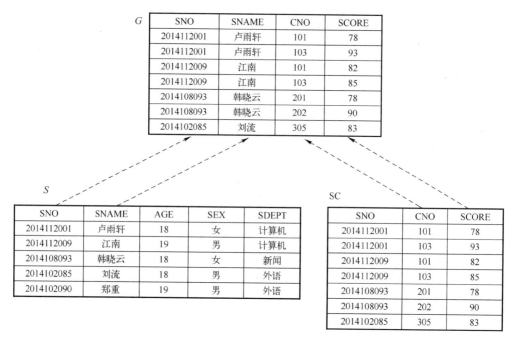

图 4.16 子模式 G 的构造过程

① 子模式/模式映射。子模式/模式映射实现了用户数据模式与全局数据模式间的相互转换。用户的应用程序根据关系子模式进行数据操作，通过子模式/模式映射定义和建立某个关系子模式与模式间的对应关系，将关系子模式与模式联系起来。当模式发生变化时，只要改变其映射，就可以使关系子模式保持不变，对应的应用程序也可保持不变，从而保证了数据与程序的逻辑独立性。

② 模式/存储模式映射。模式/存储模式映射实现了模式与存储模式间的相互转换。用户的应用程序通过模式/存储模式映射，定义和建立数据的逻辑结构（模式）与存储结构（存储模式）间的对应关系。当数据的存储结构发生变化时，只需改变模式/存储模式映射，就能保持模式不变，因此应用程序也可以保持不变，从而保证了数据与程序的物理独立性。

4.3.3 关系模型的完整性规则

关系模型提供了三类完整性规则：实体完整性规则、参照完整性规则和用户定义完整性规则。其中，实体完整性规则和参照完整性规则是关系模型必须满足的完整性约束条件，被称为关系完整性规则。

实体完整性规则和参照完整性规则示意如图 4.17 所示。

1. 实体完整性规则

实体完整性规则规定关系中元组的主键值不能为空。

在图 4.17 给出的学生表、课程表和成绩表中，学生表的主键是学号，课程表的主键是课程号，成绩表的主键是学号和课程号的组合，这三张表的主键的值在表中是唯一的、确定的。为了保证每一个实体有唯一的标志符，主键不能取空值。

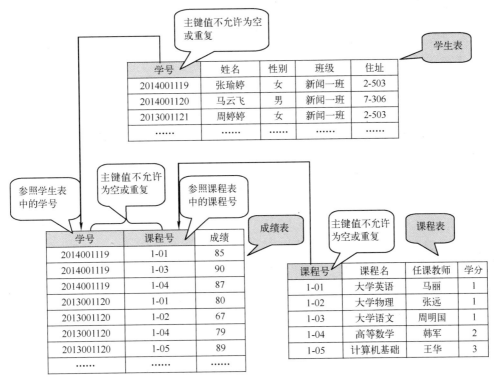

图 4.17　实体完整性规则和参照完整性规则示意

2．参照完整性规则

参照完整性规则的形式定义如下。

如果属性集 K 是关系模式 R1 的主键，K 也是关系模式 R2 的外键，那么在关系 R2 中，K 的取值只允许有两种可能，或者为空值，或者等于关系 R1 中的某个主键值。这条规则的实质是"不允许引用不存在的实体"。

对于参照完整性规则，需要注意以下三点。

① 外键和相应的主键可以不同名，但要定义在相同的值域上。

② 当 R1 和 R2 是同一个关系模式时，表示同一个关系中不同元组之间的联系。例如，表示课程之间选修联系的关系模式 R(CNO,CNAME,PCNO)，其属性表示课程号、课程名、选修课程的课程号，R 的主键是 CNO，而 PCNO 是一个外键，即 PCNO 的值一定要在关系 R 中存在（某个 CNO 值）。

③ 外键值是否允许为空，应视具体问题而定。若外键是模式主键中的成分时，则外键值不允许为空，否则允许为空。

在上述形式定义中，关系模式 R1 的关系称为"参照关系"、"主表"或"父表"；关系模式 R2 的关系称为"依赖关系"、"副表"或"子表"。

例如，在图 4.17 中学生表和课程表为主表，成绩表为副表，学号是学生表的主键、成绩表的外键，课程号是课程表的主键、成绩表的外键。成绩表中的学号必须是学生表中学号的有效值，成绩表与学生表之间的联系是通过学号实现的。同样地，成绩表中的课程号必须是课程表中课程号的有效值，成绩表与课程表之间的联系是通过课程号实现的。

实体完整性规则和参照完整性规则是关系模型必须满足的规则，由系统自动支持。

3．用户定义完整性规则

用户定义完整性规则是针对某一具体数据的约束条件，由应用环境决定。它反映了某一具体应用所涉及的数据必须满足的语义要求。系统应提供定义和检验这类完整性的机制，以便用统一的系统方法处理完整性规则。例如，职工的工龄应小于他的年龄等。

4.4 知识扩展

关系代数是施加于关系上的一组集合代数运算，每个运算都以一个或多个关系作为运算对象，并生成另外一个关系作为运算结果。关系代数包含两类运算：传统的集合运算和专门的关系运算。

4.4.1 传统的集合运算

传统的集合运算有并、差、交和笛卡儿积运算。

1．并

设关系 R 和 S 具有相同的关系模式，R 和 S 的并是由属于 R 或属于 S 的元组构成的集合，记为 $R \cup S$。形式定义如下：

$$R \cup S = \{t \mid t \in R \lor t \in S\}$$

其中，t 是元组变量，R 和 S 的元数相同。

2．差

设关系 R 和 S 具有相同的关系模式，R 和 S 的差是由属于 R 但不属于 S 的元组构成的集合，记为 $R-S$。形式定义如下：

$$R - S = \{t \mid t \in R \land t \notin S\}$$

其中，t 是元组变量，R 和 S 的元数相同。

3．交

设关系 R 和 S 具有相同的关系模式，R 和 S 的交是由属于 R 又属于 S 的元组构成的集合，记为 $R \cap S$。形式定义如下：

$$R \cap S = \{t \mid t \in R \land t \in S\}$$

其中，t 是元组变量，R 和 S 的元数相同。

4．笛卡儿积

设关系 R 和 S 的元数分别为 r 和 s。R 和 S 的笛卡儿积是一个 $r+s$ 元的元组集合，每个元组的前 r 个分量（属性值）来自 R 的一个元组，后 s 个分量是 S 的一个元组，记为 $R \times S$。形式定义如下：

$$R \times S = \{t \mid t = <t^r, t^s> \land t^r \in R \land t^s \in S\}$$

其中，t^r、t^s 中的 r 和 s 为上标，分别表示有 r 个分量和 s 个分量，若 R 有 n 个元组，S 有 m 个元组，则 $R \times S$ 有 $n \times m$ 个元组。

例如，有 3 个关系 R、S 和 T，如图 4.18 所示。

	R		S		T	
A	B	A	B		C	D
a	d	d	a		b	b
b	a	b	a		c	d
c	d	d	c			

图 4.18　基本关系

它们的并、差和笛卡儿积的运算结果如图 4.19 所示。

$R \cup S$		$R-S$		$R \times T$			
A	B	A	B	A	B	C	D
a	d	a	d	a	d	b	b
b	a	c	a	a	d	c	d
c	d			b	a	b	b
d	a			b	a	c	d
d	c			c	d	b	b
				c	d	c	d

图 4.19　运算结果

4.4.2　专门的关系运算

专门的关系运算有选择、投影和连接运算。

1．选择

从关系中找出满足给定条件的所有元组的过程称为选择，条件是以逻辑表达式给出的，该逻辑表达式的值为真的元组会被选取。这是从行的角度进行的运算，即以水平方向抽取元组。经过选择运算得到的结果可以形成新的关系，其关系模式不变，但其中元组的个数小于或等于原来的关系中元组的个数，它是原关系的一个子集。

关系 R 关于公式 F 的选择操作用 $\sigma_F(R)$ 表示，形式定义如下：

$$\sigma_F(R) = \{t \mid t \in R \wedge F(t) = \text{true}\}$$

其中，σ 为选择运算符，$\sigma_F(R)$ 表示从关系 R 中挑选满足公式 F 为真的有元组构成的关系。

例如，$\sigma_{2>'3'}(R)$ 表示从关系 R 中挑选第 2 个分量值大于 3 的元组构成的关系。在书写时，为了与属性序号有所区别，将常量用引号引起来，而属性序号或属性名直接书写。

2．投影

从关系中挑选出若干个属性组成新的关系称为投影。这是从列的角度进行的运算，相当于对关系进行垂直分解。经过投影运算可以得到一个新的关系，其关系所包含的属性个数往往比原关系的要少，或者属性的排列顺序不同。如果新关系中包含重复元组，则要删除重复元组。

设关系 R 是 k 元关系，关系 R 在其分量 $A_{i1}, \cdots, A_{im}$（$m \leqslant k$，$i1, i2, \cdots, im$ 为 $1 \sim k$ 的整数）上的投影用 $\pi_{i1, i2, \ldots, im}(R)$ 表示，它是一个 m 元元组集合，形式定义如下：

$$\pi_{i1, i2, \cdots, im}(R) = \{t \mid t = \langle t_{i1}, t_{i2}, \cdots, t_{im} \rangle \wedge \langle t_1, \cdots, t_k \rangle \in R\}$$

例如，$\pi_{3,1}(R)$ 表示从关系 R 中取第 1 列和第 3 列组成新的关系，新关系中的第 1 列为关系 R 的第 3 列，新关系中的第 2 列为关系 R 的第 1 列。如果将关系 R 的每列标上属性名，那

么操作符 π 的下标处也可以用属性名表示。例如，关系 $R(A, B, C)$，那么 $\pi_{C,A}(R)$ 与 $\pi_{3,1}(R)$ 是等价的。

图 4.20 所示为关系 R、S 的投影和选择运算。

R				S				$\pi_{C,A}(R)$			$\sigma_{B='b'}(S)$	
A	B	C		A	B	C		C	A		A	B	C

A	B	C	A	B	C	C	A	A	B	C
a	b	c	a	c	b	c	a	a	b	k
d	a	f	a	b	k	f	d	x	b	y
a	m	n	x	b	y	n	a	a	b	n
			a	b	n			b	b	c
			b	b	c					

图 4.20　关系 R、S 的投影和选择运算

3．连接

连接也称为 θ 连接。它是指从两个关系的笛卡儿积中选取属性间满足一定条件的元组。形式定义如下：

$$R \underset{A\theta B}{\bowtie} S = \{t_r t_s \mid t_r \in R \wedge t_s \in S \wedge t_r[A]\theta t_s[B]\}$$

其中，A 和 B 分别为 R 和 S 上度数相等且可比的属性组。θ 是比较运算符。连接运算从关系 R 和 S 的笛卡儿积中选取 R 关系在 A 属性组上的值与 S 关系在 B 属性组上的值满足 θ 条件的元组。

连接运算中有两种最为重要也最为常用的连接：一种是等值连接；另一种是自然连接。θ 为 "=" 的连接运算称为等值连接。它是指从关系 R 和 S 的广义笛卡儿积中选取 A、B 属性值相等的那些元组。

图 4.21 所示为关系 R、S 的等值连接运算。

R			S			$R\bowtie S$ [2]=[1]					
A	B	C	A	B	C	$R.A$	$R.B$	$R.C$	$S.A$	$S.B$	$S.C$
a	b	c	b	c	b	a	b	c	b	c	b
d	c	f	a	a	k	a	b	c	b	a	y
a	b	n	b	b	y	a	b	c	b	b	c
			a	b	n	a	b	n	b	c	b
			b	b	c	a	b	n	b	a	y
						a	b	n	b	b	c

图 4.21　关系 R、S 的等值连接运算

自然连接是除去重复属性的等值连接。它是连接运算的一个特例，是最常用的连接运算。形式定义如下：

$$R \bowtie S = \pi_{i1,\cdots,im}(\sigma_{R.A1=S.A1 \wedge \cdots \wedge R.AK=S.AK}(R \times S))$$

其中，$i1, \cdots, im$ 为关系 R 和 S 的全部属性，但公共属性只出现一次。

关系 R 和 S 的自然连接运算的具体过程如下：

① 计算 $R \times S$；

② 设 R 和 S 的公共属性是 $A1, \cdots, AK$，挑选 $R \times S$ 中满足 $R.A1 = S.A1 \wedge \cdots \wedge R.AK = S.AK$ 的元组；

③ 去掉 $S.A1, \cdots, S.AK$ 这些列。

图 4.22 所示为关系 R、S 的自然连接运算。

		R			S		$R \bowtie S$		
A	M	B	A	M	C	A	M	B	C
a	b	c	a	b	a	a	b	c	a
d	a	f	a	a	k	a	b	c	n
a	b	n	b	a	y	a	b	n	a
			a	b	n	a	b	n	n
			b	b	c				

图 4.22　关系 R、S 的自然连接运算

由于关系数据库是建立在关系模型基础上的，而选择、投影、连接是关系的二维表的三种基本运算，因此，读者应理解并熟练掌握这三种基本运算。

设教学数据库中有 3 个关系，分别为学生关系 S(SNO,SNAME,AGE,SEX)；学习关系 SC(SNO, CNO, GRADE)；课程关系 C(CNO, CNAME, TEACHER)，使用关系代数表达式完成查询。

① 检索学习课程号为 C2 的学生学号与姓名。

分析：

由于这个查询涉及两个关系 S 和 SC，因此先对这两个关系进行自然连接，再执行选择、投影操作。

关系代数表达式可写成

$$\pi_{\text{SNO, SNAME}}(\sigma_{\text{CNO='C2'}}(S \bowtie \text{SC}))$$

此查询也可等价地写成

$$\pi_{\text{SNO, SNAME}}(S) \bowtie (\pi_{\text{SNO}}(\sigma_{\text{CNO='C2'}}(\text{SC})))$$

上式中自然连接的右分量为"学了 C2 课的学生学号的集合"，该表达式比上一个表达式更加优化，执行起来要省时间、省空间。

② 检索不学 C2 课的学生姓名与年龄。

分析：

要完成该检索需要使用差运算，差运算的左分量为"全体学生的姓名与年龄"，右分量为"学了 C2 课的学生姓名与年龄"。

所以关系代数表达式可写成

$$\pi_{\text{SNAME,AGE}}(S) - \pi_{\text{SNAME,AGE}}(\sigma_{\text{CNO='C2'}}(S \bowtie \text{SC}))$$

习题 4

一、选择题

1. 数据库管理系统是（　　）。

　　A．操作系统的一部分　　　　　　　　　B．在操作系统支撑下的系统软件

　　C．一种编译系统　　　　　　　　　　　D．一种操作系统

2. 下列叙述中错误的是 （　　）。

　　A．在数据库系统中，数据的物理结构必须与逻辑结构一致

　　B．数据库技术的根本目标是解决数据的共享问题

　　C．数据库设计是指在已有数据库管理系统的基础上建立数据库

D. 数据库系统需要操作系统的支持

3. 在关系理论中，把二维表表头中的栏目称为（　　　）。

    A. 数据项　　　　　　　B. 元组　　　　　　　C. 结构名　　　　　　　D. 属性名

4. E-R 图属于（　　　）。

    A. 概念模型　　　　　　B. 层次模型　　　　　　C. 网状模型　　　　　　D. 关系模型

5. 假设有表示学生选课的三张表，学生 S（学号,姓名,性别,年龄,身份证号），课程 C（课程号,课程名），选课 SC（学号,课程号,成绩），则表 SC 的关键字（键或码）为（　　　）。

    A. 课程号,成绩　　　　　　　　　　　　B. 学号,成绩

    C. 学号,课程号　　　　　　　　　　　　D. 学号,姓名,成绩

6. 数据库系统中的数据模型通常由（　　　）三部分组成。

    A. 数据结构、数据操作和完整性约束

    B. 数据定义、数据操作和安全性约束

    C. 数据结构、数据管理和数据保护

    D. 数据定义、数据管理和运行控制

7. 数据库系统依靠（　　　）支持数据独立性。

    A. 具有封装机制

    B. 模式分级、级间映射

    C. 定义完整性约束条件

    D. DDL 语言和 DML 语言互相独立

8. 下列关于数据库系统特点的叙述中，正确的是（　　　）。

    A. 各类用户程序均可随意地使用数据库中的各种数据

    B. 如果数据库系统中的模式发生改变，则需将与其有关的子模式进行相应改变，否则用户程序需改写

    C. 数据库系统的存储模式如果发生改变，则模式无须改动

    D. 数据一致性是指数据库中数据类型的一致性

9. 关系数据库管理系统实现的专门关系运算包括（　　　）。

    A. 排序、索引和统计　　　　　　　　　　B. 选择、投影和连接

    C. 关联、更新和排序　　　　　　　　　　D. 选择、投影和更新

10. 如果要改变一个关系中属性的排列顺序，应使用的关系运算是（　　　）。

    A. 重建　　　　　　　B. 选取　　　　　　　C. 投影　　　　　　　D. 连接

11. 当关系 R 和 S 进行自然连接时，要求 R 和 S 含有一个或多个公共（　　　）。

    A. 元组　　　　　　　B. 行　　　　　　　C. 记录　　　　　　　D. 属性

12. 设有关系 R 和 S，$R \cap S$ 的运算等价于（　　　）。

    A. $S-(R-S)$　　　　B. $R-(R-S)$　　　　C. $(R-S) \cup S$　　　　D. $R \cup (R-S)$

13. 关系代数表达式 $\sigma_{3<'4'}(S)$ 表示（　　　）。

    A. 从关系 S 中挑选 3 的值小于第 4 个分量的元组

    B. 从关系 S 中挑选第 3 个分量值小于 4 的元组

    C. 从关系 S 中挑选第 3 个分量值小于第 4 个分量值的元组

    D. 从关系 S 中挑选第 4 个分量值大于 3 的元组

14. 在下列运算中，不改变关系表中的属性个数但能减少元组个数的是（　　　）。

    A. 并　　　　　　　　B. 交　　　　　　　C. 投影　　　　　　　D. 笛卡儿积

二、填空题

1．设有关系 *S*（学号,姓名,班级）和关系 SC（学号,课程号,成绩），为维护数据的一致性，关系 *S* 与 SC 之间应满足＿＿＿＿＿＿完整性约束。

2．＿＿＿＿＿＿是施加于关系上的一组集合代数运算，每个运算都以一个或多个关系作为运算对象，并生成另外一个关系作为运算结果。

3．设一个集合 *A*={3, 4, 5, 6, 7}，集合 *B*={1, 3, 5, 7, 9}，则 *A* 和 *B* 的并集中包含＿＿＿＿＿＿个元素，*A* 和 *B* 的交集中包含＿＿＿＿＿＿个元素。

4．有一个学生选课的关系，其中学生的关系模式为学生（学号,姓名,班级,年龄），课程的关系模式为课程（课程号,课程名,学时），其中两个关系模式的键分别是学号和课程号，则关系模式选课可定义为选课（学号,＿＿＿＿＿＿,成绩）。

5．在数据库中，实体集之间的联系可以是一对一、一对多或多对多的，那么"学生"和"可选课程"的联系为＿＿＿＿＿＿。

三、简答题

1．什么是数据库？数据库具有哪些特点？

2．简述 DBMS 的功能。

3．说明数据库系统的组成。

4．数据管理的数据库系统阶段具有哪些特点？

5．什么是数据模型？数据模型的构成要素有哪些？

6．DBMS 支持的基本数据模型有哪些，它们各有哪些特点？

7．简单说明数据库系统的三级模式及两级映射。

第5章 信息共享与利用

计算机网络是随着人们对信息共享、信息传递的要求而发展起来的。现代人的生活、工作及学习已经越来越离不开无处不在的网络世界，网络聊天、网上购物、网上银行、资料查找等无一不依赖计算机网络。因此，我们应该对每天使用的网络有一个全面的了解。

本章将从认知计算机网络的角度，介绍计算机网络的概念、原理及主要应用，阐述在信息社会中计算机网络技术是如何为人们的学习、工作、交流和娱乐提供服务的，探讨如何实现网络信息安全。

5.1 通信技术基础

5.1.1 通信系统的基本概念

1. 通信系统的组成

所有的通信系统都包括发射器、接收器和传输介质，如图 5.1 所示。发射器和接收器使传输介质中的信号得以传输，其中可能涉及调制；传输介质可以是双绞线、同轴电缆、光缆，也可以是用于无线通信的无障碍空间。在所有情况下，信号都将被传输介质极大地削弱并叠加上噪声。噪声（而非衰减）通常决定着一种传输介质是否可靠。

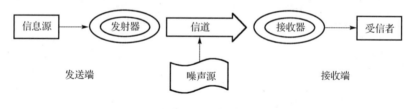

图 5.1　通信系统

- 信息源（简称信源）：把各种消息转换成原始电信号，如麦克风。信源可分为模拟信源和数字信源。
- 发射器：产生适合于在信道中传输的信号。
- 信道：将来自发送端的信号传送到接收端的传输介质。其分为有线信道和无线信道两大类。
- 噪声源：集中表示分布于通信系统中各处的噪声。
- 接收器：从受到削弱的接收信号中正确恢复出原始电信号。
- 受信者（简称信宿）：把原始电信号还原成相应的消息，如扬声器等。

2. 数据、信号、信道

（1）数据

数据是指有意义的实体，是表征事物的形式，如文字、声音和图像等。数据可分为模拟数据和数字数据两大类。模拟数据是指在某个区间连续变化的物理量，如声音的大小和温度的高低等，而数字数据是指离散的量，如文本信息和整数。

（2）信号

信号是数据的电磁波形式或电子编码。信号在通信系统中可分为模拟信号和数字信号。其中，模拟信号是指一种连续变化的电信号，如图 5.2（a）所示，如电话线上传送的按照话音强弱幅度连续变化的波形信号；数字信号是指一种离散变化的电信号，如图 5.2（b）所示，如计算机产生的电信号就是"0"和"1"的电压脉冲序列。

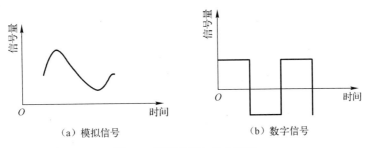

（a）模拟信号　　　　　　　　　　（b）数字信号

图 5.2　模拟信号与数字信号

（3）信道

信道是用来表示向某一个方向传送信息的媒体。一般来说，一条通信线路至少包含两条信道：一条用于发送的信道和一条用于接收的信道。和信号的分类相似，信道也可分为适合传送模拟信号的模拟信道和适合传送数字信号的数字信道两大类。相应地，通信系统也分为模拟通信系统和数字通信系统。

3．模拟通信系统与数字通信系统

（1）模拟通信系统

模拟通信系统是利用模拟信号来传递信息的通信系统，如图 5.3 所示。

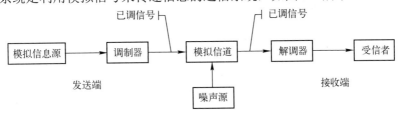

图 5.3　模拟通信系统

● 已调信号：基带信号经过调制后转换成其频带适合信道传输的信号，也称频带信号。
● 调制器：将基带信号转变为频带信号的设备。
● 解调器：将频带信号转变为基带信号的设备。

模拟通信系统强调变换的线性特性，即已调信号与基带信号成比例。

（2）数字通信系统

数字通信系统是利用数字信号来传递信息的通信系统，如图 5.4 所示。

● 编码与解码的目的：提高信息传输的有效性，完成数模转换。
● 加密与解密的目的：保证所传信息的安全性。
● 数字调制与数字解调的目的：形成适合在信道中传输的基带信号。

数字通信系统需要保证同步，即让收发两端的信号在时间上保持步调一致。

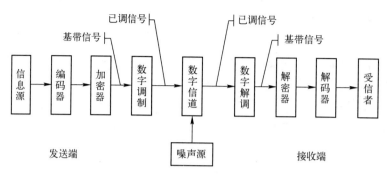

图 5.4　数字通信系统

5.1.2　数字通信技术

1．数据传输方式

（1）并行传输与串行传输

① 并行传输。并行传输（见图 5.5）是指数据以成组的方式，在多条并行信道上同时进行传输。例如，采用 8 位二进制码的字符，可以用 8 条信道并行传输，一次传送一个字符。并行传输适用于计算机和其他高速数据系统的近距离传输。

② 串行传输。串行传输（见图 5.6）是指数据流以串行方式，在一条信道上进行传输。一个字符的 8 位二进制码，由高位到低位顺序排列，由若干个 8 位二进制码串接起来形成串行数据流传输。串行传输只需要一条传输信道，传输速率比并行传输要慢，但易于实现、费用低，是目前主要采用的一种传输方式。

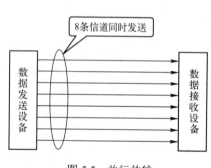

图 5.5　并行传输

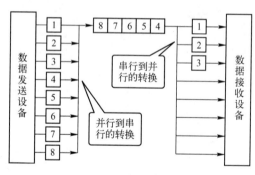

图 5.6　串行传输

（2）单工、半双工和全双工传输

根据电路的传输能力不同，分为单工、半双工和全双工三种传输方式。

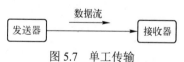

图 5.7　单工传输

单工传输只支持数据在一个方向上进行传输，如图 5.7 所示。例如，采集数据常用此方式。

半双工传输可以在两个方向上进行传输，但两个方向的传输不能同时进行，利用开关可实现在两个方向上交替传输数据，如图 5.8 所示。例如，对讲机一般都按此方式进行信息交流。

全双工传输有两条信道，所以可以在两个方向上同时进行传输，如图 5.9 所示。

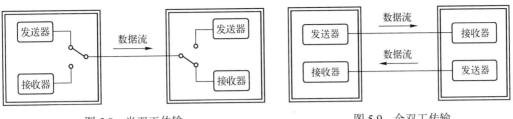

图 5.8 半双工传输　　　　　　　图 5.9 全双工传输

2．多路复用技术

在数字通信系统或计算机网络系统中，传输介质的带宽或容量往往超过传输单一信号的需求。为了有效地利用通信线路，人们设置在一条信道上同时传输多路信号，这就是多路复用技术。

多路复用技术是指在发送端将多路信号进行组合，然后在一条专用的物理信道上实现信号传输，接收端再将复合信号分离出来。多路复用技术主要分为频分多路复用（FDM）技术和时分多路复用（TDM）技术两大类。

① 频分多路复用技术。频分多路复用技术把每路要传输的信号以不同的载波频率进行调制，而且各个载波频率是完全独立的，即信号的带宽不会相互重叠，然后在传输介质上进行传输，这样在传输介质上就可以同时传输多路信号，如图 5.10 所示。

② 时分多路复用技术。时分多路复用技术利用每路信号在时间上的交叉，在一条传输信道上传输多路数字信号，这种交叉可以是位一级的，也可以是由字节组成的块或更大量的信息，如图 5.11 所示。

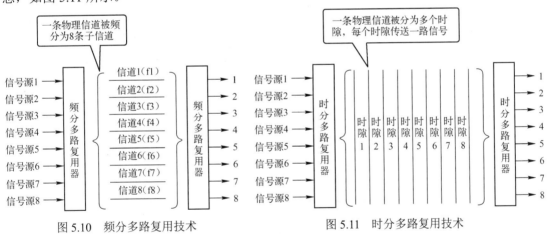

图 5.10 频分多路复用技术　　　　　图 5.11 时分多路复用技术

时分多路复用技术既可传输数字信号，又可同时交叉传输模拟信号。另外，对于模拟信号，可将时分多路复用技术和频分多路复用技术结合起来使用，一个传输系统可以用频分多路复用技术分成许多条信道，每条信道再用时分多路复用技术来细分。

5.1.3　数据交换技术

数据交换技术经历了电路交换、报文交换、分组交换的变化。

① 电路交换。电路交换的过程是：计算机终端之间在进行通信时，一方发起呼叫，独占一条物理线路，当交换机完成接续，对方收到发起端的信号后，双方即可进行通信，在整个通信过程中双方一直占用该电路。如图 5.12 所示，当 A 和 E 进行通话时，经过 4 个交换机，

接成一个线路，通话期间整个电路被独占。例如，传统的语音电话服务是通过公共交换电话网（PSTN），而不是 IP 语音实现的电路交换过程。

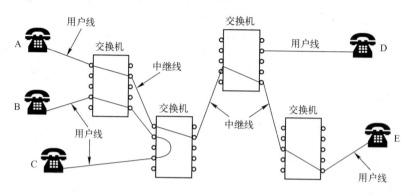

图 5.12　电路交换

电路交换会占用固定带宽，因而限制了线路上的流量及连接数量。这种方式的优点是实时性强，延迟低，交换设备成本较低，但存在线路利用率低、不同类型终端用户之间不能进行通信等缺点。

② 报文交换。报文交换的过程是：将用户的报文存储在交换机的存储器中，当所需要的输出电路空闲时，再将该报文发向接收交换机或终端。它以"存储—转发"的方式在网内传输数据。报文交换的优点是中继电路利用率高，多个用户可以同时在一条线路上进行通信，可实现不同速率、不同规程的终端间的互通，但需要以报文为单位进行存储转发，网络传输延迟高，且占用了大量的交换机内存和外存，不适用于对实时性要求高的用户。报文交换适用于传输的报文较短、实时性要求较低的用户之间的通信，如公用电报网。

③ 分组交换。分组交换是在"存储—转发"的基础上发展起来的，也称包交换，是将用户传送的数据划分成一定长度的分组，通过传输分组的方式传输信息的一种技术。每个分组在进行标志后，在一条物理线路上采用动态复用的技术，同时传送多个数据分组。把来自用户发送端的数据暂存在交换机的存储器内，然后在网内进行转发。当数据分组到达接收端后，再去掉分组头，将各数据字段按顺序重新装配成完整的报文。分组交换比电路交换的电路利用率高，比报文交换的传输延迟低，交互性好。如图 5.13 所示，计算机 A 要向计算机 B 发送数据，该数据被分成 3 个分组，依次编号为 1、2、3 后被送入网络中，网络中有若干台交换机（a～f）。数据分组在网络中的交换机之间进行传输，每个分组经过的路径不一定完全相同，所以到达目的地的次序可能会发生变化。比如，1 号分组可能经过 a、c、f 交换机，2 号分组可能经过 a、b、f 交换机，3 号分组可能经过 a、c、e、f 交换机，到达顺序可能是 3、2、1。在到达目的地后，由计算机 B 将 3 个分组重新组合成原来的数据。

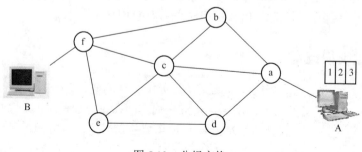

图 5.13　分组交换

5.1.4　主要评价指标

有效性和可靠性是评价通信系统的主要性能指标。其中主要的质量指标分为数据传输速率指标和数据传输质量指标。

有效性：在传输一定信息量时所占用的信道资源（频带宽度和时间间隔）多少，即传输的"速度"问题。

可靠性：接收信息的准确程度，即传输的"质量"问题。

模拟通信系统的有效性用有效传输频带宽度来度量，可靠性用接收端最终输出的信噪比来度量。而数字通信系统的有效性用数据传输速率和频带利用率来度量。

① 数据传输速率。数据传输速率是指每秒能传输的比特数，又称比特率，单位是比特/秒（bit/s 或 bps）。例如，1000bps 表示每秒传输 1000 比特（二进制位）。

人们常说的"倍速"数，即为数据传输速率。单倍速传输时，数据传输速率为 150kbps；4 倍速传输时，数据传输速率为 600kbps；40 倍速传输时，数据传输速率为 6Mbps。

② 频带利用率。在比较不同通信系统的效率时，只看它们的数据传输速率是不够的，或者说，即使两个系统的数据传输速率相同，它们的效率也可能不同，所以还要看传输这样的数据所占的频宽。通信系统占用的频带越宽，传输数据的能力也就越大。

频带利用率是数据传输速率与系统带宽之间的比值，它是单位时间内所能传输的信息速率，即单位带宽（1Hz）内的数据传输速率。

设 B 为信道的传输带宽，Rb 为信道的数据传输速率，则频带利用率 $n=Rb/B$，其单位为 bps/Hz（或为 Baud/Hz，即每赫兹的波特数）。

③ 频带宽度。频带宽度（带宽）是指允许传送的信号的最高频率与最低频率之间的频率范围，即最高频率减最低频率的值，用赫兹（Hz）表示。

④ 误码率。误码率是指在给定时间段内，错误位数与总传输位数之比。它通常被视为在大量传输位中出错的概率。例如，10^{-5} 的误码率表示每 10 万位传输出现一个位误差，一般计算机网络要求误码率低于 10^{-9}。

⑤ 信噪比。信噪比（SNR）是指在规定的条件下，传输信道特定点上的有用功率与和它同时存在的噪声功率之比，即数据传输时受干扰的程度，通常以分贝表示。它与传输速率有关，信噪比过大则会影响传输速率。

5.2　计算机网络基础

计算机网络是由多种通信手段相互连接起来的计算机复合系统，用于实现数据通信和资源共享。因特网是涵盖全球范围的计算机网络，通过因特网不仅可以获取分布在全球的多种信息资源，还可以获得方便、快捷的电子商务服务及远程协作。

5.2.1　计算机网络的产生与发展

（1）计算机网络的产生

早期的计算机是大型计算机，其包含多个终端，不同终端之间可以共享主机资源，可以相互通信，但不同计算机之间相互独立，不能实现资源共享和数据通信，为了解决这个问题，

ARPA（美国国防部高级研究计划署）于 1968 年提出了一个计算机互连计划，并于 1969 年建成世界上第一个计算机网络 ARPAnet。

ARPAnet 通过租用电话线路将分布在美国不同地区的 4 所大学的主机连成一个网络。作为因特网的早期骨干网，ARPAnet 试验并奠定了因特网存在和发展的基础。1984 年，美国国家科学基金会（NSF）决定组建 NSFnet，NSFnet 通过 56kbps 的通信线路将美国 6 个超级计算机中心连接起来，实现了资源共享。NSFnet 采用三级层次结构，整个网络由主干网、地区网和校园网组成。地区网一般由一批在地理上局限于某一个地域、在管理上隶属于某一个机构的用户的计算机互连而成。连接各地区网上主通信节点计算机的高速数据专线构成了 NSFnet 的主干网。这样，当一个用户的计算机与某一个地区网相连以后，它除了可以使用任意一种超级计算中心的设施，还可以同网上任意一个用户进行通信，并且还可以获得网络提供的大量信息和数据。这使得 NSFnet 于 1990 年彻底取代了 ARPAnet 而成为因特网的主干网。

（2）计算机网络的发展

计算机网络从产生到现在，总体来说可以分成 4 个阶段。

① 远程终端阶段。远程终端阶段是计算机网络发展的萌芽阶段。早期的计算机系统主要为分时计算机系统，远程终端计算机系统在分时计算机系统的基础上，通过调制解调器（Modem）和 PSTN 向分布在不同地理位置上的许多远程终端用户提供共享资源服务。这虽然还不能算是真正的计算机网络系统，但它是计算机与通信系统结合的最初尝试。

② 计算机网络阶段。在远程终端计算机系统的基础上，人们开始研究如何通过 PSTN 等已有的通信系统把计算机与计算机互连起来。于是以资源共享为主要目的的计算机网络便产生了，ARPAnet 是这一阶段的典型代表。网络中的计算机之间具有数据交换的能力，计算机网络提供了更大范围内计算机之间协同工作、分布式处理的能力。

③ 体系结构标准化阶段。计算机网络系统非常复杂，计算机之间的相互通信涉及许多技术问题，为实现计算机网络通信，计算机网络采用分层策略解决网络技术问题。但是，不同的组织制定了不同的分层网络系统体系结构，它们的产品很难实现互连。为此，国际标准化组织（ISO）在 20 世纪 80 年代初正式颁布了“开放系统互连参考模型”（OSI/RM），使计算机网络体系结构实现了标准化。20 世纪 80 年代是计算机局域网和网络互连技术迅速发展的时期。局域网完全从硬件上实现了 ISO/OSI 协议，局域网与局域网互连、局域网与各类计算机互连及局域网与广域网互连的技术也日趋成熟。

④ 因特网阶段。20 世纪 90 年代，计算机技术、通信技术及计算机网络技术得到了迅猛发展。特别是 1993 年美国宣布建立国家信息基础设施（NII）后，许多国家开始纷纷制定和建立本国的 NII，这极大地推动了计算机网络技术的发展，使计算机网络技术进入了一个崭新的阶段，即因特网阶段。目前，高速计算机互联网络已经形成，它已经成为人类最重要的、最大的知识宝库。

5.2.2 计算机网络的基本概念

（1）计算机网络的概念

计算机网络是指将地理位置不同的具有独立功能的多台计算机及其外部设备，通过通信线路连接起来，在网络操作系统、网络管理软件及网络通信协议的管理和协调下，实现资源共享和信息传递的计算机系统。

从宏观角度看，计算机网络一般由资源子网和通信子网两部分构成，如图 5.14 所示。

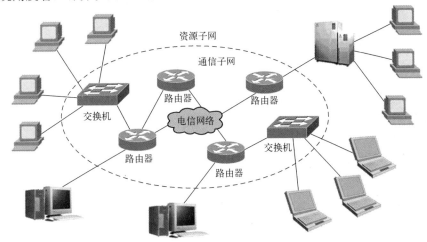

图 5.14 计算机网络的构成

① 资源子网。资源子网由网络中所有的计算机、I/O 设备和终端、各种网络协议、网络软件和数据库等组成，负责全网的信息处理，为网络用户提供网络服务和资源共享等功能。

② 通信子网。通信子网由通信线路、网络连接设备（如网络接口设备、通信控制处理机、网桥、路由器、交换机、网关、调制解调器和卫星地面接收站等）、网络通信协议和通信控制软件等组成，主要负责全网的数据通信，为网络用户提供数据传输、转接、加工和转换等通信处理功能。

（2）计算机网络的基本特征

根据网络的概念，计算机网络可分为如下 3 个特征。

① 连网的目的在于资源共享。可共享的资源包括硬件、软件和数据。

② 互连的计算机应该是独立计算机。连网的计算机可以连网工作也可以单机工作。如果一台计算机带多台终端和打印机，那么这种系统通常被称为多用户系统，而不是计算机网络。由一台主控机和多台从控机构成的系统是主从式系统，也不是计算机网络。

③ 连网计算机遵守统一的协议。计算机网络是由许多具有信息交换和处理能力的节点互连而成的。要使整个网络有条不紊地工作，要求每个节点必须遵守一些事先约定好的有关数据格式及时序等内容的规则。这些为实现网络数据交换而建立的规则、约定或标准就称为网络协议。

5.2.3 计算机网络的基本组成

根据网络的概念，计算机网络一般由 4 部分组成：计算机、通信线路、网络设备和网络软件。

1．计算机

连网计算机根据其作用和功能不同，可分为服务器和客户机两类。

服务器是整个网络系统的核心，它为网络用户提供服务并管理整个网络，在其上运行的操作系统是网络操作系统。随着局域网功能的不断增强，根据服务器在网络中所承担的任务和所提供的功能不同，服务器分为文件服务器、邮件服务器、打印服务器和通信服务器等。

客户机又称工作站，客户机与服务器不同，服务器为网络上许多用户提供服务和共享资源。客户机是用户和网络的接口设备，用户通过它可以与网络交换信息、共享网络资源。现在的客户机使用具有一定处理能力的个人计算机即可。

2．通信线路

通信线路也称传输介质，是数据信息在通信系统中传输的物理载体，是影响通信系统性能的重要因素。传输介质通常分为有线介质和无线介质两类。在衡量传输介质性能时有几个重要的概念：带宽、衰减损耗、抗干扰性。带宽决定了信号在传输介质中的传输速率；衰减损耗决定了信号在传输介质中能够传输的最大距离；抗干扰性决定了传输系统的传输质量。

（1）有线传输

① 双绞线。双绞线是最常用的传输介质，可以传输模拟信号或数字信号。双绞线是由两条相同的绝缘导线相互缠绕而形成的一对信号线，一条是信号线，另一条是地线，两条线缠绕的目的是降低相互之间的信号干扰程度。将多对双绞线放在一条导管中，便形成了由多对双绞线组成的电缆。

局域网中的双绞线分为两类：屏蔽双绞线（STP）与非屏蔽双绞线（UTP），如图 5.15 所示。屏蔽双绞线由外部保护层、屏蔽层与多对双绞线组成；非屏蔽双绞线由外部保护层与多对双绞线组成。屏蔽双绞线对电磁干扰具有较强的抵抗能力，适用于网络流量较高的高速网络，而非屏蔽双绞线适用于网络流量较低的低速网络。

（a）屏蔽双绞线　　　　　　　　　　（b）非屏蔽双绞线

图 5.15　双绞线

双绞线的衰减损耗较高，因此它不适用于远距离的数据传输。普通双绞线的传输距离限定在 100m 之内，一般传输速率为 100Mbps，在高速情况下可达到 1Gbps。

② 同轴电缆。同轴电缆由中心铜线、绝缘层、网状屏蔽层及塑料封套组成，如图 5.16 所示。按直径不同，同轴电缆可分为粗缆和细缆，一般来说，粗缆的功率损耗较小，传输距离较远，单根传输距离可达 500m；细缆的功率损耗较大，传输距离较短，单根传输距离为 185m。

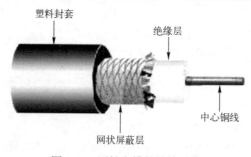

塑料封套

绝缘层

中心铜线

网状屏蔽层

图 5.16　同轴电缆的结构示意

同轴电缆最大的特点是可以在相对长的无中继器的线路上支持高带宽通信，并且屏蔽性能好，抗干扰能力强，数据传输稳定。目前，同轴电缆主要应用于有线电视网、长途电话系统及局域网之间的数据连接。其缺点是成本高，体积大，不能承受压力、缠结和严重的弯曲，而所有这些缺点正是双绞线能克服的。因此，在现在的局域网环境中，同轴电缆基本已被双绞线取代。

③ 光纤。光纤是光导纤维的简称，是一种利用光在玻璃或塑料制成的纤维中的全反射原理进行信号传递的光传导工具。光纤由纤芯、包层、涂覆层和套塑四部分组成，如图 5.17（a）所示。纤芯位于中心，是用高折射率的高纯度二氧化硅材料制成的，主要用于传送光信号；包层用掺有杂质的二氧化硅制成，其光折射率要比纤芯的折射率低，可使光信号在纤芯中产生全反射传输；涂覆层及套塑的主要作用是加强光纤的机械强度。

在实际工程应用中，光纤要制作成光缆。光缆一般由多条光纤绞制而成，纤芯数量可根据实际工程要求而绞制，如图 5.17（b）所示。光缆要有足够的机械强度，所以在光缆中用多股钢丝来充当加固件。有时还在光缆中绞制一对或多对铜线，用于电信号传送或作为电源线。

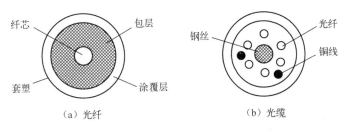

图 5.17 光纤与光缆

（2）无线传输

无线传输是利用电磁波信号可以在自由空间中传播的特性进行信息交换的一种通信方式，主要包括微波通信、卫星通信、无线通信等。

① 微波通信。微波是指频率为 300MHz～300GHz 的电磁波，是无线电波中一个有限频带的简称，即波长为 1mm～1m（不含 1m）的电磁波，是分米波、厘米波、毫米波的统称。微波沿着直线传播，具有很强的方向性，只能进行无障碍通信。因此，发射天线和接收天线必须精确地对准。由于微波在进行长距离传送时会发生衰减，因此每隔一段距离就需要建立一个中继站。

② 卫星通信。为了增加微波的传输距离，应提高微波收发器或中继站的高度。当将微波中继站放在人造卫星上时，便形成了卫星通信系统。

卫星通信可以分为两种方式：一种是点对点方式，即通过卫星将地面上的两个点连接起来；另一种是多点对多点方式，即一颗卫星接收几个地面站发来的数据信号，然后以广播的方式将所收到的信号发送给多个地面站。多点对多点方式主要应用于电视广播系统、远距离电话及数字通信系统。

卫星通信的优点是覆盖面积大、可靠性高、信道容量大、传输距离远、传输成本不随距离的增加而增大，主要适用于远距离的传输；缺点是卫星使用成本高、传播延迟高、受气候影响大、保密性较差。

③ 无线通信。无线通信是指多个通信设备之间以无线电波为介质并遵照某种协议实现信息的交换。比较流行的无线通信有无线局域网、蓝牙技术、蜂窝移动通信技术。无线局域网和蓝牙技术只能用于较小范围（10～100m）的数据通信。无线局域网主要采用 2.4GHz

频段，目前应用广泛的无线局域网标准是 IEEE802.11b、IEEE802.11g、IEEE802.11a。蓝牙是无线数据和语音传输的开放式标准，也采用 2.4GHz 频段，它采用无线方式将各种通信设备、计算机及其终端设备、各种数字系统及家用电器连接起来，从而实现各类设备之间随时随地的通信，传输范围为 10m 左右，最大数据传输速率可达 721kbps。蓝牙技术的应用范围越来越广泛。

3. 网络设备

网络设备包括用于网内连接的网络适配器、调制解调器、集线器、交换机和用于网间连接的中继器、路由器、网桥、网关等。

（1）网络适配器

网络适配器（简称网卡），用于实现连网计算机和网络电缆之间的物理连接，完成计算机信号格式和网络信号格式的转换。通常，网络适配器就是一块插件板，插在主机的扩展槽中并通过网线进行高速数据传输。在局域网中，每台连网计算机都需要安装一块或多块网卡，通过网卡将计算机接入网络。常见的网卡如图 5.18 所示。

（a）无线网卡　　　　　　（b）普通网卡　　　　　　（c）USB无线网卡

图 5.18　常见的网卡

（2）ADSL 调制解调器

ADSL（非对称用户数字环路）的一般接入方式如图5.19所示。计算机内的信息是数字信号，而电话线上传递的是模拟信号。所以，当两台计算机要通过电话线进行数据传输时，就需要使用一个设备（数模转换器）进行数据的数模转换，这个数模转换器就是 Modem。计算机在发送数据时，先由 Modem 把数字信号转换为相应的模拟信号，这个过程称为调制。经过调制的信号通过电话载波在电话线上传送，到达接收方后，由接收方的 Modem 负责把模拟信号还原为数字信号，这个过程称为解调。

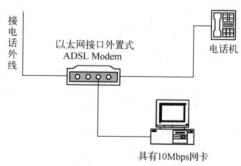

图 5.19　ADSL 的一般接入方式

ADSL Modem 是为 ADSL 提供数据调制和数据解调的设备，其上有一个 RJ-11 电话线端口和一个或多个 RJ-45 网线端口，支持最高下行 8Mbps 速率和最高上行 1Mbps 速率，抗干扰能力强，适合普通家庭用户使用。某些型号的产品还带有路由功能和无线功能。ADSL 采用离散多音频（DMT）技术，将原先电话线路的 0Hz～1.1MHz 频段以 5.3kHz 为单位划分成 256 个子频带，其中，4kHz 以下频段仍用于传送传统电话业务（POTS），20kHz～138kHz（不包括 138kHz）频段用于传送上行信号，138kHz（不包括 138kHz）～1.1MHz 频段用于传送下行信号。DMT 技术可根据线路的情况调整在每条信道上所调制的比特数，以便更充分地利用线路。

（3）集线器

集线器（Hub）属于局域网中的基础设备，如图 5.20 所示。集线器的主要功能是对接收到的信号进行再生整形放大，以增大网络的传输距离，同时把所有节点集中在以它为中心的节点上。集线器对收到的数据采用广播方式发送，当同一局域网内的主机 A 向主机 B 传输数据时，集线器将接收到的数据以广播方式传输给和集线器相连的所有计算机，每台计算机通过验证数据帧头的地址信息来确定是否接收，集线器广播工作方式如图 5.21 所示。也就是说，以集线器为中心进行数据传送时，同一时刻网络上只能传输一组数据帧，如果发生冲突则要重试，这种方式就是共享网络带宽。随着网络技术的发展，在局域网中，集线器已被交换机代替，目前，集线器仅应用于一些小型网络中。

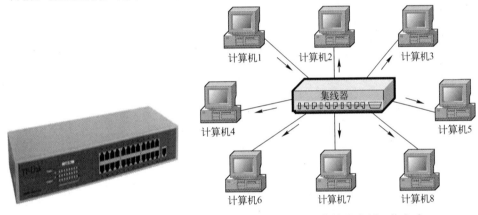

图 5.20　集线器　　　　　　　图 5.21　集线器广播工作方式

（4）交换机

交换机（Switch）是一种用于电信号转发的网络设备，如图 5.22 所示。它可以为接入交换机的任意两个网络节点提供独享的电信号通路。最常见的交换机是以太网交换机。在计算机网络系统中，交换概念的提出改进了共享工作模式。

图 5.22　交换机

交换机拥有一条带宽很高的背板总线和一个内部交换矩阵。交换机所有的端口都挂接在这条背板总线上，控制电路在收到数据帧以后，会查找地址映射表以确定目的计算机挂接在哪个端口上，通过内部交换矩阵迅速在数据帧的始发者和目标接收者之间建立临时的交换路径，使数据帧直接由源地址到达目的地址。

交换机的工作原理如图 5.23 所示，图中的交换机有 6 个端口，其中 1、4、5、6 端口分别连接节点 A、节点 B、节点 C、节点 D。那么交换机的"端口号/MAC 地址映射表"就可以根据以上端口号建立节点与 MAC 地址的对应关系。如果节点 A 与节点 D 同时要发送数据，那么它们可以分别在数据帧的目的地址字段（DA）中添加该数据帧的目的地址。例如，节点 A 要向节点 C 发送数据帧，那么该数据帧的目的地址 DA=节点 C；节点 D 要向节点 B 发送数据帧，那么该数据帧的目的地址 DA=节点 B。当节点 A、节点 D 同时通过交换机传送数据帧时，交换机的交换控制中心根据"端口号/MAC 地址映射表"的对应关系找出数据帧的目的地址的输出端口号，那么它就可以为节点 A 到节点 C 建立端口 1 到端口 5 的连接，同时为节点 D 到节点 B 建立端口 6 到端口 4 的连接。这种端口之间的连接可以根据需要同时建立多条，也就是说，可以在多个端口之间建立多条并发连接。

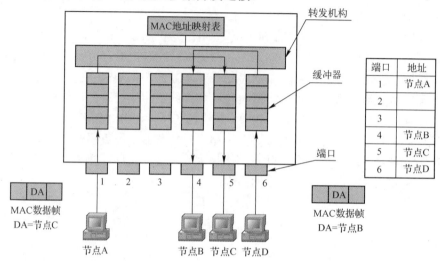

图 5.23 交换机的工作原理

目前，局域网交换机主要是针对以太网设计的。一般来说，局域网交换机有低交换传输延迟、高传输带宽、允许不同速率的端口共存、支持虚拟局域网服务等几个技术特点。交换机组网示意如图 5.24 所示。

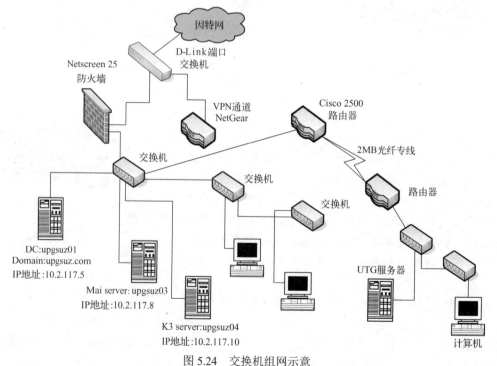

图 5.24 交换机组网示意

（5）中继器

中继器（Repeater）是网络物理层上的连接设备，用于连接完全相同的两类网络。受传输线路噪声的影响，承载信息的数字信号或模拟信号只能传输有限的距离，中继器的功能是对接收信号进行再生和发送，从而增加信号的传输距离。例如，以太网常常利用中继器增加总线的电缆长度，标准细缆以太网的每段长度最大为 185m，最多可有 5 段。因此，通过 4 个中继器将 5 段连接后，网络电缆长度最大可增加到 925m。

（6）路由器

路由器（Router）是因特网的主要节点设备。作为不同网络之间互相连接的枢纽，路由器系统构成了基于 TCP/IP 协议的因特网的骨架。路由器连网示意如图 5.25 所示。

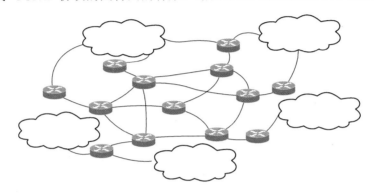

图 5.25　路由器连网示意

路由器通过路由选择决定数据的转发方向，它的处理速度是网络通信的主要瓶颈之一，它的可靠性将直接影响网络连接的质量。因此，在局域网乃至整个因特网研究领域中，路由器技术始终处于核心地位。

路由器的主要工作就是为经过路由器的每个数据寻找一条最佳的传输路径，并将该数据有效地传送到目的站点。选择最佳路径的策略是路由器的关键所在，为了完成这项工作，在路由器中保存着各种传输路径的相关数据（即路由表）。路由表保存了子网的标志信息、网上路由器的个数和下一个路由器的名字等内容。路由表可以由系统管理员事先设置好（静态路由表），也可以由系统动态修改（动态路由表）。

（7）网桥

网桥工作于数据链路层，网桥不但能够扩展网络的距离或范围，而且能够提高网络的性能、可靠性和安全性。通过网桥可以将多个局域网连接起来。网桥连网示意如图 5.26 所示。

当使用网桥连接两段局域网时，对于来自网段 1 的帧，网桥首先检查其终点地址，如果该帧是发往网段 1 上某站点的，网桥则不将帧转发到网段 2 上，而将其滤除；如果该帧是发往网段 2 上某站点的，网桥则将它转发到网段 2 上。这样可利用网桥隔离信息，将网络划分成多个网段，并隔离出安全网段，以防止其他网段内的用户非法访问。各个网段相对独立，所以一个网段出现故障不会影响另一个网段。

（8）网关

网关（Gateway）又称网间连接器、协议转换器。网关在高层（传输层以上）实现网络互联，是最复杂的网络互联设备，用于两个高层协议不同的网络互联。网关既可以用于广域网之间的互联，又可以用于局域网之间的互联。在使用不同的通信协议、数据格式或语言，甚至体系结构完全不同的两种系统之间，网关是一个翻译器，网关对收到的信息要重新打包，以适应目的系统的需求。同时，网关也可以提供过滤和安全功能。大多数网关运行在应用层上。

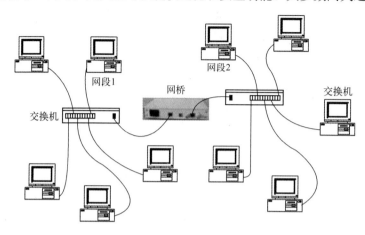

图 5.26　网桥连网示意

4．网络软件

网络软件在网络通信中扮演了极为重要的角色。网络软件可大致分为网络系统软件和网络应用软件两类。

（1）网络系统软件

网络系统软件控制和管理网络运行、提供网络通信和网络资源分配与共享功能，它为用户提供了访问网络和操作网络的友好界面。网络系统软件主要包括网络操作系统（NOS）和网络协议软件。

一个计算机网络拥有丰富的软硬件资源和数据资源，为了能使网络用户共享网络资源并实现通信，需要对网络资源和用户通信过程进行有效管理。实现这一功能的软件系统称为网络操作系统。常见的网络操作系统有 Microsoft 公司的 Windows 和 Sun 公司的 UNIX。

网络中的计算机之间交换数据必须遵守一些事先约定好的规则。这些为网络数据交换而制定的关于信息顺序、信息格式和信息内容的规则、约定与标准称为网络协议（Protocol）。目前常见的网络协议有 TCP/IP、SPX/IPX、OSI 和 IEEE802。其中，TCP/IP 协议是任何要连接因特网的计算机必须遵守的协议。

（2）网络应用软件

网络应用软件是指为某一个应用目的而开发的网络软件。网络应用软件既可用于管理和维护网络本身，又可用于某一个业务领域，如网络管理监控程序、网络安全软件、数字图书馆、Internet 信息服务、远程教学、远程医疗、视频点播等。网络应用的领域极为广泛，网络应用软件也极为丰富。

5.2.4　计算机网络的分类

1．拓扑结构

为了描述网络中节点之间的连接关系，人们将节点抽象为点，将线路抽象为线，进而得到一个几何图形，称为该网络的拓扑结构。不同的网络拓扑结构对网络性能、系统可靠性和通信费用的影响不同。计算机网络中常见的拓扑结构有总线型、星形、环形、网状和树状，如图 5.27 所示。

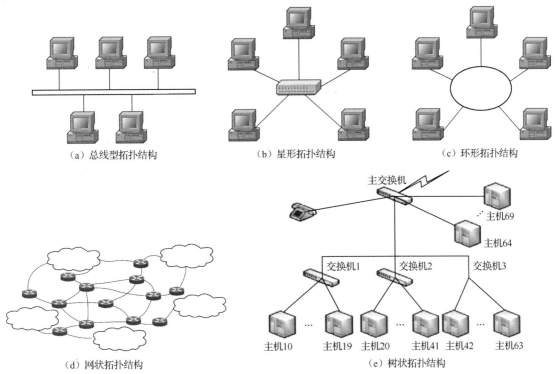

（a）总线型拓扑结构　　　　（b）星形拓扑结构　　　　（c）环形拓扑结构

（d）网状拓扑结构　　　　　　（e）树状拓扑结构

图 5.27　计算机中常见的拓扑结构

其中，总线型、环形、星形拓扑结构常用于局域网中，网状拓扑结构常用于广域网中。

（1）总线型拓扑结构

总线型拓扑结构通过一条传输线路将网络中的所有节点连接起来，这条线路称为总线。网络中的各节点都通过总线进行通信，在同一时刻只能允许一对节点占用总线进行通信。

（2）星形拓扑结构

星形拓扑结构中的各节点都与中心节点相连接，呈辐射状排列在中心节点周围。网络中任意两个节点之间的通信都要通过中心节点进行转接。单个节点出现故障不会影响网络中的其他部分，但中心节点出现故障将导致整个网络瘫痪。

（3）环形拓扑结构

环形拓扑结构中的各节点首尾相连形成一个闭合的环，环中的数据沿环单向逐站传输。网络中的任意一个节点或一条传输介质出现故障都将导致整个网络出现故障。

（4）网状拓扑结构

网状拓扑结构中的每个节点都有多条路径与网络相连，如果一条线路出现故障，则路由器通过路由选择可找到替换线路，网络仍然能正常工作。这种结构可靠性强，但网络控制和路由选择较复杂，广域网采用的是网状拓扑结构。

（5）树状拓扑结构

树状拓扑结构由星形拓扑结构演变而来，其结构图看上去像一棵倒立的树。树状拓扑结构是分层结构，具有根节点和分支节点，适用于分级管理和控制系统。

2．基本分类

虽然网络类型划分的标准各种各样，但根据地理范围划分是一种大家都认可的通用网络划分标准。按这种标准可以把网络类型分为局域网、城域网和广域网三种。不过要说明的一点是，网络类型划分并没有严格意义上地理范围的区分，只是一个定性的概念。

局域网（LAN）是最常见、应用最广泛的一种网络。局域网覆盖的地理范围较小，所涉及的地理距离一般来说可以是几米至 10 千米以内。这种网络的特点是连接范围窄、用户数量少、配置容易、连接速率高。目前局域网最快的速率是 10Gbps。IEEE 的 802 标准委员会定义了多种主要的局域网：以太网（Ethernet）、令牌环网（Token Ring）、光纤分布式接口网络（FDDI）、异步传输模式网（ATM）及无线局域网（WLAN）。其中，使用最广泛的是以太网。

城域网（MAN）是在一个城市范围内所建立的计算机通信网络。这种网络的连接距离在几十千米左右，它采用的是 IEEE802.6 标准。城域网的一个重要用途是作为骨干网。城域网以 IP 技术和 ATM 技术为基础，以光纤为传输媒介，将位于不同地点的主机、数据库及局域网等连接起来，实现集数据、语音、视频服务于一体的多媒体数据通信。城域网满足了城市范围内政府机构、金融保险、大中小学校、企业等单位对高速率、高质量数据通信业务日益旺盛的需求。

广域网（WAN）也称远程网（如 ChinaNet、ChinaPAC 和 ChinaDDN 等），所覆盖的范围比城域网更广，可从几百千米到几千千米，用于不同城市之间的局域网或城域网的互联。因为距离较远，信息衰减比较严重，所以广域网一般要租用专线，通过 IMP（接口信息处理）协议和线路连接起来，构成网状结构。早期广域网的速率较低（广域网的典型速率是从 56kbps 到 155Mbps），现在已有 622Mbps、2.4Gbps 甚至更高速率的广域网。

5.3 局域网简介

局域网广泛应用于学校、企业、机关、商场等机构，为这些机构的信息技术应用和资源共享提供了良好的服务平台。局域网的典型拓扑结构有总线型、星形、环形。

5.3.1 以太网

1. 传统以太网

以太网是 20 世纪 70 年代由 Xerox 公司创建并由 Xerox、Intel 和 DEC 公司联合开发的基带局域网规范。以太网的网络拓扑结构为总线型，使用同轴电缆作为传输介质，采用带有冲突检测的载波多路访问机制（CSMA/CD）控制共享介质的访问，数据传输速率为 10Mbps。如今的以太网一般是指各种采用 CSMA/CD 技术的局域网，使用最多的网络拓扑结构是以双绞线为传输介质、以集线器为中央节点的星形拓扑结构。

当以太网中的多个节点（计算机节点或设备节点）共享一条传输链路时，需要通过 CSMA/CD 技术实现共享介质的访问控制，这种技术的工作方式如图 5.28 所示。

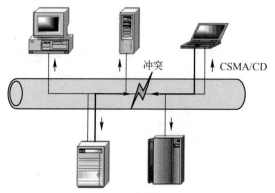

图 5.28 CSMA/CD 技术的工作方式

CSMA/CD 技术的控制过程包含四个阶段：侦听、发送、检测、冲突处理。

① 侦听。通过专门的检测机构，在站点准备发送数据前先侦听总线上是否有数据正在传送（线路是否忙）。若"忙"，则等待一段时间后再继续尝试；若"闲"，则决定如何发送。

② 发送。当确定要发送数据后，通过发送机构向总线发送数据。

③ 检测。当数据被发送后，可能会发生数据冲突。因此，主机在发送数据的同时继续检测信道以确定所发出的数据是否与其他数据发生冲突，即边发送、边检测，以判断是否有冲突。

④ 冲突处理。若发送数据后没有发生冲突，则表明本次发送成功。若确认发生冲突，则进入冲突处理程序。有以下两种冲突情况。

若在侦听中发现线路忙，则等待一段时间后再次侦听，若仍然忙，则继续等待，直到可以发送数据为止。每次等待的时间不一致，由退避算法确定等待时间。

在发送过程中若发现数据碰撞，则先发送阻塞信息，强化冲突，再进行侦听工作，以待下次重新发送。

CSMA/CD 技术的优点在于管理简单、维护方便，适用于通信负荷小的环境。当通信负荷增大时，冲突发生的概率也会增大，网络效率将急剧下降。

2．交换式以太网

在传统以太网中，采用集线器作为中央节点，但集线器不能作为大规模局域网的选择方案。交换式局域网的核心设备是交换机，交换机可以在多个端口之间建立多个并发连接，解决了共享介质的互斥访问问题。这种将主机直接与交换机端口连接的以太网称为交换式以太网，主机连接在以太网交换机的各个端口上，主机之间不再发生冲突，也不需要 CSMA/CD 技术来控制链路的争用。

交换机比传统的集线器提供的带宽更大，从根本上改变了局域网共享介质的结构，大大提高了局域网的性能。

5.3.2　无线局域网

无线局域网（WLAN）采用无线通信技术代替传统的电缆，实现了家庭、办公室、大楼内部及园区内部的数据传输。

1．常见协议

WLAN 采用的主要标准为 IEEE802.11，覆盖范围从几十米到上百米，数据传输速率最高只能达到 2Mbps。由于它在数据传输速率和传输距离上都不能满足人们的需要，因此，IEEE 小组于 1999 年又相继推出了 IEEE802.11b 和 IEEE802.11a 两个新标准。

IEEE802.11b 标准是所有无线局域网标准中普及最广的标准，其载波的频率为 2.4GHz，数据传输速率为 11Mbps。IEEE802.11b 标准的后继标准是 IEEE802.11g，其数据传输速率为 54Mbps，支持更长的数据传输距离。

IEEE802.11a 标准工作在 5GHz 频带上，数据传输速率可达 54Mbps，可提供 25Mbps 的无线 ATM 接口和 10Mbps 的以太网无线帧结构接口，支持语音、数据、图像等数据的传输。

2．常见结构

无线局域网有两种拓扑结构：基础网络模式和自组网络模式。

① 基础网络模式由无线网卡、无线接入点（AP）、计算机和有关设备组成。一个典型的无线局域网如图 5.29 所示。AP 是数据发送和接收设备，称为接入点。通常，一个 AP 能够在

几十米至上百米的范围内连接多个无线用户。

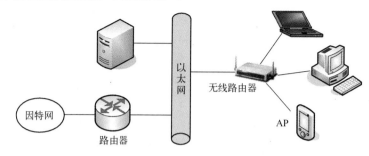

图 5.29　一个典型的无线局域网

② 自组网络模式的局域网不需要借助接入设备，网络中的无线终端通过相邻节点与网络中的其他终端实现数据通信。

5.4　因特网基础

任何网络只有与其他网络相互连接，才能使不同网络上的用户相互通信，以实现更大范围的资源共享和信息交流。通过相关设备，将全世界范围内的计算机网络相互连接起来形成一个范围涵盖全球的网络，这就是因特网。

5.4.1　基本概念

1．因特网体系结构

因特网的核心协议是 TCP/IP 协议，此协议也是实现全球性网络互联的基础。TCP/IP 协议采用分层化的体系结构，共分为 5 个层次，分别是物理层、数据链路层、网络层、传输层、应用层，每层都有相应的数据传输单位和不同的协议。因特网体系结构如图 5.30 所示。

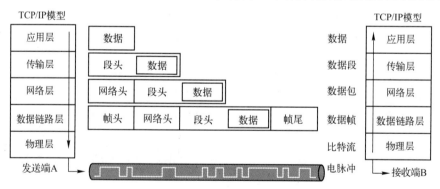

图 5.30　因特网体系结构

TCP/IP 协议的名称来源于因特网层次模型中的两个重要协议：工作于传输层的 TCP（Transmission Control Protocol）协议和工作于网络层的 IP（Internet Protocol）协议。网络层的功能是在不同网络之间以统一的数据分组格式传递数据信息和控制信息，从而实现网络互联。传输层的主要功能是对网络中传输的数据分组提供必要的传输质量保障。应用层可以实现多种网络应用服务，如 Web 服务、文件传输服务、电子邮件服务等。

因特网中数据传输的基本过程如下。

① 发送端 A。应用层负责将要传递的信息转换成数据流。传输层将应用层提供的数据流进行分段，称为数据段（段头+数据），段头主要包含该数据由哪个应用程序发出、使用什么协议传输等控制信息，传输层将数据段传给网络层。网络层将传输层提供的数据段封装成数据包（网络头+数据段），网络头包含源 IP 地址、目标 IP 地址、使用什么协议等控制信息，网络层将数据包传输给数据链路层。数据链路层将数据封装成数据帧（帧头+数据包），帧头包含源 MAC 地址、目标 MAC 地址、使用什么协议进行封装等控制信息，数据链路层将数据帧传输给物理层形成比特流，物理层将比特流转换成电脉冲通过传输介质发送出去。

② 接收端 B。物理层将电信号转变为比特流，提交给数据链路层。数据链路层读取该数据帧的帧头信息，如果是发给自己的，则去掉帧头，并交给网络层处理；如果不是发给自己的，则丢弃该数据帧。网络层读取数据包头的信息，检查目标地址，如果是自己的，则去掉数据包头交给传输层处理；如果不是，则丢弃该包。传输层根据数据段头中的端口号传输给应用层某个应用程序。应用层读取数据段头信息，决定是否进行数据转换、加密等操作。最后接收端 B 获得了发送端 A 发送的信息。

（1）网络层协议

网络层的主要协议是 IP 协议，它是建造大规模异构网络的关键协议，各种不同的物理网络（如各种局域网和广域网）通过 IP 协议能够互联起来。因特网中的所有节点（主机和路由器）都必须运行 IP 协议。为了能够统一不同网络技术数据传输所用的数据分组格式，因特网采用统一 IP 分组（称为 IP 数据报）在网络之间进行数据传输。在通常情况下，这些数据分组并不是直接从源节点传输到目的节点的，而是通过由因特网路由器连接的不同的网络和链路传输到目的节点的。

IP 协议的工作过程如图 5.31 所示。

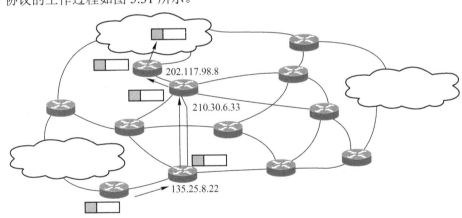

图 5.31　IP 协议的工作过程

IP 协议以 IP 数据报的分组格式从发送端穿过不同的物理网络，经路由器选路和转发最终到达目的端。例如，源主机发送一个到达目的主机的 IP 数据报，其过程为：IP 协议查找路由表，找到下一个地址应该发往路由器 135.25.8.22（路由器 1），IP 协议将 IP 数据报转发到路由器 1，路由器 1 收到 IP 数据报，提取 IP 数据报中的目的地址的网络号，在路由表中查找到目的网络应该发往路由器 210.30.6.33（路由器 2），IP 协议将 IP 数据报转发到路由器 2，路由器 2 收到 IP 数据报，提取 IP 数据报中的目的地址的网络号，在路由表中查找到目的网络应该发往路由器 202.117.98.8（路由器 3），IP 协议将 IP 数据报转发给路由器 3，路由器 3 收到

IP 数据报后将 IP 数据报转发到目的主机。

（2）传输层协议

IP 数据报在传输过程中可能出现分组丢失、传输差错等错误。想要保证网络中数据传送的正确性，应该设置另一种协议，这种协议应该能够准确地将从网络中接收的数据递交给不同的网络应用程序，并能够在必要时为网络应用提供可靠的数据传输服务质量，这就是工作于传输层的 TCP 协议和 UDP 协议（用户数据报协议）。这两种协议的区别在于，TCP 协议对所接收的 IP 数据报能够通过差错校验、确认重传及流量控制等控制机制实现端系统之间可靠的数据传输；而 UDP 协议并不能为端系统之间提供这种可靠的数据传输服务，其唯一的功能就是在接收端将从网络中接收到的数据递交给不同的网络应用程序，提供一种最基本的服务。

（3）应用层协议

应用层中不同的协议提供不同的服务，常见的有以下几种。

① DNS 协议：用于将域名映射成 IP 地址。

② SMTP 与 POP3 协议：用于收发邮件。

③ HTTP 协议：用于传输浏览器使用的普通文本、超文本、音频和视频等数据。

④ TELNET 协议：用于把本地的计算机仿真成远程系统的终端使用的远程计算机。

⑤ FTP 协议：用于网络中计算机之间的双向文件传输。

2．IP 地址

因特网中的主机之间想要正确地传送信息，则每台主机必须有唯一的区分标志。IP 地址就是给每台连接在因特网上的主机分配的一个区分标志。按照 IPv4 协议的规定，每个 IP 地址用 32 位二进制数来表示。

（1）IPv4 协议的 IP 地址

32 位的 IP 地址由网络号和主机号组成。IP 地址中网络号的位数、主机号的位数取决于 IP 地址的类别。为了便于书写，人们经常用点分十进制数表示 IP 地址，即每 8 位二进制数写成一个十进制数，中间用"."作为分隔符，如 11001010 01110101 01100010 00001010 可以写成 202.117.98.10。

IP 地址分为 A、B、C、D、E 5 类，如图 5.32 所示。

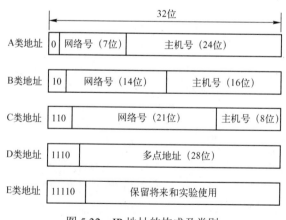

图 5.32　IP 地址的构成及类别

① A 类 IP 地址。一个 A 类 IP 地址以 0 开头，后面跟 7 位网络号，最后是 24 位主机号。如果用点分十进制数表示，则 A 类 IP 地址由 1 字节的网络地址和 3 字节的主机地址组成。A 类 IP 地址适用于大规模网络，全世界 A 类 IP 地址只有 126 个（全 0、全 1 不分），每个网络

所能容纳的计算机数为 16 777 214 台（2^{24}–2 台，全 0、全 1 不分）。

②　B 类 IP 地址。一个 B 类 IP 地址以 10 开头，后面跟 14 位网络号，最后是 16 位主机号。如果用点分十进制数表示，则 B 类 IP 地址由 2 字节的网络地址和 2 字节的主机地址组成。B 类 IP 地址适用于中等规模的网络，每个网络所能容纳的计算机数为 65 534 台（2^{16}–2 台，全 0、全 1 不分）。

③　C 类 IP 地址。一个 C 类 IP 地址以 110 开头，后面跟 21 位网络号，最后是 8 位主机号。如果用点分十进制数表示，则 C 类 IP 地址由 3 字节的网络地址和 1 字节的主机地址组成。C 类 IP 地址数量较多，适用于小规模的局域网络，每个网络最多可以包含 254 台计算机（2^8–2 台，全 0、全 1 不分）。

④　D 类 IP 地址。D 类 IP 地址以 1110 开头，它是一个专门保留的地址。它并不指向特定的网络，目前这一类地址被用在多点广播中。多点地址用来一次寻址一组计算机，它标志共享同一协议的一组计算机，地址范围为 224.0.0.1～239.255.255.254。

⑤　E 类 IP 地址。E 类 IP 地址以 11110 开头，保留将来和实验使用。

（2）子网掩码

子网掩码又叫网络掩码，子网掩码不能单独存在，它必须结合 IP 地址一起使用。子网掩码只有一个作用，就是表明一个 IP 地址中哪些位是网络号，哪些位是主机号。子网掩码的长度是 32 位，左边是网络位，用二进制数 1 表示，1 的数目等于网络位的长度；右边是主机位，用二进制数 0 表示，0 的数目等于主机位的长度。A 类 IP 地址的默认子网掩码为 255.0.0.0；B 类 IP 地址的默认子网掩码为 255.255.0.0；C 类 IP 地址的默认子网掩码为 255.255.255.0。

例如，某公司申请到了一个 B 类网络的 IP 地址分发权，网络号为 10001010 00001010，这意味着该网络拥有的主机数为 2^{16}–2=65 534 台，其主机号可以从 00000000 00000001 编到 11111111 11111110，这些主机都使用同一个网络号，这样的网络是难以管理的。因特网采用将一个网络划分成若干个子网的技术解决了这个问题，基本思想是把具有这个网络号的 IP 地址划分成若干个子网，每个子网具有相同的网络号和不同的子网号。例如，可以将 65 534 个主机号按前 8 位是否相同分成 256 个子网，则每个子网中含有 254 个主机号。假设现在从子网号为 10100000 的子网中获得了一个主机号 00001010，则对应的 IP 地址为 10001010 00001010 10100000 00001010，用点分十进制数表示为 138.10.160.10，如果将该 IP 地址传给 IP 协议，IP 协议如果按默认方式理解，将认为该 IP 地址的主机号为 16 位，和实际不符，这时就需要告诉 IP 协议划分了子网，需要设置子网掩码为 255.255.255.0。

例如，有一个 IP 地址为 202.158.96.238，对应的子网掩码为 255.255.255.240。由子网掩码可知，该网络的网络号为 28 位，是 202.158.96.224，主机号为 4 位，是 14。

（3）特殊的 IP 地址

在总数为 40 多亿个可用的 IP 地址中，还有一些常见的有特殊意义的 IP 地址。

①　0.0.0.0：表示的是所有不清楚的主机和目的网络。这里的"不清楚"是指在本机的路由表中没有特定条目指明如何到达。如果在网络设置中设置了默认网关，那么 Windows 会自动产生一个目的地址为 0.0.0.0 的默认路由。

②　255.255.255.255：限制广播地址。对本机来说，这个地址是指本网段内的所有主机。这个地址不能被路由器转发。

③　127.0.0.1：本机地址，主要用于测试。在 Windows 中，这个地址有一个别名，即 localhost。

④　224.0.0.1：组播地址，从 224.0.0.0 到 239.255.255.255 都是这样的地址。224.0.0.1 特

指所有主机，224.0.0.2 特指所有路由器。这种地址多用于一些特定的程序及多媒体程序中，如果主机开启了 IRDP（Internet 路由发现协议，使用组播功能）功能，那么主机路由表中应该有这样一条路由。

⑤ 10.x.x.x、172.16.x.x～172.31.x.x、192.168.x.x：私有地址，这些地址被大量用于企业内部网络中。一些宽带路由器经常使用 192.168.1.1 作为默认地址。使用私有地址的私有网络在接入因特网时，系统需要使用地址翻译工具将私有地址翻译成公用合法地址。在因特网中，这类地址是不能出现的。

（4）IP 地址的申请与分配

所有的 IP 地址都由国际组织 NIC（Network Information Center）负责统一分配，目前全世界共有三个这样的网络信息中心：ENIC 负责欧洲地区，APNIC 负责亚太地区，InterNIC 负责其他地区。我国申请 IP 地址要通过 APNIC，APNIC 的总部设在澳大利亚的布里斯班。当申请时用户要考虑申请哪一类 IP 地址，然后向国内的代理机构提出申请即可。

3．域名系统

通过 TCP/IP 协议进行数据通信的主机或网络设备都要拥有一个 IP 地址，但 IP 地址不便于记忆。为了便于使用，常常赋予某些主机（特别是提供服务的服务器）能够体现其特征和含义的名称，即主机的域名。

（1）域名的层次结构

域名系统（Domain Name System，DNS）提供一种分布式的层次结构，位于顶层的域名称为顶级域名，顶级域名有两种划分方法：按地理区域划分和按组织结构划分。域名的层次结构如图 5.33 所示。

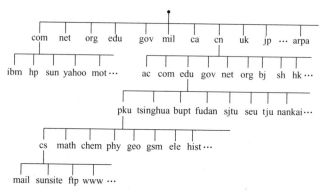

图 5.33　域名的层次结构

地理域名是为国家或地区设置的，如中国是 cn、美国是 us、日本是 jp 等。机构类域名定义了不同的机构分类，包括 com（商业组织）、edu（教育机构）、gov（政府机构）、ac（学术机构）等。顶级域名下又定义了二级域名，例如，中国的顶级域名 cn 下又设立了 com、net、org、gov、edu 等机构类二级域名，以及按照各个行政区域划分的地理域名，如 bj（北京）、sh（上海）等。采用同样的思想可以继续定义三级或四级域名。域名的层次结构可以看成一个树状结构，在一个完整的域名中，树叶到树根的路径之间用 "." 来分隔，如 www.nwu.edu.cn 就是一个完整的域名。

（2）域名解析

在传送网络数据时，需要使用 IP 地址进行路由选择，系统无法识别域名，因此必须有一

种翻译机制,能将用户要访问的服务器的域名翻译成对应的 IP 地址。为此因特网提供了 DNS,
DNS 的主要任务是为客户提供域名解析服务。

　　DNS 将整个因特网的域名分成许多可以独立管理的子域,每个子域由自己的域名服务器
负责管理。这就意味着域名服务器维护其管辖子域的所有主机域名与 IP 地址的映射信息,并
且负责向整个因特网用户提供包含在该子域中的域名解析服务。基于这种思想,因特网的 DNS
有许多分布在全世界不同地理区域,由不同管理机构负责管理的域名服务器。全世界共有十
几台根域名服务器,其中,大部分位于北美洲,这些根域名服务器的 IP 地址向所有因特网用
户公开,是实现整个域名解析服务的基础。

　　例如,在如图 5.34 所示的 DNS 服务器的分层中,管辖所有顶级域名 com、edu、gov、
cn、uk 等的域名服务器也被称为顶级域名服务器;顶级域名服务器下面还可以连接多层域
名服务器,如管理顶级域名 cn 的服务器可以提供管理其下级域名(如"com.cn""edu.cn"
等)服务器的地址。

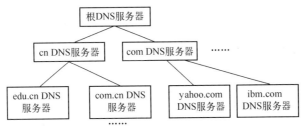

图 5.34　DNS 服务器的分层

　　域名解析的过程如图 5.35 所示,当客户机以域名方式提出 Web 服务请求后,首先要向
DNS 服务器请求域名解析服务,只有在得到所请求的 Web 服务器的 IP 地址之后,才能向该
Web 服务器提出 Web 请求。

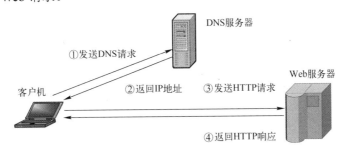

图 5.35　域名解析的过程

　　(3)域名的授权机制

　　顶级域名由因特网编号分配机构直接管理和控制,其负责注册和审批新的顶级域名及委
托并授权其下一级管理机构控制和管理顶级以下的域名。该机构还负责根和顶级域名服务器
的日常维护工作。中国互联网络信息中心(CNNIC)是我国域名注册管理机构和域名根服务
器运行机构。中国互联网络信息中心负责运行和管理国家顶级域名.CN、中文域名系统、通用
网址系统及无线网址系统,以专业的技术为全球用户提供不间断的域名注册、域名解析和
Whois 查询服务。因特网始于美国,DNS 是最早在美国国内开始向公共网络用户服务的,当
然也是美国的组织机构最早向 ICANN 申请域名注册的,当 ICANN 意识到需要使用地域标记来
扩展越来越多的域名需求时,许多美国的组织机构已经注册并使用了这些不需要地域标记的域

名，因此，大部分美国的企业和组织所使用的域名并不需要加上代表美国的地域标记"us"。

5.4.2 基本服务

因特网采用客户机/服务器（Client /Server）应用模式，其工作过程如图 5.36 所示。在通常情况下，一台客户机启动与某台服务器的对话。服务器通常是等待客户机请求的一个自动程序。客户机通常作为某个用户请求或类似于用户的某个程序提出的请求而运行。协议是客户机请求服务器和服务器如何应答请求的各种方法的定义。

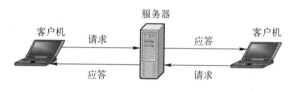

图 5.36　因特网的工作过程

1. WWW 服务

万维网（World Wide Web，WWW）是一个以因特网为基础的庞大的信息网络，它将因特网上提供各种信息资源的万维网服务器（也称 Web 服务器）连接起来，使得所有连接在因特网上的计算机用户能够方便、快捷地访问自己喜欢的内容。WWW 服务的组成部分包括提供 Web 信息服务的 Web 服务器、从 Web 服务器获取各种 Web 信息的浏览器、定义服务器和浏览器之间交换数据信息规范的 HTTP 协议及 Web 服务器所提供的网页文件。

（1）Web 服务器与浏览器

服务器是指一个管理资源并为用户提供服务的程序，通常分为文件服务器、数据库服务器和应用程序服务器。运行程序的计算机或计算机系统也被称为服务器，相对于普通计算机来说，服务器（计算机系统）在稳定性、安全性、性能等方面的要求会更高。因此，服务器中的 CPU、芯片组、内存、磁盘系统、网络等硬件和普通计算机有所不同。

这里所说的 Web 服务器是一个程序，运行在服务器计算机中，主要任务是管理和存储各种信息资源，并负责接收来自不同客户端的服务请求。针对客户端提出的各种服务请求，Web 服务器经过相应的处理后返回信息，使得客户端通过浏览器能够看到相应的结果。

Web 客户端可以通过各种 Web 浏览器程序实现，浏览器可以显示 Web 服务器或文件系统的 HTML 文件内容，并让用户与这些文件进行交互。浏览器的主要任务是接收用户计算机的 Web 请求，并将这个请求发送给相应的 Web 服务器，当接收到 Web 服务器返回的 Web 信息时，负责显示这些信息。大部分浏览器除了支持 HTML，还支持 JPEG、PNG、GIF 等图像格式，并且能够扩展支持众多的插件。常用的 Web 浏览器有 Microsoft Internet Explorer、Netscape Navigator 和 Firefox。

（2）URL

浏览器中的服务请求是通过浏览器地址栏中的一个统一资源定位符（Uniform Resource Locator，URL）超链接提出的。统一资源定位符是用于完整地描述因特网上网页和其他资源的地址的一种标志方法。因特网上的每个网页都具有一个唯一的名称标志，通常称为 URL，简单地说，URL 就是 Web 地址，俗称网址。

URL 由协议类型、主机名和路径及文件名三部分组成，基本格式为协议类型://主机名/路径及文件名，如 http://www.nwu.edu.cn/index.html。

协议是指网络所使用的传输协议，最常用的是 HTTP 协议，它也是目前万维网中应用最广的协议，用户还可以指定的协议有 FTP、GOPHER、TELNET、FILE 等。

主机名是指存放资源的服务器的域名或 IP 地址。有时，在主机名前可以包含连接到服务器所需的用户名和密码。

路径是由零个或多个 "/" 符号隔开的字符串，用来表示主机上的一个目录或文件地址。文件名则是所要访问的资源的名字。

（3）超文本传输协议

万维网的另一个重要组成部分是超文本传输协议（HTTP），它定义了 Web 服务器和浏览器之间信息交换的格式规范。运行在不同操作系统上的用户浏览器程序和 Web 服务器程序通过 HTTP 协议实现彼此之间的信息交流和理解。HTTP 协议是一种非常简单而直观的网络应用协议，主要定义了两种报文格式：一种是 HTTP 请求报文，定义了用户浏览器向 Web 服务器请求 Web 服务时所使用的报文格式；另一种是 HTTP 响应报文，定义了 Web 服务器将响应的信息文件返回用户浏览器所使用的报文格式。

（4）Web 网页

网页是构成网站的基本元素，是承载各种网站应用的平台。Web 网页采用超文本标记语言（HTML）格式书写，由多个对象构成，如 HTML 文件、JPEG 图像、GIF 图像、Java 程序、语音片段等。不同网页之间通过超链接进行联系。网页有多种分类，通常可分为静态网页和动态网页。静态网页的文件扩展名多为.htm 或.html，动态网页的文件扩展名多为.php 或.asp。

静态网页由标准的超文本标记语言构成，不需要通过服务器或用户浏览器运算或处理生成。这就意味着用户对一个静态网页发出访问请求后，服务器只是简单地将该文件传输到客户端。所以，静态页面多通过网站设计软件来进行设计和更改，相对比较滞后。动态网页是在用户请求 Web 服务的同时由两种方式即时产生：一种方式是由 Web 服务器解读来自用户的 Web 服务请求，通过运行相应的处理程序，生成相应的 HTML 响应文档，并返回用户；另一种方式是服务器将生成动态 HTML 网页的任务留给用户浏览器，在响应给用户的 HTML 文档中嵌入应用程序，由用户浏览器解释并运行这部分程序以生成相应的动态页面。

静态网页是网站建设的基础，静态网页和动态网页之间并不矛盾，各有特点。网站采用动态网页还是静态网页主要取决于网站的功能需求和网站内容的多少，如果网站功能比较简单，内容更新量不是很大，采用纯静态网页的方式会更简单，反之则要采用动态网页方式来实现。在同一个网站上，动态网页内容和静态网页内容同时存在也是常见的事情。

2．电子邮件服务

电子邮件（E-mail）也是因特网常用的服务之一，利用电子邮件可以传输各种格式的文本及图像、声音、视频等信息。

（1）电子邮件系统的构成

电子邮件服务采用客户机/服务器的工作模式，一个电子邮件系统包含三部分：用户主机、邮件服务器和电子邮件协议。

用户主机运行用户代理 UA，通过它来撰写信件、处理来信（使用 SMTP 协议将用户的邮件传送到它的邮件服务器，用 POP 协议从邮件服务器读取邮件到用户的主机）、显示来信。

邮件服务器运行传送代理 MTA，邮件服务器设有邮件缓存和用户邮箱。邮件服务器的主要作用有两点：一是接收本地用户发送的邮件，并存储于邮件缓存中待发，由 MTA 定期扫描发送；二是接收发给本地用户的邮件，并将邮件存放在收信人的邮箱中。

（2）邮件地址

很多站点提供免费的电子邮箱，只要能访问这些站点的免费电子邮箱服务网页，用户就可以免费建立并使用自己的电子邮箱。每个电子邮箱都有唯一的地址，电子邮箱的地址格式为收信人用户名@邮箱所在的主机名。例如，zhang8808@126.com 表示用户 zhang8808 在主机名为 "126.com" 的邮件服务器上申请了邮箱。

（3）邮件的收发

发送与接收电子邮件有两种方式：基于 Web 方式的邮件访问协议和客户端软件方式。基于 Web 方式的邮件访问协议（如 www.126.com）是指用户使用超文本传输协议 HTTP 访问电子邮件服务器的邮箱，在该电子邮件系统网址上输入用户的用户名和密码，进入用户的电子邮箱，然后处理用户的电子邮件。这种方式使用方便，但速度比较慢。客户端软件方式是指用户通过一些安装在个人计算机上的支持电子邮件基本协议的软件使用和管理电子邮件。这些软件（如 Microsoft Outlook 和 Foxmail）往往融合了先进、全面的电子邮件功能，利用这些客户端软件，用户可以进行远程电子邮件操作，还可以同时处理多个账号的电子邮件，而且这种方式速度比较快。

邮件的收发过程如图 5.37 所示。

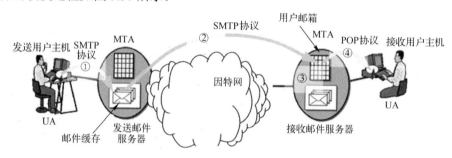

图 5.37　邮件的收发过程

① 发送用户主机调用 UA 撰写邮件，并通过 SMTP 协议将用户的邮件交付到发送邮件服务器，发送邮件服务器将用户的邮件存储于邮件缓存中，等待发送。

② 发送邮件服务器每隔一段时间对邮件缓存进行扫描，如果发现有待发送邮件就通过 SMTP 协议发向接收邮件服务器。

③ 接收邮件服务器接收到邮件后，将它们放入收信人的邮箱中，等待用户随时读取。

④ 接收用户主机通过 POP 协议从用户邮箱中检索邮件，下载后可以阅读及处理邮件。

3．文件传输服务

（1）FTP 工作模式

与大多数因特网服务一样，FTP 也是一个客户机/服务器系统。用户通过一个支持 FTP 协议的客户机程序连接到远程主机上的 FTP 服务器程序。用户通过客户机程序向服务器程序发出命令，服务器程序执行用户所发出的命令，并将执行的结果返回客户机。FTP 服务主要用于下载共享软件。在使用 FTP 服务时，用户经常遇到两个概念：下载（Download）和上传（Upload）。下载文件就是从远程主机复制文件至自己的计算机上；上传文件就是将文件从自己的计算机中复制至远程主机上。

用户在访问 FTP 服务器之前必须先登录，在登录时需要用户给出其在 FTP 服务器上的合法账号和密码，但很多用户没有获得合法账号和密码，这就限制了共享资源的使用。所以，许多 FTP 服务器支持匿名 FTP 服务，匿名 FTP 服务不再验证用户的合法性，为了安全，大多数匿名 FTP 服务器只允许下载、不允许上传。

（2）FTP 客户程序

需要进行远程文件传输的计算机必须安装和运行 FTP 客户程序。常见的 FTP 客户程序有三种类型：FTP 命令、浏览器和下载软件。

① FTP 命令。在安装 Windows 时，用户通常都安装了 TCP/IP 协议，其中就包含了 FTP 命令，但是该命令是基于字符界面而不是图形界面的，用户必须以命令提示符的方式进行操作。FTP 命令是因特网用户使用最频繁的命令，无论是在 Windows 还是在 UNIX 下使用 FTP 命令都会遇到大量的 FTP 内部命令。熟悉并灵活应用 FTP 的内部命令，可以达到事半功倍的效果。但其命令众多，格式复杂，普通用户难以掌握。所以，普通用户在下载文件时常通过浏览器或专门的下载软件来实现。

② 浏览器。启动 FTP 客户程序的另一种途径是使用浏览器，用户只需在地址栏中输入"FTP:// [用户名:密码@]FTP 服务器域名:[端口号]"格式的 URL，即可登录对应的 FTP 服务器。同样地，在命令行下也可以采用上述方法建立连接，通过输入 put 命令和 get 命令达到上传和下载的目的，通过输入 ls 命令列出目录。除了上述方法，用户还可以在命令行下输入 ftp 命令并按 Enter 键，然后输入 open 命令来建立一个连接。

通过浏览器启动 FTP 客户程序的方法虽然可以使用，但是速度较慢，还会因将密码暴露在浏览器中而不安全。

③ 下载软件。为了实现高效地传输文件，用户可以使用专门的文件传输程序，这些程序不但简单易用，而且支持断点续传。所谓断点续传，是指在下载或上传时，将下载或上传任务（一个文件或一个压缩包）划分为几部分，每部分采用一个线程进行上传或下载，如果碰到网络故障而中止，等到故障消除后可以继续上传或下载余下的部分，而不必从头开始。这种方法的优点是节省时间、速度快。迅雷、快车、比特彗星、优酷、百度视频、新浪视频、腾讯视频等都支持断点续传。

4．远程登录服务

远程登录是指用户使用 Telnet 协议，使自己的主机暂时成为远程主机的一个仿真终端的过程。仿真终端只负责把用户输入的每个字符传递给主机，主机对字符进行处理后，再将结果传回并显示在屏幕上。Telnet 是用户进行远程登录的标准协议和主要方式，它为用户提供了在本地计算机上完成远程主机工作的功能。

使用 Telnet 协议进行远程登录时需要满足的条件有：在本地主机上必须安装包含 Telnet 协议的客户程序；用户必须知道远程主机的 IP 地址或域名；必须有合法的用户名和密码。

使用 Telnet 协议进行远程登录的过程如下。

① 本地主机和远程主机建立连接，该过程实际上是建立一个 TCP 连接。

② 本地主机将本地终端上输入的用户名和密码及以后输入的任何命令或字符以网络虚拟终端（NVT）格式传送到远程主机。

③ 本地主机将传回的 NVT 格式的数据转化为本地所接受的格式并送回本地终端，包括输入命令回显和命令执行结果。

④ 本地终端撤销与远程主机的连接，该过程实际上是撤销一个 TCP 连接。

5.5 网络安全基础

网络安全涉及计算机科学技术、网络技术、通信技术、密码技术、信息安全技术等多个学科。从本质上来说，网络安全就是网络上的信息安全。

5.5.1 网络安全的含义与特征

随着计算机技术的迅速发展，系统的连接能力也在不断提高。与此同时，基于网络连接的安全问题日益突出。

（1）网络安全的含义

网络安全是指网络系统的硬件、软件及系统中的数据受到保护，不因偶然或恶意的原因而遭到破坏、更改、泄露，系统能够可靠、正常地运行，网络服务不中断。从广义上来说，凡是涉及网络上信息的保密性、完整性、可用性和可控性的相关技术和理论都是网络安全的研究领域。

（2）网络安全的基本特征

网络安全具有以下 4 种特征。

① 保密性：信息不泄露给非授权用户、实体或过程。

② 完整性：数据未经授权不能进行改变，即信息在存储或传输过程中保持不被修改、不被破坏和不会丢失。

③ 可用性：在任意时刻满足合法用户的合法需求。

④ 可控性：对信息的传播及内容具有控制能力。

5.5.2 基本网络安全技术

网络安全技术致力于解决如何有效进行介入控制，以及如何保证数据传输的安全性等问题，主要包括数据加密技术、认证技术、数字签名技术、SSL 认证、防火墙技术。

1. 数据加密技术

数据加密技术是指将原始的信息进行重新编码，将原始信息称为明文，经过加密的数据称为密文。密文即便在传输中被第三方获取，他们也很难从得到的密文中破译出原始的数据信息，接收端通过解密得到原始数据信息。数据加密技术不仅能保障数据信息在公共网络传输过程中的安全性，也是实现用户身份鉴别和数据完整性保障等安全机制的基础。

数据加密技术包括两个元素：算法和密钥。算法是将普通的文本（或可以理解的信息）与一串数字（密钥）进行运算，产生不可被人们理解的密文的过程。在安全保密中，用户可通过采用适当的数据加密技术和管理机制来保证网络的信息通信安全。数据加密技术的基本原理如图 5.38 所示。

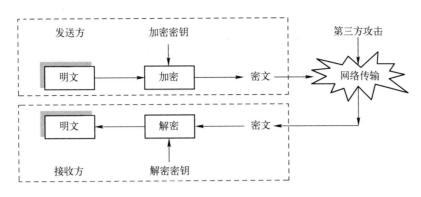

图 5.38　数据加密技术的基本原理

根据加密和解密的密钥是否相同，加密算法可分为对称密码机制和非对称密码机制。

（1）对称加密

对称加密采用了对称密码机制，它的特点是文件的加密和解密使用相同的密钥。除了数据加密标准算法（DES），另一个常见的对称加密是国际数据加密算法（IDEA），它比 DES 的加密性更好，而且对计算机功能要求不高。PGP（Pretty Good Privacy）系统使用 IDEA 进行加密。对称加密又称常规加密，其基本原理如图 5.39 所示。

图 5.39　对称加密的基本原理

①　明文：作为算法输入的原始信息。

②　加密算法：可以对明文进行多种置换和转换。

③　共享的密钥：共享的密钥也是算法的输入。算法实际进行的置换和转换由密钥决定。

④　密文：作为输出的混合信息，由明文和密钥决定，对于给定的信息来讲，两种不同的密钥会产生两种不同的密文。

⑤　解密算法：作为加密算法的逆向算法。它以密文和同样的密钥作为输入，并生成原始明文。

对称加密的优点是速度快，适用于大量数据的加密传输。但是，对称加密必须首先解决对称密钥的发送问题，而且对称加密有两个安全要求。

①　需要强大的加密算法。

②　发送方和接收方必须使用安全的方式来获得密钥的副本，必须保证密钥的安全。如果有人发现了密钥并知道了算法，则使用此密钥的所有通信便都是可读取的。

（2）非对称加密

与对称加密不同，非对称加密需要两个密钥：公钥和私钥。两个密钥成对出现，互不可推导。如果用公钥对数据进行加密，那么只有用对应的私钥才能解密；如果用私钥对数据进行加密，那么只有用对应的公钥才能解密。因为加密和解密使用的是两个不同的密钥，所以这种算法称为非对称加密。

非对称密码机制有两种模型：一种是加密模型；另一种是认证模型。其结构如图 5.40 和图 5.41 所示。

图 5.40　非对称密码机制加密模型

图 5.41　非对称密码机制认证模型

在加密模型中，发送方在发送数据时，用接收方的公钥进行加密，而在接收方只能用接收方的私钥进行解密，因为解密用的密钥只有接收方自己知道，所以保证了信息的保密性。

认证主要解决网络通信过程中通信双方的身份认证问题。通过认证可以验证发送方的身份、保证发送方不可否认。在认证模型中，发送方必须用自己的私钥进行加密，而接收方则必须用发送方的公钥进行解密，也就是说，任何一个人，只要能用发送方的公钥进行解密，就能证明信息是谁发送的。

2. 认证技术

所谓认证，是指验证被认证对象是否属实和是否有效的一个过程。其基本思想是通过验证被认证对象的属性来确认被认证对象是否真实有效。认证常常用于通信双方相互确认身份的情况，以保证通信的安全。认证一般可以分为两种：消息认证和身份认证。消息认证用于保证信息的完整性；身份认证用于鉴别用户的身份。

（1）消息认证

消息认证是指接收方检查收到的消息是否真实。消息认证又被称为完整性校验，它在银行业被称为消息认证，在 OSI 安全模式中被称为封装。消息认证的内容主要包括如下几点。

① 验证消息的信源和信宿。

② 消息内容是否受到偶然或有意篡改。

③ 消息的序号和时间是否正确。

消息认证实际上是对消息本身产生一个冗余的消息认证码，它对于要保护的信息来说是唯一的，因此可以有效地保护消息的完整性，实现发送方消息的不可抵赖，不能伪造。消息认证技术可以防止数据的伪造和篡改，以及证实消息来源的有效性。消息认证的工作机制如图 5.42 所示。

其中，安全单向散列函数具有以下基本特性。

① 一致性：相同的输入一定产生相同的输出。

② 单向性：只能由明文产生消息摘要，而不能由消息摘要推出明文。

③ 唯一性：不同的明文产生的消息摘要不同。

④ 易于实现高速计算。

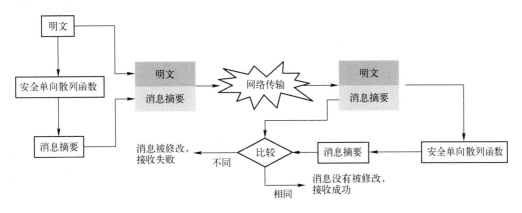

图 5.42 消息认证的工作机制

（2）身份认证技术

身份认证是指计算机及网络系统确认操作者身份的过程。身份认证技术的发展，经历了从软件认证到硬件认证、从静态认证到动态认证的过程。常见的身份认证技术包括以下几类。

① 密码认证。传统的身份认证技术主要采用密码认证。当被认证对象要求访问提供服务的系统时，认证方要求被认证对象提交密码，认证方收到密码后，将其与系统中存储的用户密码进行比较，以确认被认证对象是否为合法访问者。密码认证实现简单，不需要额外的硬件设备，但容易被非法用户获取密码。

② 一次密码机制。一次密码机制采用动态密码技术，是一种让用户的密码按照时间或使用次数不断动态变化，且每个密码只使用一次的技术。它采用一种称为动态令牌的专用硬件来产生密码，因为只有合法用户才会持有该硬件，所以只要密码验证通过就可以认为该用户的身份是可靠的。用户每次使用的密码都不相同，即使非法用户截获了一次密码，也无法利用这个密码来访问系统。

③ 生物特征认证。生物特征认证是指采用每个人独一无二的生物特征来验证用户身份的技术，常见的有指纹识别、虹膜识别等。从理论上来说，生物特征认证是最可靠的身份认证方式，因为它直接使用人的物理特征来表示每个人的数字身份。

3．数字签名技术

在网络通信中，人们希望能有效防止通信双方的欺骗和抵赖行为。简单的报文鉴别技术只能使通信免受来自第三方的攻击，而无法防止通信双方的互相攻击。例如，Y 伪造一个消息，声称是从 X 处收到的；或者 X 向 Z 发送了消息，但 X 否认发送过该消息。为此，需要有一种新的技术来解决这种问题，数字签名技术为此提供了一种解决方案。

数字签名技术将信息发送方的身份与信息传送结合起来，可以保证信息在传输过程中的完整性，并提供信息发送方的身份认证，以防止信息发送方抵赖行为的发生。目前利用非对称加密算法进行数字签名是最常用的方法。数字签名技术是对现实生活中笔迹签名的功能模拟，能够用来证实签名的作者和签名的时间。对消息进行签名时，数字签名技术能够对消息的内容进行鉴别。同时，签名应具有法律效力，能被第三方证实，用以解决争端。

数字签名技术可分为两类：直接数字签名和基于仲裁的数字签名。其中，直接数字签名具有以下特点。

① 实现比较简单，在技术上仅涉及通信的源点 X 和终点 Y 双方。

② 终点 Y 需要了解源点 X 的公开密钥。

③ 源点 X 可以使用其私钥对整个消息报文进行加密来生成数字签名,更好的方法是使用发送方私钥对消息报文的散列码进行加密来形成数字签名。

直接数字签名的基本过程是：数据源发送方通过安全单向散列函数对原文产生一个消息摘要，用自己的私钥对消息摘要进行加密处理，产生数字签名，数字签名与原文一起被传送给接收方。直接数字签名的处理过程如图 5.43 所示。

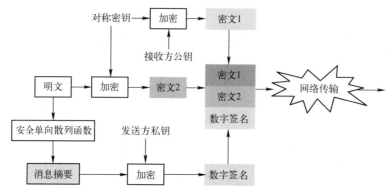

图 5.43　直接数字签名的处理过程

接收方使用发送方的公钥解密数字签名得到消息摘要，若能解密，则证明消息不是伪造的，实现了对发送方的认证。然后用安全单向散列函数对收到的原文产生一个消息摘要，与解密的消息摘要进行对比，若相同，则说明收到的消息是完整的，在传输过程中没有被修改，否则说明消息被修改过,因此数字签名技术能够验证消息的完整性。接收方解密过程如图 5.44所示。

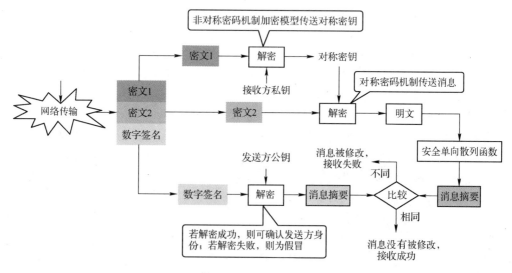

图 5.44　接收方解密过程

数字签名技术是网络中进行身份确认的重要技术，完全可以代替现实中的亲笔签字，在技术和法律上得到了保证。在数字签名技术应用中，发送方的公钥可以很方便地得到，但他的私钥则需要严格保密。利用数字签名技术可以实现数据的完整性，但因为文件内容太大，所以加密和解密速度比较慢，目前主要采用消息摘要技术，通过消息摘要技术可以将较大的报文生成较短的、长度固定的消息摘要，然后仅对消息摘要进行数字签名，而接收方对接收的报文进行处理产生消息摘要，与经过签名的消息摘要进行比较，便可以确定数据在传输中的完整性。

4．SSL 认证

SSL（Secure Socket Layer，安全套接层）是 Netscape 公司研发的，用于保障因特网上数据传输的安全性，利用数据加密技术来确保数据在网络传输过程中不会被截取及窃听。SSL 认证是指客户端到服务器端的认证，主要用来提供对用户和服务器的认证；对传送的数据进行加密；确保数据在传送中不被更改，即保证数据的完整性。SSL 认证现已成为网络安全领域中全球化的标准。

通过 SSL 认证后，可以实现数据信息在客户端和服务器端之间的加密传输，可以防止数据信息的泄露。SSL 认证保证了双方信息传递的安全性，而且用户可以通过服务器证书验证所访问的网站是否是真实可靠的。对于金融机构、大型购物网站来说，安全性高的数据加密技术及严格的身份验证机制可以确保网站的安全性和可靠性。

SSL 证书作为国际通用的产品，最为重要的便是产品兼容性，因为它解决了用户登录网站的信任问题，用户可以通过 SSL 证书轻松识别网站的真实身份，当用户访问某个网站时，如果该网站使用了 SSL 证书，则在浏览器地址栏的小锁头标志处单击，便可查看该网站的真实身份。

5．防火墙技术

防火墙是在网络之间执行安全控制策略的系统，用于保证本地网络资源的安全，通常是包含软件部分和硬件部分的一个系统或多个系统组合。设置防火墙的目的是保护内部网络资源不被外部非授权用户使用，防止内部网络受到外部非法用户的攻击。

（1）防火墙的一般形式

防火墙通过检查所有进出内部网络的数据包的合法性，判断是否会对网络安全构成威胁，为内部网络建立安全边界。一般，防火墙系统有两种基本形式：包过滤路由器和应用级网关。最简单的防火墙由一个包过滤路由器组成，而复杂的防火墙则由包过滤路由器和应用级网关组成。在实际应用中，因为组合方式有多种，所以防火墙的结构也有多种形式。防火墙的一般形式如图 5.45 所示。

（2）防火墙的作用

因特网防火墙是防火墙的一种，其能够增强机构内部网络的安全性。防火墙不仅是网络安全的设备的组合，也是安全策略的一部分。

因特网防火墙允许网络管理员定义一个中心"扼制点"来防止非法用户的攻击，如防止黑客、网络破坏者等进入内部网络，禁止存在安全脆弱性的服务进出网络，并抗击来自各种路线的攻击。因特网防火墙能够简化安全管理，网络的安全性在防火墙上得到了加固。

防火墙可以很方便地监视网络的安全，如果监视到安全问题，则会进行报警。因特网防火墙是审计和记录因特网使用量的一个最佳地方。网络管理员可以在此向管理部门提供因特网连接的费用情况，查出潜在的带宽瓶颈的位置，并根据机构的核算模式提供部门级计费。

（3）防火墙的不足

防火墙能通过监视所通过的数据包来及时发现并阻止外部非法用户对内部网络系统的攻击行为，但防火墙是一种静态防御技术，也有不足之处。

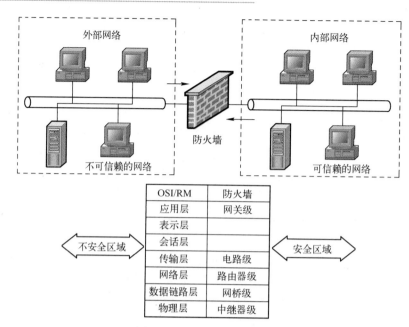

图 5.45　防火墙的一般形式

① 防火墙无法理解数据内容，不能提供数据安全保障。
② 防火墙无法阻止来自内部网络的威胁。
③ 防火墙无法阻止绕过防火墙的攻击。
④ 防火墙无法阻止病毒感染程序或文件的传输。

5.6　知识扩展

因特网信息检索又称因特网信息查询或检索，是指通过因特网并借助网络搜索工具，根据信息需求，在按一定方式组织和存储起来的因特网信息集合中查找有关信息的过程。网络搜索工具通常称为搜索引擎（Search Engine），著名的网络搜索工具有百度、Yahoo、Google等。用户以关键词、词组或自然语言构成检索表达式，提出检索要求，搜索引擎代替用户在数据库中进行检索，并将检索结果提供给用户。搜索引擎一般支持布尔检索、词组检索、截词检索、字段检索等功能。下面以百度为例来说明搜索引擎的使用方法。

5.6.1　搜索引擎

搜索引擎是根据一定的策略、运用特定的计算机程序从互联网上搜集信息，在对信息进行组织和处理后，存储起来，为用户提供检索服务，并将检索到的相关信息展示给用户的系统。

搜索引擎由以下 4 部分组成。
① 搜索器：在互联网中漫游，发现和搜集信息。
② 索引器：理解搜索器搜索的信息，从中抽取索引项，建立索引数据库。
③ 检索器：根据用户的查询要求在索引数据库中快速检索文档。
④ 用户接口：输入用户查询的信息，显示查询结果。

5.6.2　基本检索

（1）逻辑"与"操作

用户无须用明文的"+"来表示逻辑"与"操作，只用空格就可以了。

例如，以"西北大学　图书馆"为关键词就可以查找出同时包含"西北大学"和"图书馆"两个关键词的全部文档。

注意：本例中检索语法外面的引号仅起引用作用，不能带入检索栏内。

（2）逻辑"非"操作

用"–"表示逻辑"非"操作。例如，"西北大学–图书馆"（正确），"西北大学–图书馆"（错误）。

注意：前一个关键词和减号之间必须有空格，否则，减号会被当成连字符处理，而失去减号语法功能。

（3）并行搜索

使用"A|B"来搜索"或者包含关键词 A，或者包含关键词 B"的网页。

例如，用户要查询"图片"或"写真"的相关资料，无须分两次查询，只要输入"图片|写真"进行搜索即可。百度会提供与"|"前后任何关键词相关的资料，并把最相关的结果排在前列。

（4）精确匹配：双引号和书名号

例如，搜索秦岭的山水，如果不加双引号，则搜索结果不是很理想，但加上双引号后，搜索"秦岭的山水"，获得的结果就是符合要求的了。

当加上书名号后，《大秦帝国》的检索结果就都是关于电视剧方面的了。

5.6.3　高级检索

（1）site

site 对检索的网站进行限制，它表示检索结果局限于某个具体网站或某个域名，从而大大缩小检索范围，提高检索效率。

例如，查找英国高校图书馆网页信息（限定国家）。

检索表达式：university. library site:uk。

例如，查找中国教育网有关信息（限定领域）。

检索表达式：图书馆　site:edu.cn。

（2）filetype

filetype 主要用于检索某一类型的文件（往往带有同一种扩展名）。

filetype 可检索的文件类型包括 Adobe Portable Document Format（PDF）、Adobe PostScript（PS）、Microsoft Excel（XLS）、Microsoft PowerPoint（PPT）、Microsoft Word（DOC）、Rich Text Format（RTF）等 12 种。其中最重要的文件检索类型是 PDF 检索。

例如，查找关于生物的生殖发育方面的教学课件。

检索表达式：生物　生殖　发育 filetype:ppt。

例如，查找关于遗传算法应用的 PDF 格式论文。

检索表达式：遗传算法 filetype:pdf。

例如，查找 DOC 格式查新报告样本。

检索表达式：查新报告 filetype:doc。

（3）inurl

inurl 返回的网页超链接中包含第一个关键词，后面的关键词则出现在超链接中或网页文档中。很多网站把某一类具有相同属性的资源名称显示在目录名称或网页名称中，如"mp3""photo"等。于是，就可以用"inurl:语法"找到这些相关资源超链接，然后用第二个关键词确定是否有某项具体资料，如检索表达式"inurl:mp3 那英"。

（4）intitle

intitle 表示检索的关键词包含在网页的标题中。intitle 的标准搜索语法是"关键词 intitle:关键词"。

其实"intitle"后面跟的词也算是关键词之一，不过一般我们可以将多个关键词中最重要的词放在这里，如果想找圆明园的历史，那么因为"圆明园"这几个字非常关键，所以将"圆明园历史"作为关键词，不如"历史 intitle:圆明园"搜索语法的效果好。

习题 5

一、填空题

1. 计算机网络一般由四部分组成：计算机、_____、网络设备、网络软件。

2. 连网计算机根据其作用和功能不同，可分为_____和客户机两类。

3. _____是一种利用光在玻璃或塑料制成的纤维中的全反射原理而制成的光传导工具。

4. _____用于实现连网计算机和网络电缆之间的物理连接。

5. _____是互联网的主要节点设备，通过路由选择决定数据的转发。

6. 计算机网络按网络的作用范围可分为_____、_____和_____三种，英文缩写分别为_____、_____和_____。

7. 计算机网络中常用的三种有线传输介质是_____、_____和_____。

8. _____从根本上改变了局域网共享介质的结构，大大提升了局域网的性能。

9. 数字通信系统是利用_____信号来传递信息的通信系统。

10. WWW 上的每个网页都有一个独立的地址，这些地址称为_____。

11. 信号是数据的电磁或电子编码。信号在通信系统中可分为_____和_____。

12. 加密算法可分为_____和_____两种类型。

13. 在网络环境中，通常使用_____来模拟日常生活中的亲笔签名。

二、选择题

1. 最先出现的计算机网络是（　　）。

    A. ARPAnet　　　　　　B. Ethernet　　　　　　C. BITNET　　　　　　D. Internet

2. 计算机组网的目的是（　　）。

    A. 提高计算机运行速度　　　　　　　　　B. 连接多台计算机

    C. 共享软硬件和数据资源　　　　　　　　D. 实现分布处理

3. 电子邮件传送的信息（　　）。

    A. 只能是压缩的文字和图像　　　　　　　B. 只能是文本格式的文件

    C. 只能是标准 ASCII 字符　　　　　　　　D. 可以是文字、声音和图形、图像

4．目前，以太网的拓扑结构是（　　）结构。

  A．星形   B．总线型   C．环形   D．网状

5．IP 地址是（　　）。

  A．接入因特网的计算机地址编号 B．因特网中网络资源的地理位置

  C．因特网中的子网地址   D．接入因特网的局域网编号

6．网络中各个节点相互连接的形式称为网络的（　　）。

  A．拓扑结构   B．协议   C．分层结构   D．分组结构

7．TCP/IP 是一组（　　）。

  A．局域网技术

  B．广域网技术

  C．支持同一种计算机（网络）互联的通信协议

  D．支持异种计算机（网络）互联的通信协议

8．下列选项中，合法的 IP 地址是（　　）。

  A．210.45.233   B．202.38.64.4   C．101.3.305.77   D．115,123,20,245

9．局域网传输介质一般采用（　　）。

  A．光纤   B．双绞线   C．电话线   D．普通电线

10．网络协议是（　　）。

  A．用户使用网络资源时必须遵守的规定

  B．网络计算机之间进行通信的规则

  C．网络操作系统

  D．编写通信软件的程序设计语言

11．域名是（　　）。

  A．IP 地址的 ASCII 码表示形式

  B．接入因特网的局域网所规定的名称

  C．接入因特网的计算机的网卡编号

  D．按分层的方法为因特网中的主机取的直观的名字

12．某公司申请到一个 C 类网络，因为需要考虑地理位置，所以必须将其划分成 5 个子网，子网掩码要设为（　　）。

  A．255.255.255.224   B．255.255.255.192

  C．255.255.255.254   D．255.225.255.248

13．在 IP 地址方案中，159.226.181.1 是一个（　　）。

  A．A 类地址   B．B 类地址   C．C 类地址   D．D 类地址

14．"www.nwu.edu.cn" 是因特网中主机的（　　）。

  A．硬件编码   B．密码   C．软件编码   D．域名

15．防火墙是一种（　　）网络安全技术。

  A．被动的   B．主动的

  C．能够防止泄露信息的   D．能够解决所有问题的

16．想要防止他人对传输的文件进行破坏需要（　　）。

  A．数字签字及验证   B．对文件进行加密

  C．进行身份认证   D．时间戳

17. 以下关于数字签名的说法正确的是（　　　）。

A. 数字签名是在所传输的数据后附加上一段和传输数据毫无关系的数字信息

B. 数字签名能够解决数据的加密传输，即安全传输问题

C. 数字签名一般采用对称加密算法

D. 数字签名能够解决篡改、伪造等安全性问题

三、简答题

1. 什么是计算机网络？计算机网络由哪几部分组成？

2. 什么是网络的拓扑结构？常用的网络拓扑结构有哪几种？

3. 什么是模拟信号？什么是数字信号？什么是数字通信？什么是模拟通信？

4. 请举一个例子说明信息、数据与信号之间的关系。

5. 简述邮件的收发过程及所要遵守的协议。

6. 什么是分组交换？

7. 简述对称加密算法加密和解密的基本原理。

中 篇
新技术探索

第6章 云计算与大数据基础

云计算实现了资源和计算能力的分布式共享，能够很好地应对互联网数据量的高速增长的势头。云计算的一个核心理念就是通过不断提高"云"的处理能力，进而减轻用户终端的处理负担，最终使用户终端简化成一个能按需享受"云"强大计算处理能力的单纯的输入/输出设备。

6.1 云计算简介

6.1.1 云计算与云

1. 云计算的概念

云计算通过虚拟化技术将共享资源整合成庞大的计算与存储网络，用户只需要一台接入网络的终端就能够以低廉的价格获得所需的资源和服务而无须考虑其来源。

云计算的直接起源是 Amazon 产品和 Google-IBM 分布式计算项目。这两个项目直接使用了"Cloud Computing"概念。从本质上讲，云计算是分布式计算、并行计算、效用计算、网络存储、虚拟化、负载均衡等传统计算机技术和网络技术发展融合的产物。它旨在通过网络把多个成本相对较低的计算实体整合成一个具有强大计算能力的网络系统，并借助一些先进的商业模式把强大的计算能力分布到终端用户手中。图 6.1 描述了云计算平台的拓扑结构。

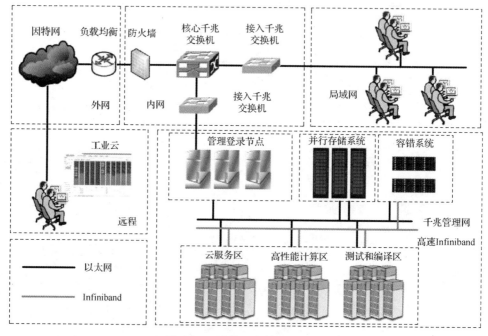

图 6.1　云计算平台的拓扑结构

云计算能将大量用网络连接的计算资源统一管理和调度，通过不断提高"云"的处理能力来减轻用户终端的处理负担，使用户按需享受强大的计算处理能力。另外，云计算能通过千万台互连的计算机和服务器进行大量的数据运算，为搜索引擎、金融行业建模、医药模拟等应用提供超级计算功能。

2．云的概念

所谓云，是指以云计算、网络及虚拟化为核心技术，通过一系列的软件和硬件实现"按需服务"的一种计算机技术。

3．云计算与云的区别

云计算与云的区别如下。

（1）任务不同

云是一些可以自我维护和管理的虚拟计算资源，通常为一些大型服务器集群，包括计算服务器、存储服务器、宽带资源等，也包括应用端或网络终端的硬件及接入服务。

云计算侧重将所有的计算资源集中起来，并由软件实现自动管理，无须人为参与。应用提供者无须为烦琐的细节而烦恼，能够更加专注于自己的业务，有利于创新和降低成本。

（2）内涵不同

云是一种新型的 IT 技术，包括一系列的软件和硬件。

云计算是将大量用网络连接的计算资源统一管理和调度，构成一个计算资源池，向用户提供按需服务的一种服务体系。

（3）目的不同

云的目的是更好地整合和利用网络资源，向高效、节能方向发展。

云计算的目的是整合 IT 资源，更好地服务大众。

4．云计算产生的原因

云计算虽然不是一个全新的概念，但它是一项颠覆性的技术，是未来计算的发展方向。云计算产生的主要原因如下。

（1）满足硬件、基础设施的发展建设需求

高速发展的网络连接，芯片和磁盘驱动器产品性能的大幅提升，使得拥有成百上千台计算机的数据中心具备了快速为大量用户处理复杂问题的能力。同时，虚拟化技术日趋成熟为云计算的产生提供了基础。

（2）适应海量数据的处理需求

互联网上的信息量呈爆发式增长，各公司对数据处理能力的要求日益提高。效率、能耗、管理成本以及人员、设备投入的矛盾日渐突出。另外，如何对互联网上的海量资源进行有效的计算、分配也成为一个重要的问题。

（3）网络发展的必然结果

Web 2.0 的兴起，使网络迎来了一个新的发展机遇。优酷等网站的访问量已经远远超过传统门户网站。用户数量多、参与程度高是这些网站的特点。因此，如何有效地为海量用户提供方便、快捷的服务，成为这些网站不得不解决的问题。

6.1.2　云计算的特点与不足

云计算是一种基于互联网的超级计算模式。它将计算任务分布在由大量计算机构成的资源池上，各种应用系统能够根据需要获取计算能力、存储空间和软件服务。云计算实质上是通过互联网访问应用和服务的，但这些应用或服务通常不运行在自己的服务器上，而由第三方提供。它的目标就是把一切都拿到网络上，云就是网络，网络就是"计算机"。云计算依靠强大的计算能力使得成千上万的终端用户不用担心所使用的计算技术和接入的方式，从而能够使用云服务提供的计算能力实施多种应用。

1. 云计算的特点

云计算的新颖之处在于它几乎可以提供大量的低成本存储和计算能力。从用户角度来看，云计算有其独特的吸引力。

（1）方便的网络接入

在任何时间、任何地点，用户不需要复杂的软硬件设施，通过简单的可接入网络设备（如手机）就可接入云，使用已有资源或者购买所需的服务。

（2）资源的共享

计算和存储资源集中在云端，根据用户需求进行分配。通过多租户模式服务多个用户。在物理上，资源以分布式的共享方式存在，但最终在逻辑上以单一、整体的形式呈现给用户，实现云上资源的可重用，形成资源池。

（3）超大规模

"云"具有相当大的规模，Google 云计算已经拥有 100 多万台服务器，Amazon、IBM、Microsoft 等公司提供的"云"均拥有几十万台服务器，企业私有云一般拥有上千台服务器。"云"能赋予用户前所未有的计算能力。

（4）虚拟化

云计算支持用户在任意位置使用各种终端获取应用服务。用户所请求的资源来自"云"，而不是固定的有形实体。应用程序在"云"中何处运行，用户无须了解。用户只需要一台笔记本电脑或者一部手机，就可以通过网络服务得到需要的一切，甚至包括超级计算这样的能力。

（5）高可靠性

"云"使用了数据多副本容错、计算节点同构可互换等措施来保障服务的高可靠性，使用云计算比使用本地计算机更可靠。

（6）通用性

云计算不针对特定的应用，在"云"的支撑下可以构造出千变万化的应用，同一个"云"可以同时支撑不同的应用运行。

（7）高可扩展性

"云"的规模可以动态伸缩，随时满足应用和用户规模增长的需要。

（8）按需服务

"云"是一个庞大的资源池，用户可以按需购买，避免资源浪费。

（9）价格低廉

"云"的特殊容错机制使得开发者可以采用低廉的节点来构成云；"云"的自动化集中式管理使大量企业无须负担日益高昂的数据中心管理成本；"云"的通用性使资源的利用率较传统系统有大幅提升，因此用户可以充分享受"云"的低成本优势。

2. 云计算的不足

（1）数据安全与隐私

云计算基础架构具有多租户的特性，厂商们通常无法保证 A 公司的数据与 B 公司的数据实现物理分隔。另外，考虑大规模扩展性方面的要求，数据物理位置可能得不到保证。

（2）数据访问和存储模型

无论是 Amazon 的 S3 和 SimpleDB 服务，还是 Microsoft Azure 的数据服务，其提供的存储模型都需要适应不同的使用场景。因而，它们可能偏向采用基于二进制大对象的简单存储模型或简单的层次模型。虽然这带来了显著的灵活性，却给应用逻辑解释不同数据元素之间的关系增加了负担。许多依赖关系数据库结构的事务型应用程序就不适合这种数据存储模型。

（3）故障处理

云计算应用程序具有大规模、分布式的特性，当出现故障时，故障类型的判定、故障位置的确定是很麻烦的事情。因此，开发应用程序时要把故障处理当成正常执行流程，而不是例外情况。

（4）经济模型

按需付费的模型具有某些优势，但如果使用量一直很高，这种模式的经济性就不再存在。特别是事务密集型应用，如果要使用云计算，厂商就要考虑对付费实行最高限额。

（5）离线世界

云的实现是以网络为基础的，脱离了网络，云计算将变得无能为力。这也是云计算需要解决的问题。因此，对于云计算而言，用户端的使用方式仍需要研究和改进。

6.2　云计算的基本类型

根据目前主流云计算服务商提供的服务，一般将云计算分为基础设施即服务（Infrastructure as a Service，IaaS）、平台即服务（Platform as a Service，PaaS）和软件即服务（Software as a Service，SaaS）三种类型，如图 6.2 所示。

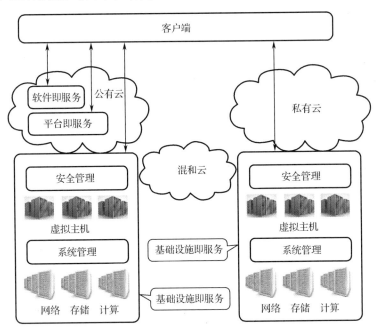

图 6.2　云计算的基本类型

6.2.1 基础设施即服务（IaaS）

基础设施即服务通过因特网传输计算机基础设施服务（如虚拟服务器、存储设备等）。提供给用户的服务是对所有计算基础设施的利用，包括 CPU、内存、存储、网络和其他基本的计算资源，用户能够部署和运行任意软件，包括操作系统和应用程序。用户不需要管理或控制任何云计算基础设施，但可以控制操作系统的选择、存储空间以及部署应用，也可以进行有限制的网络组件（如路由器、防火墙、负载均衡器等）控制。

IaaS 类型的云服务产品主要有 Amazon's EC2、Go Grid's Cloud Servers 和 Joyent。

1. IaaS 的技术特征

（1）拆分技术

拆分技术能将一个物理设备划分为多个独立的虚拟设备，各个虚拟设备之间可进行有效的资源隔离和数据隔离。多个虚拟设备共享一个物理设备的物理资源，能够充分复用物理设备的计算资源，提高资源利用率。

（2）合并技术

合并技术能将多个物理设备资源形成对用户透明的统一资源池，并能按照用户需求生成和分配不同性能配置的虚拟设备，提高资源分配的效率和精确性。

（3）弹性技术

IaaS 具有良好的可扩展性和可靠性，一方面能够弹性地进行扩容，另一方面能够为用户按需提供资源，并能够对资源配置进行适时修改和变更。

（4）智能技术

IaaS 能实现资源的自动监控和分配，进行业务的自动部署，能够将设备资源和用户需求更紧密地结合。

2. IaaS 的业务特征

（1）用户获得的是 IT 资源服务

用户能够租赁具有完整功能的计算机和存储设备，并获得相关的计算资源和存储资源服务。这是 IaaS 区别于平台即服务（PaaS）和软件即服务（SaaS）的特点。

IaaS 获取和使用服务都需要通过网络进行，网络成为连接云计算运营商和使用者的纽带。同时，在云服务广泛存在的情况下，IaaS 服务的运营商也会是服务的使用者，这不单单是指支撑 IaaS 运营商服务的应用系统运行在云端，同时 IaaS 运营商还可能通过网络获取其他合作伙伴提供的各种云服务，以丰富自身的产品目录。

（2）用户通过网络获得服务

资源服务和用户之间的纽带是网络，当 IaaS 作为内部资源被整合优化时，用户可以通过企业 Intranet 获得弹性资源；当 IaaS 作为一种对外业务时，用户可以通过互联网获得资源服务。

（3）用户能够自助服务

用户通过 Web 页面等网络访问方式，能够自助定制所需的资源类型和配置、资源使用的时间和访问方式，能够在线支付费用，能够实时查询资源使用情况和计费信息。

（4）按需计费

IaaS 能够按照用户对资源的使用情况提供多种灵活的计费方式。

● 能够按照使用时长进行收费，如按月和按小时收费。

● 能够按照使用的资源类型和数量进行收费，如按照存储空间大小、CPU 处理能力进行收费。

无论是公有云还是私有云，服务的使用者和运营商之间都会对服务的质量和内容有一个约定（SLA），为保证约定的达成，运营商需要对提供的服务进行度量和评价，以便对所提供的服务进行调度、改进与计费。所以，IaaS 服务应该是可计量的，所有资源的使用都能被监管和计量，并以此作为运营商的收费依据。

3．IaaS 的资源层次

IaaS 的资源类型可分为 3 个层次。

（1）资源层

资源层是 IaaS 提供服务的物理基础，主要包括计算资源、存储资源和网络资源，以及必要的电力资源、IP 资源。这一层主要通过规模采购和资源复用的模式来获得利润，利润不高。

（2）产品层

产品层是 IaaS 的核心，IaaS 运营商根据用户的各种不同需求，在资源层的基础上开发出各种各样的产品，比如，存储产品、消息产品、内容分发网络（CDN）产品、监控产品。而对于每一种产品，IaaS 运营商又会根据场景和需求的不同，进行针对性的改造优化，形成特定类型的产品。产品层是不同 IaaS 竞争力体现之处，是 IaaS 利润的主要来源。国内的阿里云就提供了云主机和负载均衡、云监控等产品，Ucloud 提供了块设备存储的 UDisk、云数据库的 UDB 等产品。

（3）服务层

服务层在产品层之上，IaaS 运营商还会根据用户的需求提供更多的增值服务，比如，为用户提供数据快递服务、安全服务等。这部分从商业角度看利润不高，但是用户使用 IaaS 的重要条件。

4．IaaS 的技术难点

随着云计算的快速发展，各大公司都在积极支持开源软件的发展，涌现出了一大批开源云计算平台，但 IaaS 的技术复杂度很高，目前还没有成熟的成功案例。

（1）虚拟化问题

从基础上看，IaaS 要实现多租户、弹性且稳定可靠和安全的服务，必须进行资源的池化管理，也就是把资源通过虚拟化技术形成资源池，然后根据用户的需求弹性分配，同时确保资源的安全和有效隔离。资源主要包括计算、存储和网络，因此虚拟化就包括计算的虚拟化、存储的虚拟化和网络的虚拟化。

（2）大规模的调度管理

在虚拟化管理之上，是大规模的调度管理。如何快速找到满足用户需求的资源、如何根据监测数据动态调整资源、如何动态迁移业务，以及如何防止"雪崩"都是需要解决的问题。如果只有几十台机器，那么这些问题可能很容易解决；如果有 1000 台机器，这些问题解决起来比较困难，如果有 10000 台以上的机器，那么解决这些问题将具有挑战性。而云计算要具备解决规模化的能力，就必须解决大规模调度问题。

（3）性能和安全问题

性能和安全问题同样是 IaaS 的挑战，如何确保一个用户的高需求不影响其他用户、如何防范一个租户入侵其他租户、如何防止一个用户被攻击而其他用户不受影响，这都是需要认真解决的问题。

6.2.2 平台即服务（PaaS）

1．PaaS 的概念

PaaS 是指将研发的软件平台作为一种服务，以 SaaS 的模式提交给用户。平台通常包括操作系统、编程语言的运行环境、数据库和 Web 服务器。用户或者企业基于 PaaS 平台可以快速开发自己所需要的应用和产品。同时，基于 PaaS 平台开发的应用能更好地搭建基于 SOA 架构的企业应用。

PaaS 作为一个完整的开发服务，提供了从开发工具、中间件到数据库软件等开发者构建应用程序所需开发平台的所有功能。用户无须且不能管理和控制底层的基础设施，只能控制自己部署的应用。

PaaS 类型的云服务产品主要有 Google App Engine、Microsoft Azure、Amazon Web Services 和 Force.com。

PaaS 能将现有的各种业务能力进行整合，具体可以归类为应用服务器、业务能力接入、业务引擎和业务开放平台。PaaS 向下根据业务能力需要测算基础服务能力，通过 IaaS 提供的 API 调用硬件资源，向上提供业务调度中心服务，实时监控平台的各种资源，并将这些资源通过 API 开放给 SaaS 用户。

2．PaaS 的特点

PaaS 主要有三个特点。

① PaaS 提供的是一个基础平台，而不是某种应用。在传统的观念中，平台是向外提供服务的基础。一般来说，平台作为应用系统部署的基础，由应用服务提供商搭建和维护。而在 PaaS 模式中，由专门的平台服务提供商搭建和运营该平台，并将该平台以服务的方式提供给应用系统运营商。

② PaaS 运营商提供基础平台的技术支持服务。PaaS 运营商所需提供的服务，不仅仅是单纯的基础平台，而且包括针对该平台的技术支持服务，甚至包括针对该平台而进行的应用系统开发、优化等服务。PaaS 运营商了解他们所运营的基础平台，所以由 PaaS 运营商提出的对应用系统优化和改进的建议非常重要。在应用系统的开发过程中，PaaS 运营商的技术咨询和支持团队的介入也是保证应用系统在以后的运营中得以长期、稳定运行的重要因素。

③ PaaS 运营商提供服务的基础是强大而稳定的基础运营平台，以及专业的技术支持队伍。

PaaS 这种"平台级"服务能够保证支撑 SaaS 或其他软件服务提供商的各种应用系统的长期、稳定运行。PaaS 的实质是将互联网的资源服务化为可编程接口，为第三方开发者提供具有商业价值的资源和服务平台。有了 PaaS 平台的支撑，云计算的开发者就获得了大量可编程元素（这些可编程元素有具体的业务逻辑），这就为开发带来了极大的方便，不但可以提高开发效率，还能节约开发成本。有了 PaaS 平台的支持，Web 应用的开发速度变得更加快捷。

6.2.3 软件即服务（SaaS）

软件即服务是一种通过因特网提供软件的模式，用户无须购买软件，而是直接通过向提供商租用基于 Web 的软件来管理企业经营活动。云提供商在云端安装和运行应用软件，云用户通过云客户端使用软件。在 SaaS 模式中，云用户不能管理应用软件运行的基础设施和平台，只能进行有限的应用程序设置。

SaaS 类型的云服务产品主要有 Yahoo 邮箱、Google Apps、Saleforec.com、WebEx 和 Microsoft Office Live。

SaaS 的服务模式类似于传统 ASP 模式（Application Service Provider Model），服务商提供软件，基础设施及工作人员为用户提供个性化的 IT 解决方案。两者的共同点都是为终端用户免去烦琐的安装过程，提供一站式服务。不同的是，在 ASP 模式下，IT 基础设施和应用是专属于用户的；而在 SaaS 模式下，用户之间的应用和 IT 基础设施则是共享的。

1．SaaS 的两大类型

SaaS 企业管理软件分为两大阵营：平台型 SaaS 和傻瓜式 SaaS。

（1）平台型 SaaS

平台型 SaaS 是把传统企业管理软件的强大功能通过 SaaS 模式交付用户，该类型的平台具有强大的自定制功能。一般而言，因为平台型 SaaS 具有强大的自定制功能，所以更能满足企业的应用。当然，并非所有 SaaS 厂商的产品都具有自定制功能，所以企业在选择产品时要先考察清楚。

（2）傻瓜式 SaaS

傻瓜式 SaaS 提供固定功能和模块，简单、易懂，但无法升级且不能自定义在线应用，用户按月付费。傻瓜式 SaaS 的功能是固定的，在某个阶段能适应企业的发展，而一旦企业有了新的发展，就只能"二次购买"所需服务。

平台型 SaaS 和傻瓜式 SaaS 的共同点是都能租赁使用。但是，无论是平台型 SaaS 还是傻瓜式 SaaS，SaaS 服务提供商都必须有自己的知识产权，所以企业在选择 SaaS 产品时，应当了解服务提供商是否有自己的知识产权。

2．SaaS 的优缺点

对企业来说，SaaS 的优点表现在以下几个方面。

① 技术方面。SaaS 部署简单，企业不需要购买任何硬件，无须配备 IT 方面的专业技术人员，而且能得到最新的技术应用，其满足了企业对信息管理的需求。

② 投资方面。企业只以相对低廉的"月费"方式支付，不用一次性支付，所以不占用过多的运营资金，从而缓解了企业资金不足的压力。同时，企业也不用考虑折旧问题，并能及时获得最新硬件平台及最佳解决方案。

③ 维护和管理方面。由于企业采取租用的方式来进行行业业务管理，不需要专门的维护和管理人员，因此缓解了企业在人力、财力上的压力，使其能够集中资金有效地运营核心业务。

SaaS 的缺点主要表现在以下几个方面。

① 安全性方面。大型企业之所以不情愿使用 SaaS 是因为安全问题，他们要保护自己的核心数据，不希望这些核心数据由第三方来负责管理。

② 标准化方面。SaaS 解决方案缺乏标准化。这个行业刚刚兴起，没有明确的标准及法规，任何一家公司都可以设计一个解决方案。

6.2.4　三种类型的关系

1．云计算与传统 IT 服务模式的区别

云计算与传统 IT 服务模式的区别如表 6.1 所示。

表 6.1　云计算与传统 IT 服务模式的区别

云 计 算	服 务 内 容	服 务 对 象	使 用 模 式	与传统 IT 服务模式的区别	典 型 系 统
IaaS	IT 基础设施	需要硬件资源的用户	上传数据、程序和环境配置	相比于传统的服务器、存储设备： ① 无限和按需获得资源； ② 初始投资少； ③ 按需付费	Amazon EC2； Go Grid Cloud Servers； Joyent
PaaS	提供应用程序开发环境	系统开发者	上传数据、程序	相比于传统的数据库、中间件、Web 服务器和其他软件： ① 无限和按需获得资源； ② 初始投资少； ③ 按需付费； ④ 兼容性好； ⑤ 集成全生命周期开发环境	Google App Engine； Microsoft Azure； Amazon Web Services； Force.com
SaaS	提供基于互联网的应用服务	企业和个人用户	上传数据	相比于传统的 ASP 模式： ① 无限和按需获得资源； ② 初始投资少； ③ 按需付费； ④ 兼容性好，灵活性强； ⑤ 稳定可靠； ⑥ 共享的应用和基础设施	Google Apps； Saleforec.com； WebEx； Microsoft Office Live

2．关系

虽然云计算具有三种服务类型，但用户在使用过程中并不需要严格地对其进行区分。"底层"的基础服务和"顶层"的平台与软件服务之间的界线并不绝对。

随着技术的发展，三种类型的服务在使用过程中并不是相互独立的。

① 底层（IaaS）的云服务商提供最基本的 IT 架构服务，SaaS 层和 PaaS 层的用户可以是 IaaS 云服务商的用户，也可以是终端用户的云服务提供者。

② PaaS 层的用户同样可能是 SaaS 层用户的云服务提供者。从 IaaS 到 PaaS，再到 SaaS，不同层的用户之间互相支持，同时扮演多重角色。并且，企业根据不同的使用目的同时采用云计算的三种服务类型的情况也很常见。

6.3　主流云计算技术介绍

6.3.1　常见的云计算技术

当前各大云计算厂商采用各自的云计算技术，常见的有 Google 云计算技术、Amazon 云计算技术、Microsoft 云计算技术、开源云计算系统（Hadoop）及基于应用虚拟化的云计算技术等。

1．Google 云计算技术

Google 公司采用由若干相互独立又紧密结合在一起的系统组成云计算基础架构，主要包括 4 个系统：建立在集群之上的文件系统（Google File System）、针对 Google 应用程序特点提出的 Map/Reduce 分布式计算系统、分布式锁服务系统（Chubby）及大规模分布式数据库系统（BigTable）。

Google 的云可以看成利用虚拟化实现的云计算基础架构（硬件架构）加上基于云的文件

系统和数据库以及相应的开发应用环境，用户通过浏览器就可以使用分布在云上的 Google Docs 等应用，如图 6.3 所示。

图 6.3 浏览器上的 Google 开发应用环境

2．Amazon 云计算技术——AWS 服务

AWS（Amazon Web Service）是一组服务，它们允许用户通过程序访问 Amazon 的计算基础设施。这些服务包括存储、计算、消息传递和数据集，如表 6.2 所示。

表 6.2 AWS 的基本服务

基 本 服 务	说　　明
存储 Amazon Simple Storage Service（S3）	实现可伸缩、高可靠、高可用、低成本的存储
计算 Amazon Elastic Compute Cloud（EC2）	能够根据需要扩展或收缩计算资源，提供新的服务器实例
消息传递 Amazon Simple Queue Service（SQS）	提供不受限制的、可靠的消息传递，用户可以使用它消除应用程序组件之间的耦合
数据集 Amazon SimpleDB（SDB）	提供可伸缩、包含索引且无须维护的数据集存储及处理和查询功能

AWS 提供基于云的基础架构，如图 6.4 所示，并提供基于 SOAP 的 Web Service 接口，在这之上建立基于云的 Web 2.0 服务，对最终用户来说，只需浏览器就可以使用。

3．开源云计算系统（Hadoop）

Hadoop 是 Apache 软件基金会研发的开放源代码并行运算编程工具和分布式文件系统，与 Map/Reduce 和 Google 文件系统类似，Hadoop 是用于在大型集群廉价硬件设备上运行应用程序的框架，能提供高效、高容错性、稳定的分布式运行接口和存储能力。基于 Hadoop 的云计算环境能提供云计算能力和云存储能力的在线服务，最终用户可以通过浏览器使用这些服务。

```
Deployment & Administration

App Services

Compute    Storage    Database

Networking

AWS Global Infrastructure
```

图 6.4 AWS 基于云的基础架构

4．Microsoft 云计算技术——Windows Azure

Windows Azure 是构建在 Microsoft 数据中心基础上能够提供云计算的一个应用程序平台，包含云操作系统、基于 Web 的关系数据库（SQL Azure）和基于.NET 的开发环境。开发环境与 Visual Studio 集成，开发人员能使用集成开发环境来开发与部署挂载在 Azure 上的应用程序。Microsoft Windows Azure 结构如图 6.5 所示。

Microsoft 公司倡导的云计算采用"云+端计算"模式。基于 Windows Azure 的云存储和 Web Service 接口建立的在线服务，对于最终用户来说是桌面软件的形态，使用的终端主要是 PC、平板电脑等，软件的计算仍旧依赖终端的处理能力。

5．基于应用虚拟化的云计算技术

基于应用虚拟化的云计算技术通过应用虚拟化架构把表示层做成应用虚拟化引擎。可以将该引擎放在计算系统的操作系统和应用层之间，隔绝重要应用，这是应用虚拟化技术的核心思想。应用虚拟化在后端服务与终端之间增加一层虚拟层，应用运行在虚拟层，而将应用运行的屏幕界面推送到终端上显示，即"应用交付"的概念。

图 6.5　Microsoft Windows Azure 结构

　　通过应用虚拟化技术，用户可以通过远程访问程序，就好像它们在最终用户的本地计算机上运行一样，这些程序称为虚拟化程序。虚拟化程序与客户端的桌面集成在一起，而不是在服务器的桌面中向用户显示。虚拟化程序在自己的可调整大小的窗口中运行，可以在多个显示器之间移动，并且在任务栏中有自己的条目。用户在同一台服务器上运行多个虚拟化程序时，虚拟化程序将共享同一个远程会话。

　　通过应用虚拟化技术，原来在企业用户计算机上运行的程序，被运行在虚拟化服务器（云侧）上，而运行时的屏幕显示将传送给远程的终端，这种方式具有如下效果。

　　① 原有的应用和新部署的应用都可以通过云端发布，实现数据的集中存储和应用的集中管控，终端自身不需要安装任何客户端，从而大大降低了终端的维护要求。

　　② 由于数据交互限制在高速、安全的云端上，对于突发性的数据传输峰值问题也被限制在高速内网中解决，而终端与云端传输的屏幕变化则是稳定且经过压缩的，因此终端与应用虚拟化服务器之间的带宽要求低。如此高的安全性和低带宽要求，使基于应用虚拟化的云计算可以满足企业对安全性和移动化的要求，用户可以随时随地、安全稳定且快捷地使用业务系统。

　　③ 使用应用虚拟化技术，终端的角色就是一个输入/输出设备。对终端的性能要求不高，只要为各种终端实现同样的接收显示功能，那么各种各样的应用就可以通过这种方式使用，从而不再需要进行终端适配开发的工作。

　　④ 应用虚拟化技术可以将传统的、海量的、已经被用户接受的应用发布给用户，采用虚拟化技术后，不需要对传统软件进行改造就可以直接使用，而且也不需要使用类似 Google 的技术进行新的软件开发。

　　基于应用虚拟化的云计算技术，能按需提供服务，运行、存储都在云端，可以通过应用虚拟化实现 SaaS 云平台。2009 年，Amazon EC2 已经与应用虚拟化产品的主要厂商 Citrix 合作推出商用云平台 Citrix C3 Lab。由于基于应用虚拟化的云计算技术对终端的计算能力要求很低，因此用户只需使用上网本甚至手机，按照使用传统软件的方式即可使用基于云的服务。

6.3.2　基本云计算技术的技术对比

　　表 6.3 简要描述了常见云计算技术的技术比较。

表 6.3　常见云计算技术的技术比较

厂　商	技 术 特 性	核 心 技 术	企 业 服 务	开 发 语 言	开源情况
Microsoft	整合其所用软件及数据服务	大型应用软件开发技术	Azure 平台	.NET	不开源
Google	存储及运算扩充能力	并行分散技术；Map/Reduce 技术；BigTable 技术；GFS 技术	Google App Engine；应用代管服务	Python；Java	不开源
IBM	整合其所有硬件及软件	网格技术；分布式存储	虚拟资源池提供；企业云计算整合		不开源
Oracle	软硬件弹性平台	Oracle 的数据存储技术；Sun 的开源技术	EC2 上的数据库；OraclVM；SunxVM		部分开源
Amazon	弹性虚拟平台	虚拟化技术 Xen	EC2；S3；SimpleDB；SQS		开源
Salesforce	弹性可定制商务软件	平台整合技术	Force.com	Java；Apex	不开源
EMC	信息存储技术及虚拟化技术	Vmware 的虚拟化技术	Atoms 云存储系统；私有云解决方案		不开源
阿里巴巴	弹性可定制商务软件	平台整合技术	软件互联平台；云电子商务平台		不开源
中国移动	丰富宽带资源	底层集群部署技术；资源池虚拟技术	BigCloud		不开源

6.3.3　Google 的云计算技术架构分析

日常使用的 GoogleSearch、GoogleEarth、GoogleMap、GoogleGmail、GoogleDoc 等业务都是 Google 基于云计算平台提供的。从 Google 整体的技术架构来看，Google 计算系统依然是边进行科学研究，边进行商业部署，依靠系统冗余和良好的软件架构实现庞大系统的低成本运作。Google 在应对互联网海量数据处理的压力下，充分借鉴大量开源代码以及其他研究机构和专家的思路，构建自己的有创新性的计算平台。

1．Google 的整体技术架构

大型的并行计算，超大规模的 IDC 快速部署，通过系统架构来使廉价 PC 服务器具有超过大型机的稳定性都已经成为互联网时代 IT 企业获得核心竞争力发展的基石。

Google 最大的优势在于它能建造出能承受极高负载的高性价比的高性能系统。因此 Google 认为自己与 Amazon、eBay、Microsoft 和 Yahoo 等公司相比，具有更大的成本优势。其 IT 系统运营成本约为其他互联网公司的 60%。同时，Google 已经开发出了一整套专用于支持大规模并行系统编程的定制软件库，所以，Google 程序员的工作效率比其他 Web 公司的同行高 50%～100%。Google 云计算技术架构如图 6.6 所示。

从整体来看，Google 的计算平台包括如下几个方面。

（1）网络系统

网络系统包括外部网络（ExteriorNetwork）和内部网络（InteriorNetwork），这里的外部网络并不是指运营商自己的骨干网，而是指在 Google 计算服务器中心之外，由 Google 自己搭建的基于不同地区/国家、不同应用之间的负载均衡的数据交换网络。内部网络是指连接各个 Google 自建的数据中心之间的网络系统。

（2）硬件系统

硬件系统包括单台服务器，以及整合了多个服务器机架和存放、连接各个服务器机架的数据中心（IDC）。

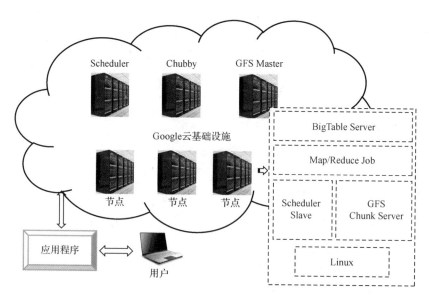

图 6.6　Google 云计算技术架构

（3）软件系统

软件系统包括每台服务器上面安装的 Red Hat Linux，以及 Google 计算底层软件系统（包括文件系统 GFS、并行计算处理算法 Map/Reduce、并行数据库 BigTable、并行锁服务 ChubbyLock、计算消息队列 GWQ）等。

（4）Google 内部使用的软件开发工具

Google 内部使用的软件开发工具有 Python、Java、C++等。

（5）Google 自己开发的应用软件

Google 自己开发的应用软件有 GoogleSearch、GoogleGmail、GoogleEarth 等。

2．Google 各层次技术介绍

（1）Google 的外部网络系统

当一个互联网用户输入 www.google.com 的时候，这个 URL 请求就会被发送到 Google DNS 解析服务器上，Google 的 DNS 解析服务器会根据用户的 IP 地址来判断用户请求来自哪个国家、哪个地区，根据不同用户的 IP 地址信息，解析到不同的 Google 数据中心。

然后，用户请求进入第一道防火墙，这道防火墙的作用主要是根据不同端口来判断应用，过滤相应的流量。如果仅仅接受浏览器应用的访问，一般只会开放 80 端口 http 和 443 端口 https（通过 SSL 加密），而放弃来自互联网上的非 IPv4/v6 非 80/443 端口的请求，避免遭受互联网上大量的 DOS 攻击。

Google 使用思杰科技的 NetScaler 应用交换机实现 Web 应用的优化。NetScaler 使用高级优化技术（如动态缓存时），可以大大提升 Web Http 性能，有效降低后端 Web 应用服务器的处理和连接压力。同时，Google 使用反向代理技术屏蔽内部服务器差异。反向代理技术是指以代理服务器来接收因特网上的连接请求，然后将请求转发给内部网络上的服务器，并将从服务器得到的结果返回因特网上请求连接的客户端，此时代理服务器对外就表现为一台服务器。

（2）Google 的内部网络架构

Google 的内部网络采用 IPv6 协议。在每个服务器机架内部，服务器之间的连接网络是

100M 以太网，服务器机架之间的连接网络是 1000M 以太网。

在每个服务器机架内，通过使用 IP 虚拟服务器（IP Virtual Server，IPVS）来实现传输层负载均衡，这就是所谓的四层 LAN 交换。IPVS 使一个服务器机架内的众多服务成为基于 Linux 内核的虚拟服务器。这就像在若干台服务器前安装一台负载均衡的服务器一样，当收到 TCP/UDP 请求时，使某服务器可以使用单一的 IP 地址来对外提供相关的服务支撑。

（3）Google 的大规模 IDC 部署

海量信息的存储、处理需要大量的服务器，为了满足不断增长的计算需求，Google 很早就进行了全球的数据中心布局。数据中心的选择面临电力供应、大量服务器运行后的降温排热和足够的网络带宽支持等关键问题，所以 Google 在布局数据中心时，是根据互联网骨干带宽和电力网的核心节点进行的。

目前，Google 已在全球运行了 38 个大型的 IDC 中心，超过 300 个 GFSII 服务器集群，超过 80 万台计算机。Google 设计了创新的集装箱服务器，数据中心以货柜为单位，标准的 Google 模块化集装箱装有 30 个机架，1160 台服务器，每台服务器的功耗是 250kW。这种标准的集装箱式服务器部署和安装策略可以使 Google 快速地部署一个超大型的数据中心，从而大大降低对机房基建的需求。

（4）Google 自己设计 PC 服务器刀片

Google 所拥有的 80 万台服务器都是自己设计的。Google 的硬件设计人员直接和芯片厂商，以及主板厂商协同工作。2009 年，Google 开始大量使用 2U 的低成本解决方案，每个服务器刀片自带 12V 的电池来保证在短期没有外部电源的时候服务器刀片可以正常运行，自带电池的方式比传统的 UPS 的方式效率更高。

（5）Google 服务器使用的操作系统

Google 服务器使用的操作系统是基于 Red Hat Linux 2.6 内核的修改版。该版本修改了 GNUC 函数库和远程过程调用（RPC），开发了自己的 IPVS，修改了文件系统，形成了自己的 GFSII，修改了 Linux 内核和相关的子系统，使其支持 IPv6。同时，采用 Python 作为主要的脚本语言。

（6）Google 云计算的文件系统 GFS/GFSII

Google 文件系统（Google File System，GFS）是 Google 设计的由大量安装 Linux 操作系统的普通 PC 构成的分布式文件系统。整个集群系统由一台主服务器（Master，通常有几台备份）和若干台块存储服务器（Chunk Server）构成。

GFS 中的文件被备份成固定大小的 Chunk，分别存储在不同的块存储服务器上，每个 Chunk 有多个副本，也存储在不同的块存储服务器上。主服务器负责维护 GFS 中的 Metadata，即文件名及其 Chunk 信息。客户端先从主服务器上得到文件的 Metadata，然后根据要读取的数据在文件中的位置与相应的块存储服务器通信，获取文件数据。GFS 为 Google 云计算提供海量存储环境，并且与 Chubby、Map/Reduce 及 BigTable 等技术紧密结合，处于所有核心技术的底层。

在实际中，GFS 块存储服务器上的存储空间以 64MB 为单位分成多个存储块，由主服务器来进行存储内容的调度和分配。每份数据都是一式三份的，将同样的数据分布存储在不同的服务器集群中，以保证数据的安全性和吞吐率。当需要存储文件、数据的时候，应用程序将需求发给主服务器，主服务器根据所管理的块存储服务器的情况，将需要存储的内容进行分配（使用哪些块存储服务器，哪些地址空间），然后由 GFS 接口将文件和数据直接存储到相应的块存储服务器中。

块存储服务器要定时通过心跳信号告知主服务器自己目前的状况，一旦心跳信号出现问题，主服务器就会自动将有问题的块存储服务器的相关内容进行复制，以保证数据的安全性。在块存储服务器中，数据经过压缩后存储，压缩采用 BMDiff 和 Zippy 算法。BMDiff 使用最长公共子序列进行压缩，压缩速度为 100MB/s，解压速度约为 1000MB/s。

（7）Google 的并行计算架构 Map/Reduce

Google 设计并实现了一套大规模数据处理的编程规范——Map/Reduce 系统。这样，非分布式专业的程序编写人员在不用顾虑集群可靠性、可扩展性等问题的基础上也能够为大规模的集群编写应用程序。应用程序编写人员只需要将精力放在应用程序本身，而关于集群的处理问题则交由平台来处理。

Map/Reduce 使用"Map"（映射）和"Reduce"（化简）概念来实现运算，用户只需要提供自己的 Map 函数以及 Reduce 函数就可以在集群上进行大规模的分布式数据处理。Google 的文本索引方法（即搜索引擎的核心部分）采用了 Map/Reduce 方法，使其程序架构变得更加清晰。

与传统的分布式程序设计相比，Map/Reduce 封装了并行处理、容错处理、本地化计算、负载均衡等细节。同时，它还提供了一个简单而强大的接口，通过这个接口可以把计算自动地并发和分布执行，从而使编程变得非常容易。不仅如此，通过 Map/Reduce 还可以由普通 PC 构成巨大集群来达到极高的性能。另外，Map/Reduce 也具有较好的通用性，大量的不同问题都可以简单地通过 Map/Reduce 来解决。

① 映射和化简。简单来说，使用映射函数可以对一些独立元素组成的概念上的列表（例如，一个测试成绩的列表）的每一个元素进行指定的操作（比如，有人发现成绩列表中所有学生的成绩都被高估了一分，他可以定义一个"减一"的映射函数来修正这个错误）。事实上，每个元素都是被独立操作的，但原始列表没有被更改，因为这里创建了一个新的列表来保存新的答案。也就是说，Map 操作是可以高度并行的，这对高性能要求的应用以及并行计算领域的需求非常有用。

化简操作指的是对一个列表的元素进行适当的合并（例如，有人想知道班级学生的平均值，他可以定义一个化简函数，通过让列表中的元素跟自己的相邻的元素相加的方式把列表减半，如此递归运算直到列表只剩下一个元素，然后用这个元素除以人数，就得到了平均值）。虽然化简函数没有映射函数的并行能力强，但因为化简总是有一个简单的答案，大规模的运算相对独立，所以化简函数在高度并行环境下也很有用。

② 分布和可靠性。Map/Reduce 通过把数据集分发给网络上的每个节点实现可靠性，每个节点会周期性地把完成的工作和更新的状态报告回来。如果一个节点保持沉默超过一个预设的时间，主节点（类似 Google File System 中的主服务器）将把这个节点标记为死亡状态，并把分配给这个节点的数据发到别的节点上。

每个操作使用命名文件的原子操作以确保不会发生并行线程间的冲突。当文件被改名时，系统可能会将其复制到任务名以外的另一个名字上。由于化简操作的并行能力较差，因此主节点会尽量把化简操作调度在一个节点上，或者调度到离需要操作的数据尽可能近的节点上。

在 Google 中，Map/Reduce 应用非常广泛，包括分布 grep、分布排序、Web 连接图反转、每台机器的词矢量、Web 访问日志分析、反向索引构建、文档聚类、机器学习、基于统计的机器翻译等场景。值得注意的是，Map/Reduce 会生成大量的临时文件，为了提高效率，它利用 Google 文件系统来管理和访问这些临时文件。

（8）Google 的并行计算数据库

BigTable 是 Google 开发的基于 GFS 和 Chubby 的分布式存储系统。Google 的很多数据（包括 Web 索引、卫星图像数据等在内的海量结构化和半结构化数据）都存储在 BigTable 中。从实现上来看，BigTable 并没有什么全新的技术，但是如何选择合适的技术并将这些技术高效地结合在一起恰恰是最大的难点。Google 的工程师通过不断研究以及大量实践实现了相关技术的选择及融合。

BigTable 在很多方面和数据库类似，但它并不是真正意义上的数据库。BigTable 建立在 GFS、Scheduler、Lock Service 和 Map/Reduce 之上。每个 Table 都是一个多维的稀疏图。Table 由行和列组成，表中的数据通过一个行关键字（Row Key）、一个列关键字（Column Key）和一个时间戳（Time Stamp）进行索引。BigTable 对存储在其中的数据不进行任何解析，一律看作字符串，具体数据结构的实现需要用户自行处理。

在不同的时间对同一个存储单元（Cell）进行多次复制，这样就可以记录数据的变动情况。

BigTable 的存储逻辑可以表示为：(row:string,column:string,time:int64)→string。BigTable 数据的存储格式如图 6.7 所示。

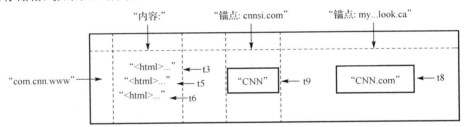

图 6.7　BigTable 数据的存储格式

为了管理较大的 Table，可以把 Table 按行分割，这些分割后的数据统称为 Tablets。每个 Tablets 有 100MB～200MB，每台机器存储 100 个 Tablets。底层的架构是 GFS，GFS 是一种分布式的文件系统，采用 Tablets 的机制后，可以获得很好的负载均衡。比如，可以把经常响应的表移动到其他空闲机器上，然后快速重建。Tablets 在系统中的存储方式是不可修改的 immutable 的 SSTables。BigTable 中最重要的选择是将数据存储分为两部分，主体部分是不可变的，以 SSTable 的格式存储在 GFS 中，最近的更新则存储在内存（称为 memtable）中。读操作需要根据 SSTable 和 memtable 来综合决定要读取的数据的值。

Google 的 BigTable 不支持事务，只保证对单条记录的原子性。BigTable 的开发者通过调研后发现只要保证对单条记录更新的原子性就可以了。这样，为了支持事务所要考虑的串行化、事务的回滚、死锁检测（一般认为，分布式环境中的死锁检测是不可能的，一般都用超时解决）等复杂问题都可不予考虑，系统实现进一步简化。

（9）Google 的并行锁服务 Chubby

Chubby 是 Google 设计的提供粗粒度锁服务的一个文件系统，它基于松耦合分布式系统，解决了分布的一致性问题。通过使用 Chubby 提供的锁服务，用户可以确保数据操作过程中的一致性。需要注意的是，这种锁只是一种建议性锁（Advisory Lock），而不是强制性锁（Mandatory Lock），如此选择的目的是使系统具有更大的灵活性。

GFS 使用 Chubby 来选取一台 GFS 主服务器，BigTable 使用 Chubby 指定一台主服务器并发现、控制与其相关的子表服务器。除了最常用的锁服务，Chubby 还可以作为一个稳定的存储系统存储包括元数据在内的小数据。同时，Google 内部使用 Chubby 提供名字服务（Name Server）。

Chubby 被划分成两部分：客户端和服务器端。客户端和服务器端之间通过远程过程调用（RPC）来连接。在客户端，每个客户应用程序都有一个 Chubby 程序库（Chubby Library），客户端的所有应用都是通过调用这个库中的相关函数来完成的。服务器端被称为 Chubby 单元，一般由 5 台被称为副本（Replica）的服务器组成，这 5 个副本在配置上完全一致，并且在系统刚启动时处于对等地位。这些副本通过 Quorum 机制选举产生一台主服务器，并保证在一定的时间内有且仅有一台主服务器，这个时间就称为主服务器租约期（Master Lease）。

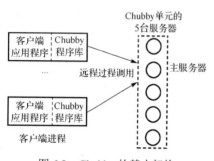

图 6.8　Chubby 的基本架构

如果某台服务器被连续推举为主服务器，这个租约期就会不断地被更新。租约期内所有的客户请求都由主服务器来处理。客户端如果需要确定主服务器的位置，则可以向 DNS 发送一个主服务器定位请求，非主服务器的副本将对该请求做出回应，通过这种方式，客户端能够快速、准确地对主服务器做出定位。Chubby 的基本架构如图 6.8 所示。

（10）Google 的消息序列处理系统

消息序列处理系统（Google Work Queue，GWQ）负责将 Map/Reduce 的工作任务安排给各个计算单元（Cell/Cluster）。消息序列处理系统可以同时管理数万台服务器，可以通过 API 接口和命令行调动消息序列处理系统来进行工作。

（11）Google 的开发工具

除了使用传统的 C++和 Java，Google 开始大量使用 Python。Python 是一种面向对象、直译式计算机程序设计语言，也是一种功能强大而完善的通用型语言，成熟且稳定。这种语言具有非常简洁而清晰的语法特点，适合完成各种高层任务，几乎可以在所有的操作系统中运行。

在 Google 内部，很多项目使用 C++编写性能要求极高的部分，然后用 Python 调用相应的模块。

6.4　大数据的基本概念及特征

大数据技术在以云计算为代表的技术创新基础上将原本很难收集和使用的数据充分利用起来，为人类创造更多的价值。可以说，大数据是互联网发展到一定阶段的必然结果。

6.4.1　大数据的含义

大数据是指所涉及的资料量规模巨大，无法通过目前主流软件工具，在合理时间内达到获取、管理、处理并整理成有助于企业经营决策的信息。大数据最早被描述为更新网络搜索索引，需要同时进行批量处理或分析的大量数据集。随着 Map/Reduce 和 Google File System（GFS）的发布，大数据不仅用来描述大量的数据，还涵盖了处理数据的速度。

大数据可分成大数据技术、大数据工程、大数据科学和大数据应用等方面。目前人们谈论较多的是大数据技术和大数据应用，工程和科学问题尚未被重视。大数据工程是大数据的规划、建设、运营、管理的系统工程。大数据科学关注在大数据网络发展和运营过程中大数据的发展规律及其与自然和社会活动之间的关系。

6.4.2　大数据的特征

从大数据的特征来看，数据源增加、传感器的分辨率提高，使得大数据的体量变大；数据源增加、数据通信的吞吐量提高、数据生成设备的计算能力提高，使得处理大数据的速度加快；移动设备、社交媒体、视频、聊天、基因组学研究和各种传感器的使用，使得大数据的类型变多。

关于大数据的特征，可以用很多词语来表示，比较有代表性的为 "4V" 模型，包括规模性（Volume）、高速性（Velocity）、多样性（Variety）和价值性（Value）。

1．规模性（Volume）

规模性指的是数据的量及其规模的完整性。数据的存储级别从 TB 扩大到 ZB，数据加工处理技术的提高、网络宽带的成倍增加，以及社交网络技术的迅速发展，使得数据产生量和存储量成倍增长。从某种程度上讲，数据数量级的大小并不重要，重要的是数据要具有完整性。

2．高速性（Velocity）

高速性主要表现为数据流和大数据的移动性，在现实中则体现为对数据的实时性需求。随着移动网络的发展，人们对数据的实时应用需求更加普遍，比如通过手持终端设备关注天气、交通、物流等信息。

高速性要求具有时间敏感性和决策性分析，即要求能在第一时间获取重要事件产生的信息。例如，一天之内需要审查 100 万起潜在的贸易欺诈案件；需要分析 10 亿条日实时呼叫的详细记录，以预测客户的流失率。

3．多样性（Variety）

多样性指数据的来源有多种途径（关系型和非关系型数据）。这也意味着用户要在海量、种类繁多的数据间发现其内在关联。互联网时代，各种设备通过网络连成了一个整体。进入以互动为特征的 Web 2.0 时代，个人计算机用户不仅可以通过网络获取信息，还成了信息的制造者和传播者。

在 Web 2.0 时代，不仅数据量开始呈爆炸式增长，数据种类也变得繁多。除了简单的文本分析，还可以对传感器数据、音频、视频、日志文件、点击量以及其他任何可用的信息进行处理。例如，在客户数据库中不仅包括客户名称和地址，还包括客户的职业、兴趣爱好、社会关系等。大数据多样性的本质就是：保留一切需要的、有用的信息，舍弃不需要的信息，发现有关联的数据，并加以收集、分析、加工，使其变为可用的信息。

4．价值性（Value）

价值性体现了大数据运用的稀缺性、不确定性和多样性。从某种程度上说，大数据是数据分析的前沿技术。简言之，大数据技术就是从各种类型的数据中，快速获得有价值的信息。

6.4.3　大数据的价值

如果把大数据比作一种产业，那么这种产业实现盈利的关键在于提高对数据的加工能力，通过加工可实现数据的增值。基于大数据形成决策的模式已经为不少的企业带来了效益。从大数据的价值链条来分析，大数据存在以下几种形式。

① 拥有大数据，但是没有利用好。比较典型的是金融机构、电信行业、政府机构。

② 没有数据，但是知道如何帮助有数据的人利用它。比较典型的是 IT 咨询和服务企业，比如，埃森哲、IBM、Oracle 等。

③ 既有数据，又有大数据思维。比较典型的是 Google、Amazon、Mastercard 公司。

未来在大数据领域最具有价值的是拥有大数据思维的人，这种人可以将大数据的潜在价值转化为实际利益。在各行各业，探求数据价值取决于把握数据的人，关键是人的数据思维。与其说是大数据创造了价值，不如说是大数据思维触发了新的价值增长点。

1. 当前的价值

拥有大数据处理能力，即善于聚合信息并有效利用数据，将会带来层出不穷的创新，从某种意义上说，大数据处理能力代表着一种生产力。

（1）大数据将带来 IT 的技术革命

为解决日益增长的海量数据、数据多样性、数据处理时效性等问题，一定会在存储器、数据仓库、系统架构、人工智能、数据挖掘分析以及信息通信等方面不断涌现突破性技术。

（2）大数据将在各行各业引发创新模式

随着大数据的发展，行业渐进融合，以前认为不相关的行业，通过大数据技术有了相通的渠道。大数据将会产生新的生产模式、商业模式、管理模式，这些新模式会对经济社会发展带来深刻影响。

（3）大数据将给生活带来深刻的变化

大数据技术进步将惠及日常生活的方方面面：家庭中有智能管家提升生活质量；外出购物时，商家会根据消费习惯将购物信息通过无线互联网推送给消费者；外出就餐时，车载语音助手会帮助消费者挑选餐厅并实时报告周边情况和停车状况。

（4）大数据将提升电子政务和政府社会治理的效率

大数据的包容性将打通政府各部门间、政府与市民间的信息边界，信息孤岛现象大幅消减，数据共享成为可能，政府各机构协同办公，效率将显著提高。同时，大数据将极大地提升政府的社会治理能力和公共服务能力。从根本上来说，大数据能够通过改进政府机构和整个政府的决策，使政府机构的工作效率明显提高。另外，政府部门利用各种渠道的数据，将显著改进政府的各项关键政策和工作。

2. 未来的价值

未来大数据的应用无处不在，当物联网发展到一定规模时，借助条形码、二维码、RFID 等技术能够唯一标识产品，通过传感器、可穿戴设备、智能感知、视频采集、增强现实等技术可实现实时的数据采集和分析，而这些数据能够有效地支撑智慧城市、智慧交通、智慧能源、智慧医疗、智慧环保的发展。

未来的大数据除了能更好地解决社会问题、商业营销问题、科学技术问题，还有一个可预见的趋势是以人为本的大数据方针。大部分的数据都与人类有关，要通过大数据解决与人相关的问题。

例如，建立个人的数据中心，将每个人的日常生活习惯、身体特征、社会网络、知识能力、爱好、疾病、情绪波动等除思维外的一切都存储下来，这些数据可以被充分地利用；医疗机构将实时地监测用户身体健康状况；教育机构可更有针对性地制订用户喜欢的教育培训计划；服务行业为用户提供及时健康的符合用户生活习惯的食物和其他服务；社交网络能为用户提供合适的交友对象，并为志同道合的人群组织各种聚会活动；政府能在用户的心理健康出现问题时有效地干预；金融机构能帮助用户进行有效的理财管理，为用户的资金提供更有效的使用建议和规划；道路交通、汽车租赁及运输行业可以为用户提供更合适的出行线路和路途服务等。

3．用户的隐私问题

用户的隐私问题一直是大数据应用难以绕开的一个问题。目前，中国并没有专门的法律法规来界定用户隐私，处理相关问题时多采用其他相关法规条例来解释，但随着民众隐私意识的日益增强，合法、合规地获取数据、分析数据和应用数据是进行大数据分析时必须遵循的原则。

例如，现在有一种职业叫"删帖人"，专门负责帮人到各大网站删帖、删评论。这些人通过黑客技术侵入各大网站，破获管理员的密码然后进行手动定向删除。还有一种职业叫"人肉专家"，他们负责从互联网上找到一个与他们根本无任何关系的用户的任意信息。也就是说，如果有人想找到你，只要具备两个条件之一（一是你上过网，留下过痕迹；二是你的亲朋好友或认识你的人上过网，留下过你的痕迹），就可以找到你，它可能还知道你现在正在哪个餐厅和谁一起共进晚餐。

现在，很多互联网企业为了得到用户的信任，采取了很多办法来保护用户的隐私，比如，Google 承诺仅保留用户 9 个月的搜索记录，浏览器厂商提供无痕上网模式，社交网站拒绝公共搜索引擎的爬虫进入，并将提供出去的数据全部采取匿名方式处理等。

6.4.4　大数据的技术基础

1．云技术

大数据常和云计算联系到一起，可以说，没有大数据的信息积淀，云计算的计算能力再强大，也难以找到用武之地；没有云计算的处理能力，大数据的信息积淀再丰富，也无法实现其价值。

将云计算与大数据进行比较，最明显的区别体现在两个方面。

① 在概念上两者有所不同。云计算改变了 IT，而大数据则改变了业务。然而大数据必须有云计算作为基础架构，才能得以顺畅运营。

② 大数据和云计算的目标受众不同。云计算是 CIO 等关心的技术层，是一个进阶的 IT 解决方案；而大数据是 CEO 关注的，是业务层的产品，大数据的决策者是业务层。

2．分布式处理技术

分布式处理系统可以将不同地点的、具有不同功能的或拥有不同数据的多台计算机用通信网络连接起来，在控制系统的统一管理下，协调地完成信息处理任务。

3．存储技术

大数据可以抽象地分为大数据存储和大数据分析，大数据存储的目的是支撑大数据分析。大数据存储致力于研发可以扩展至 PB 甚至 EB 级别的数据存储平台；大数据分析旨在最短时间内处理大量不同类型的数据集。成本的不断下降也造就了大数据的可存储性。

例如，Google 管理着超过 50 万台服务器和 100 万块硬盘，而且 Google 还在不断地扩大计算能力和存储能力，其中很多的扩展都是在廉价服务器和普通存储硬盘基础上进行的，这大大降低了服务成本，因此可以将更多的资金投入技术的研发中。

以 Amazon 为例，Amazon S3 是一种面向因特网的存储服务。该服务旨在让开发人员更轻松地进行网络规模计算。Amazon S3 提供了一个简明的 Web 服务界面，用户可通过它随时在 Web 上的任何位置存储和检索任意大小的数据。此服务让所有开发人员都能访问同一个具备高扩展性、高可靠性、高安全性和快速价廉的基础设施，Amazon 用它来运行其全球的网站。Amazon S3 卓有成效，存储对象已达到万亿级别，而且性能表现良好。

4．感知技术

大数据的采集和感知技术的发展是紧密联系的。以传感器技术、指纹识别技术、RFID 技术、坐标定位技术等为基础的感知技术同样是物联网发展的基石。全世界的工业设备、汽车、电表上有着无数的数码传感器，随时测量和传递有关位置、运动、震动、温度、湿度乃至空气中化学物质的变化，这都会产生海量的数据信息。

随着智能手机的普及，新的感知技术在不断创新，例如，地理位置信息被广泛地应用，新型手机可通过呼气直接检测燃烧脂肪量，用于手机的嗅觉传感器可以监测空气污染以及危险化学药品，谷歌眼镜 InSight 可通过衣着进行人物识别。

6.5　大数据分析技术

6.5.1　大数据分析的基本要求

1．大数据分析的数据类型

大数据分析的数据类型主要有四大类。

（1）交易数据

大数据平台能够获取时间跨度更大、海量的结构化交易数据，这样就可以对更广泛的交易数据类型进行分析，交易数据不仅包括 POS 或电子商务购物数据，还包括行为交易数据，例如 Web 服务器记录的互联网点击量数据日志。

（2）人为数据

人为的非结构化数据由电子邮件、文档、图片、音频、视频，以及社交媒体产生。这些数据为使用文本分析功能进行分析提供了丰富的数据源和支撑。

（3）移动数据

智能手机等移动设备上的 App 包含 App 内的交易数据（如搜索产品的记录事件）和个人信息资料或状态报告事件（如地点变更即报告一个新的地理编码）等海量信息。

（4）机器和传感器数据

机器和传感器数据包括功能设备创建或生成的数据，例如，智能电表、智能温度控制器、工厂机器和连接互联网的家用电器。这些设备可以与互联网中的其他节点通信，还可以自动向服务器传输数据。

机器和传感器数据在物联网中广泛应用，来自物联网的数据可以用于构建分析模型、连续监测预测性行为（例如，当传感器值表示有问题时进行识别）及提供规定的指令（例如，在真正出现问题之前技术人员给予用户信息提示）。

2．大数据分析的 5 个方面

（1）可视化分析

使用大数据分析结果的人不仅有大数据分析专家，还有普通用户。他们对于大数据分析最基本的要求就是实现可视化分析，因为可视化分析能够直观地呈现大数据特点，用户易于理解。

（2）数据挖掘

大数据分析的理论核心是数据挖掘，各种数据挖掘算法基于不同的数据类型和格式，科学地呈现数据本身具备的特点，深入数据内部，挖掘出公认的价值。

（3）预测性分析能力

大数据分析最重要的应用领域就是预测性分析，从大数据中挖掘出特点，建立科学的预测模型，之后便可以通过模型代入新的数据，从而预测未来。

（4）语义引擎

大数据分析广泛应用于网络数据挖掘领域，可从用户的搜索关键词、标签关键词或其他输入语义中，分析、判断用户需求，从而实现更好的用户体验和广告匹配。

（5）数据质量和数据管理

大数据分析离不开数据质量和数据管理，高质量的数据和有效的数据管理，无论是在学术研究还是在商业应用领域，都能够保证分析结果的真实性和价值性。

6.5.2　大数据处理分析工具

大数据分析可以帮助企业更好地适应变化，从而做出更明智的决策。

1. 常见分析工具

（1）Hadoop

Hadoop 是一个能够对大量数据进行分布式处理的软件框架。Hadoop 以一种可靠、高效、可伸缩的方式对大数据进行可靠处理。通过维护多个工作数据副本，确保能够针对失败的节点重新进行分布处理。

Hadoop 依赖于社区服务器，成本比较低，是一个能够让用户轻松使用的分布式计算平台。用户可以轻松地在 Hadoop 上开发和运行处理海量数据的应用程序。它主要有以下几个优点。

① 高可靠性。Hadoop 按位存储和处理数据的能力值得人们信赖。

② 高扩展性。Hadoop 在可用的计算机集簇间分配数据并完成计算任务，这些集簇可以被方便地扩展到数以千计的节点中。

③ 高效性。Hadoop 通过并行处理加快数据处理速度，同时能够在节点之间动态地移动数据，并保证各个节点的动态平衡，因此处理数据的速度非常快。

④ 高容错性。Hadoop 能够自动保存数据的多个副本，并且能够自动将失败的任务重新分配。

⑤ 易用性。Hadoop 带有用 Java 编写的框架，因此非常适合运行在 Linux 平台上。Hadoop 上的应用程序也可以使用其他语言编写，如 C++。

（2）HPCC

HPCC 是 High Performance Computing and Communications 的缩写，意为高性能计算与通信。HPCC 是美国实施信息高速公路而实施的计划，该计划的主要目标是：开发可扩展的计算系统及相关软件，以支持太位级网络传输性能；开发千兆比特网络技术，扩展研究和教育机构的网络连接能力。HPCC 的基本架构如图 6.9 所示。

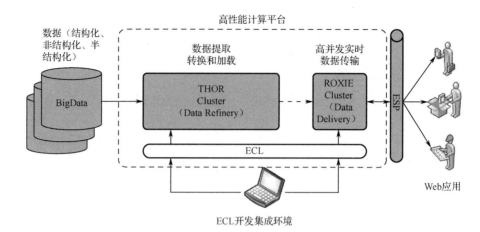

图 6.9 HPCC 的基本架构

图 6.9 是 HPCC 的基本架构，描述了不同组件之间是如何相互协作而构成一个强大的大数据管理系统的。每个组件的基本功能如下。

THOR（数据加工）负责加工、转换、连接和索引数据。作为一个分布式文件系统，其具有跨节点的并行处理能力，一个集群规模可以从单一的节点扩展到上千个节点。

ROXIE（查询集群）提供单独的高性能联机查询处理和数据仓库管理功能。

ECL 是强有力的程序设计语言，适合维护数据量大的数据库。

ECL 开发集成环境是可以进行编码、调试，以及监控 ECL 程序的集成开发环境。

ESP（企业服务平台）提供了一个易于使用的接口，用户通过该接口可以访问 XML、HTTP、SOAP 和 REST 查询。

HPCC 主要由五部分组成。

① 高性能计算机系统（HPCS），包括计算机系统的研究、系统设计工具、先进的典型系统及原有系统的评价等。

② 先进软件技术与算法（ASTA），包括解决问题的软件支撑、新算法设计、软件分支与工具、高性能计算研究中心等。

③ 国家科研与教育网格（NREN），包括中接站及 10 亿位级传输的研究与开发。

④ 基本研究与人类资源（BRHR），包括基础研究、培训、教育及课程教材。

⑤ 信息基础结构技术和应用（IITA），目的在于保证美国在先进信息技术开发方面的领先地位。

（3）RapidMiner

RapidMiner 是世界领先的数据挖掘解决方案，其数据挖掘任务涉及范围广泛，包括各种数据处理技术，能简化数据挖掘过程的设计和评价。

RapidMiner 具有以下功能和特点。

● 免费提供数据挖掘技术和库。

● 100% 使用 Java 代码（可运行在操作系统上）。

● 数据挖掘过程简单、强大和直观。

● 内部 XML 结构保证了用标准化的格式来表示交换数据挖掘过程。

● 可以用简单脚本语言自动进行大规模进程处理。

● 多层次的数据视图，确保数据的有效性和透明性。

● 具有图形用户界面的互动原型。

● 命令行（批处理模式）自动大规模应用。

● 提供 Java API 应用编程接口。

● 简单的插件和推广机制。

● 强大的可视化引擎，高维数据的可视化建模工具。

● 400 多个数据挖掘运营商支持。

耶鲁大学已成功地将 RapidMiner 应用在许多不同的领域，包括文本挖掘、多媒体挖掘、功能设计、数据流挖掘和分布式数据挖掘等。

（4）Pentaho BI 平台

Pentaho BI 平台是一个以流程为中心、面向解决方案的框架。其目的在于将一系列企业级 BI 产品、开源软件、API 等组件集成起来，方便商务智能应用的开发。它可以把一系列面向商务智能的独立产品（如 Jfree、Quartz 等）集成在一起，构成复杂、完整的商务智能解决方案。

Pentaho BI 平台的核心架构以流程为中心，因为其中枢控制器是一个工作流引擎。工作流引擎使用流程定义来定义在 Pentaho BI 平台上执行的商业智能流程。流程可以很容易地被定制，用户也可以添加新的流程。Pentaho BI 平台包含组件和报表，用于分析这些流程的性能。

目前，Pentaho BI 平台的主要组件包括报表生成、分析、数据挖掘和工作流管理。这些组件通过 J2EE、WebService、SOAP、HTTP、Java、JavaScript、Portals 等技术集成到 Pentaho BI 平台。Pentaho 的发行，主要以 Pentaho SDK 的形式进行。

Pentaho SDK 共包含五部分：Pentaho 平台、Pentaho 示例数据库、可独立运行的 Pentaho 平台、Pentaho 解决方案示例和一台预先配制好的 Pentaho 网络服务器。

① Pentaho 平台。Pentaho 平台包括 Pentaho BI 平台源代码的主体。

② Pentaho 示例数据库。Pentaho 示例数据库为 Pentaho BI 平台的正常运行提供数据服务，包括配置信息、Solution 相关的信息等，对于 Pentaho BI 平台来说，它不是必需的，因为通过配置可以用其他数据库取代。

③ 可独立运行的 Pentaho 平台。可独立运行的 Pentaho 平台是 Pentaho BI 平台的独立运行模式的示例，它演示了如何使 Pentaho BI 平台在没有应用服务器支持的情况下独立运行。

④ Pentaho 解决方案示例。Pentaho 解决方案示例是一个 Eclipse 工程，用来演示如何为 Pentaho BI 平台开发相关的商业智能解决方案。

⑤ Pentaho 网络服务器。Pentaho BI 平台构建在服务器、引擎和组件的基础上。这些基础提供了系统的 J2EE 服务器、Portal、工作流、规则引擎、图表、协作、内容管理、数据集成、分析和建模功能。大部分组件是基于标准的，可被其他产品替换。

2．Hadoop 简介

Hadoop 的雏形为 2002 年 Apache 开源项目 Nutch，Nutch 是一个开源的由 Java 实现的搜索引擎。它提供了运行搜索引擎所需的全部工具，包括全文搜索和 Web 爬虫。Hadoop 的核心是 HDFS（Hadoop Distributed File System，Hadoop 分布式文件系统）和 Map/Reduce，同时 Hadoop 旗下有很多基于 HDFS 和 Map/Reduce 的经典子项目，如 HBase、Hive 等。

在通常情况下，Hadoop 应用于分布式环境。就像 Linux 一样，厂商集成和测试 Apache Hadoop 系统的组件，并添加自己的工具和管理功能。总的来说，Hadoop 适用于大数据存储和大数据分析，适合运行于几千台到几万台的服务器集群，支持 PB 级的存储容量。Hadoop

的典型应用有搜索、日志处理、推荐系统、数据分析、视频图像分析及数据保存，但 Hadoop 的使用范围远小于 SQL 或 Python 之类的脚本语言。

（1）HDFS

HDFS 是一个高容错性文件系统，适合部署在廉价的机器上。HDFS 能提供高数据访问的吞吐量，适合有超大数据集（Large Data Set）的应用程序。HDFS 的设计有如下特点。

① 大数据文件。非常适合于存储 TB 级的大文件或者大数据文件。

② 文件分块存储。HDFS 会将一个完整的大文件平均分块存储到不同主机上。它的意义在于读取文件时可以同时从多台主机读取不同区块的文件，多主机读取比单主机读取效率更高。

③ 流式数据访问，即一次写入多次读/写，这种模式与传统文件不同，它不支持动态改变文件内容，而要求文件一次写入就不再变化，要变化也只能在文件末尾添加内容。

④ 支持廉价硬件。HDFS 可以应用在普通 PC 上，这种机制能够让一些公司用几十台廉价计算机就可以撑起一个大数据集群。

⑤ 防止硬件故障。HDFS 认为所有主机都可能会出现问题，为了防止某台主机失效而无法读取该主机的块文件的情况，它将同一个文件块副本分配到其他某几台主机上，如果其中一台主机失效，则可以迅速通过另一个文件块副本替换文件。

HDFS 的关键元素有以下几个。

① Block。将一个文件进行分块，通常每个块文件被分为 64MB。

② NameNode。NameNode 保存整个文件系统的目录信息、文件信息及分块信息。最初，这些信息由一台主机专门保存，如果这台主机出错，NameNode 就会失效。后来，在 Hadoop 2.* 版本以后，支持 activity-standy 模式，即主 NameNode 失效，启动备用主机运行 NameNode。

③ DataNode。DataNode 分布在廉价的计算机上，用于存储 Block 块文件。

HDFS 的文件存储如图 6.10 所示。

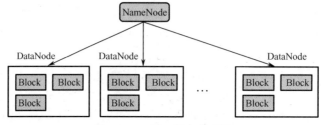

图 6.10　HDFS 的文件存储

（2）Map/Reduce

Map/Reduce 是一套从海量数据源提取分析元素，然后返回结果集的编程模型。将文件分布式存储到硬盘是第一步，而从海量数据中提取分析所需的内容就是 Map/Reduce 的任务。

下面以计算海量数据最大值为例：一个银行有上亿个储户，银行希望找到存储金额中最高的金额是多少，按照传统的计算方式，编写以下代码。

Java 代码：

```java
Longmoneys[]
Longmax=0L;
for(inti=0;i<moneys.length;i++){
if(moneys[i]>max){
max=moneys[i];
```

```
      }
    }
```

如果参与计算的数据较少，这样实现是不会有问题的，但是面对海量数据的时候就会有问题。

如果采用 Map/Reduce，则会这样做：首先，数据是分布存储在不同块中的，以某几个块为一个 Map，计算出 Map 中的最大值；然后将每个 Map 中的最大值进行 Reduce 操作，Reduce 再取最大值给用户，过程如图 6.11 所示。

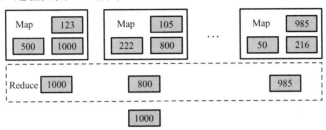

图 6.11　Map/Reduce 工作过程示意

Map/Reduce 的基本原理可概括为：将海量数据分成小块逐个进行分析，再将提取出来的数据汇总分析，最后获得想要的内容。当然，分块和进行 Reduce 操作的过程是非常复杂的，而 Hadoop 已经提供了数据分析的实现，用户只需编写简单的需求命令即可获得想要的数据。

Google 的网络搜索引擎在得益于算法发挥作用的同时，Map/Reduce 在后台发挥了极大的作用。Map/Reduce 框架已成为当今大数据处理背后的最具影响力的"发动机"。

Map/Reduce 的重要创新是当处理一个大数据集查询操作时会将其任务分解并运行在多个节点中。将这种技术与 Linux 服务器结合，可获得性价比极高的替代大规模计算阵列的方法。

HDFS 与 Map/Reduce 的结合使得系统的运行更为稳健。在处理大数据的过程中，当 Hadoop 集群中的服务器出现错误时，整个计算过程并不会终止。同时 HDFS 可保障在整个集群中发生故障错误时的数据冗余。当计算完成时，将结果写入 HDFS 的一个节点中，HDFS 对存储的数据格式并无苛刻的要求，数据可以是非结构化或其他类别。开发人员编写代码的责任是使数据有意义，Hadoop、Map/Reduce 的编程过程可以利用 Java APIs 进行，并可手动加载数据文件到 HDFS 中。

（3）Pig 和 Hive

开发人员直接使用 Java APIs 可能容易出错，也限制了 Java 程序员在 Hadoop 上编程的灵活性。于是 Hadoop 提供了两个解决方案，即 Pig 和 Hive，使得 Hadoop 编程变得更加容易。

① Pig 是一种编程语言。Pig 简化了 Hadoop 常见的工作任务，可加载数据、表达转换数据及存储最终结果。Pig 内置的操作使得半结构化数据（如日志文件）变得有意义。同时 Pig 可扩展使用 Java 中添加的自定义数据类型并支持数据转换。Pig 赋予开发人员更多的灵活性，并允许开发简洁的脚本用于转换数据流，以便嵌入较大的应用程序中。

② Hive 扮演数据仓库的角色。Hive 可以在 HDFS 中添加数据的结构，并允许使用类似于 SQL 语法进行数据查询。与 Pig 一样，Hive 的核心功能是可扩展的。Hive 适合于处理数据仓库的任务，主要用于静态的结构以及需要经常分析的工作。

（4）改善数据访问：HBase、Sqoop 及 Flume

Hadoop 的核心是一套批处理系统，数据加载进 HDFS，然后处理并检索。HBase 作为面向列的数据库运行在 HDFS 之上。HBase 以 Google BigTable 为蓝本，目标是在主机内数十亿行数据中快速定位所需的数据并访问它。HBase 利用 Map/Reduce 来处理内部的海量数据。同时 Hive 和 Pig 都可以与 HBase 组合使用，Hive 和 Pig 还为 HBase 提供了高层语言支持，使得在 HBase 上进行数据统计处理变得非常简单。

Sqoop 和 Flume 可改进数据的互操作性。Sqoop 的功能主要是从关系数据库导入数据到 Hadoop，并可直接导入 HDFS 或 Hive 中。而 Flume 旨在直接将流数据或日志数据导入 HDFS 中。

6.6　知识扩展

6.6.1　云终端的现状

Microsoft 公司倡导的云计算是"云+端计算"，终端是由操作系统加上桌面软件构成的，计算能力仍旧依赖终端的处理能力。而其他云计算技术倡导的是运行、计算、存储都在云端，充分利用服务器资源，对于终端性能要求很低，可以说是"超瘦"终端，只需要一台能上网的设备，用户通过互联网就能实现处理文档、存储资料。因此，在这里将能使用云应用的设备都称为云终端，而不局限于仅能运行云应用的终端。

根据各种云计算技术的定位以及相关商用产品已发布的白皮书，结合实际测试结果，给出常见的云终端，如表 6.4 所示。

表 6.4　常见的云终端

分　类	特　点	云计算技术	终　端
类型 1：云+端	云存储，端计算	Windows Azure	PC、笔记本电脑
类型 2：纯云	运行、技术、存储都在云端	Google 云计算技术	PC、笔记本电脑； 网络终端机（网络计算机）； 上网本，UMPC； MID； 离子平台（家庭媒体中心）； 智能手机
		Hadoop	
		Amazon 云计算技术 AWS	
		基于应用虚拟化的云计算技术	

PC、笔记本电脑的技术日益成熟，性能提高较快，可以作为类型 1、类型 2 两类云计算技术的终端部分。

表 6.5 描述了除笔记本电脑、PC 外，支持类型 2 的云计算应用的终端的现状以及在应用中存在的一些问题。

表 6.5　非 PC 类云终端的特点

终　端	市 场 定 位	特　点	市 场 产 品	存 在 问 题
网络终端机	使用常规系统的行业用户，如教育、呼叫中心、政府机构、证券金融等	外形小巧； 操作系统固化； 能耗低； 价位低	属低端产品，国外知名厂家不是很热衷，国内几个厂家已推出产品，如清华同方、龙芯等	应用范围比较局限
上 网 本，UMPC	个人用户	精致小巧； 性能相对笔记本电脑较低； 能耗较低	国内外厂商都有相应产品	续航能力差，便携性不足

续表

终　　端	市 场 定 位	特　　点	市 场 产 品	存 在 问 题
MID	个人用户	介于上网本与手机之间的网络终端设备，外形更为小巧，能耗低	国内外厂商都有相应产品，Intel 正在大力倡导	续航能力较差，接口较少，便携性不足
离子平台	家庭用户；家庭媒体中心	由 Intel Atom 处理器（目前有部分产品采用 Intel 的迅驰 CPU）和 NVIDIA 自家的 GeForce 9400M（代号 MCP79）芯片组组合而成的迷你计算机；支持高清媒体播放，适合外接电视，利用家庭电视进行网上冲浪和使用云应用等；能耗低	国内外厂商都有相应产品	非固化操作系统，网上冲浪和安装一些常规软件仍会带来一定的安全风险并有一定的维护要求，不便于家庭用户使用
智能手机	个人用户	随身携带，支持手机网络，随时使用	国内外厂商都有相应产品	屏幕普遍小，用户输入不便，带来了使用上的不便

6.6.2　云终端的发展趋势

Microsoft 等公司提出的"云+端计算"，对终端是有计算能力要求的，应用软件运行在终端上，软件需要的计算资源越多，对终端的要求也就越高。文件可以存储在本地，然后同步到网络上。因此，这一类终端的发展应该跟随当前 PC 的发展方向，处理能力、存储能力、3D 显示能力各方面都会继续发展，并且随着操作系统和软件的升级不断提高。

由于云平台的存在，软件可以免安装，在这种情况下，这一类云终端可以朝着便携性方向发展，类似笔记本电脑。其面向的用户群更多的是个人用户和需要进行大量图形处理与占用计算资源大的企业用户。

对于纯云环境下的云终端，它的基本要求就是有稳定的网络连接和基本的计算能力，必须适应不同用户群和云计算发展的要求。

1．企业用户

网络终端机可以适应大部分使用常规应用的企业，为了满足企业差旅的要求，仍需向提高便携性方向发展，解决使用上的局限性问题。

2．个人用户

上网本、UMPC（Ultra Mobile PC）、MID（Mobile Internet Device）等设备仍存在续航能力差、便携性不足的问题，它的发展应该朝着便携性，以及方便易用的人机界面方向发展。便携性涵盖了节电、优化电源管理、快速启动、支持 4G 网络、小尺寸、免升级、免维护、安全可靠的特点。

智能手机存在着屏幕小、输入不便的问题，很难作为大规模使用云应用的终端，需要往稍大屏幕、外接屏幕、创新输入模式的方向发展。

考虑个人用户的应用场景，设备还应该能够支持用户对音乐、视频播放等的需求。随着视频技术的发展，要适应用户的需求，终端设备应该能够支持高清视频的播放，但由于屏幕大小的限制，自带屏幕只能够支持半高清视频的播放，但外接到大屏幕显示器和电视上时，应该能够支持全高清视频的播放。另外，外接到大屏幕时，用户也应该能够通过外接输入设备（如无线键盘鼠标）使用。

3. 家庭用户

离子平台以家庭的电视作为显示器，它作为小尺寸的固定终端，具备一定的数据处理能力，可以播放高清电影。通过该终端，用户可以看电视、看网络电影、玩游戏，也可以使用云平台上的软件进行移动办公。离子平台目前仍存在着安全风险并对操作系统有维护要求，考虑家庭用户的应用场景，离子平台需要固化操作系统并家电化。

云计算是未来的趋势，而最终把云计算的便利性带给用户的还是终端设备，因此云终端也必须能够适应和满足云计算的要求与用户不同的应用场景需求。

云计算带来了4C融合，即计算（Computer）、通信（Communication）、消费电子（Consumer Electronics）、内容（Content）之间的融合；而4C的融合也带动了终端的融合，意味着各种便携网络设备、PC、手机、家电之间的界线越来越模糊。可以想象，手机发展到一定程度，既可以通话、上网、控制家电，当外接屏幕和输入设备时，又可以当成一台办公电脑，而且内容方面可以和所有的终端共享。具有强大便携性、移动性和娱乐性且可以利用云计算进行办公的云终端产品将会成为市场的主流。

习题6

一、填空题

1. 云计算是分布式计算、并行计算等传统计算机技术和_____发展融合的产物。

2. 云是指以云计算、网络及虚拟化为核心技术，通过一系列的软件和硬件实现_____的一种计算机技术。

3. 根据目前主流云计算服务商提供的服务，一般将云计算分为基础设施即服务、平台即服务和_____三大类型。

4. 基础设施即服务提供给用户的服务是对所有_____的利用。

5. 平台即服务是指将_____作为一种服务提交给用户。平台通常包括操作系统、编程语言的运行环境、数据库和Web服务器。

6. 软件即服务是一种通过因特网提供软件的模式，用户无须购买软件，直接通过向提供商_____来管理企业经营活动。

7. AWS提供基于云的基础架构，并提供基于SOAP的_____接口，对最终用户来说，只需浏览器就可以使用。

8. Hadoop是Apache软件基金会研发的_____和分布式文件系统，用于在大型集群的廉价硬件设备上提供高效、高容错性、稳定的分布式运行接口和存储能力。

9. Microsoft公司倡导的云计算是"云+端计算"，终端是_____的方式。

10. 用户能够租赁具有_____，并获得相关的计算资源和存储资源服务，这是IaaS区别于PaaS和SaaS的特点。

11. 大数据是指所涉及的资料量_____，无法通过目前主流软件工具，在合理时间内整理成有助于企业经营决策的信息。

12. 描述大数据的特征比较有代表性的是"4V"模型，包括_____。

13. 大数据可分成大数据技术、大数据工程、大数据科学和大数据应用等方面，目前人们谈论较多的是_____。

14. 大数据要分析的数据类型主要有交易数据、人为数据、移动数据及_____。

15. 大数据分析的 5 个方面包括可视化分析、数据挖掘、预测性分析能力、语义引擎及_____。

16. Hadoop 依赖于_____，成本比较低，是一个能够让用户轻松使用的分布式计算平台。用户可以轻松地在 Hadoop 上开发和运行处理海量数据的应用程序。

17. 耶鲁大学已成功地将_____应用在许多不同的领域，包括文本挖掘、多媒体挖掘、功能设计、数据流挖掘和分布式数据挖掘等。

18. Pentaho BI 平台是一个以_____为中心，面向解决方案的框架。它可以把一系列面向商务智能的独立产品集成在一起。

二、选择题

1. 云计算是对（　　）技术的发展与运用。

　　A．并行计算　　　　　B．效用计算　　　　　C．分布式计算　　　　D．以上三个选项都是

2. 从研究现状上看，下面不属于云计算特点的是（　　）。

　　A．超大规模　　　　　B．虚拟化　　　　　C．私有化　　　　　D．高可靠性

3. Microsoft 公司推出的云计算操作系统是（　　）。

　　A．Google App Engine　　B．蓝云　　　　C．Azure　　　　D．EC2

4. 将平台作为服务的云计算服务类型是（　　）。

　　A．IaaS　　　　　　B．PaaS　　　　　C．SaaS　　　　D．以上三个选项都不是

5. 将基础设施作为服务的云计算服务类型是（　　）。

　　A．IaaS　　　　　　B．PaaS　　　　　C．SaaS　　　　D．以上三个选项都不是

6. IaaS 系统管理模块的核心功能是（　　）。

　　A．负载均衡　　　　　　　　　　　B．监视节点的运行状态

　　C．应用 API　　　　　　　　　　　D．节点环境配置

7. 下列不属于 Google 云计算平台技术架构的是（　　）。

　　A．并行数据处理 Map/Reduce　　　　B．分布式锁 Chubby

　　C．结构化数据表 BigTable　　　　　D．弹性云计算 EC2

8. Google 文件系统（GFS）分块默认的块大小是（　　）。

　　A．32MB　　　　　B．64MB　　　　　C．128MB　　　　D．16MB

9. Google 提出的用于处理海量数据的并行编程模式和大规模数据集的并行运算的软件架构是（　　）。

　　A．GFS　　　　　　B．Map/Reduce　　　C．Chubby　　　　D．BigTable

10. 下面关于 Map/Reduce 模型中 Map 函数与 Reduce 函数的描述，正确的是（　　）。

　　A．一个 Map 函数就是可以对一部分原始数据进行指定的操作

　　B．一个 Map 操作就是对每个 Reduce 所产生的一部分中间结果进行合并操作

　　C．Map 与 Map 之间不是相互独立的

　　D．Reduce 与 Reduce 之间不是相互独立的

11. Google App Engine 目前支持的编程语言是（　　）。

　　A．Python　　　　　B．SQL　　　　　C．汇编语言　　　　D．Pascal

12. Map/Reduce 的 Map 函数产生很多的（　　）。

　　A．key　　　　　　B．value　　　　　C．<key,value>　　　D．Hash

13. Google 收集的信息不包括（　　）。

　　A．日志信息　　　　B．位置信息　　　　C．你的家庭成员　　　D．Cookie 和匿名标识符

三、简答题

1. 简述云和云计算的区别。

2. 云计算的常见类型有哪些？它们之间有什么关系？

3. IaaS 具有哪些技术特征？

4. 云计算和传统的 IT 服务有哪些不同之处？

5. 说明云终端的基本类型及其发展趋势。

6. 简述大数据的基本特征。

7. 简述大数据的应用价值。

8. 在使用大数据时，应注意哪些隐私问题？

9. 简述云技术、分布式处理技术、存储技术及感知技术在大数据处理中的作用。

10. 大数据分析包括哪几个方面？

11. 常见的大数据分析工具有哪些？

第7章 人工智能

7.1 人工智能概述

7.1.1 人工智能的产生和发展

1. 概念

人工智能（Aritificial Intelligence，AI）是计算机科学的一个分支，它企图了解智能的实质，并生产出一种能以与人类智能相似的方式做出反应的智能机器。人工智能是对人的意识、思维的信息过程的模拟。目前该领域的研究方向主要包括机器人、语言识别、图像识别、自然语言处理（NLP）和专家系统，用来替代人类实现识别、认知、分类和决策等多种功能。人工智能的研究领域、应用领域及三大流派如图 7.1 所示。

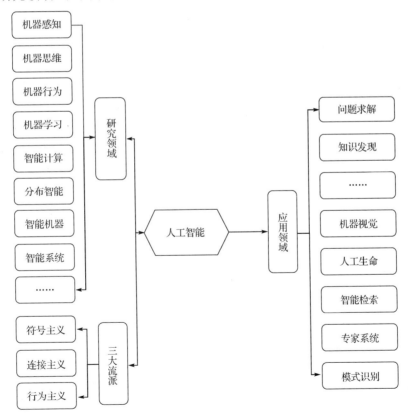

图 7.1　人工智能的研究领域、应用领域及三大流派

2. 产生和发展

2015 年 3 月，机器人 AlphaGo 在围棋比赛中获胜，使人工智能又一次成为热门话题。然

而，人工智能的历史远比 AlphaGo 悠久得多，其经历了"三起两落"。

（1）人工智能的诞生（1943—1956 年）

20 世纪 40 年代至 50 年代，来自数学、心理学、工程学、经济学和政治学等不同领域的一批科学家开始探讨制造人工大脑的可能性。1956 年夏天，香农和一群年轻的学者在达特茅斯学院举行了一次头脑风暴式研讨会，会上纽厄尔和西蒙提出了"逻辑理论家"的概念，而麦卡锡提出使用"人工智能"作为这一领域的名称。在这次会议上，人工智能的名称和任务得以确定，标志着人工智能的诞生。

（2）黄金年代（1956—1974 年）

达特茅斯会议之后的近 20 年是人工智能迅速发展的阶段。这一阶段开发出的程序具备一些新的特点，例如，计算机可以解决代数应用题、可以证明几何定理、可以学习和使用英语等。

当时，大多数人无法相信计算机能够如此"智能"，研究者认为具有完全智能的计算机将在 20 年内出现。同时，ARPA 等政府机构向这一新兴领域投入了大笔资金。然而，早期人工智能使用传统的人工智能方法进行研究，所谓传统的人工智能方法，简单地说，就是首先了解人类是如何产生智能的，然后让计算机按照人的思路去做。因此在语音识别、机器翻译等领域长时间得不到突破，人工智能研究随后陷入低谷。

（3）第一次低谷（1974—1980 年）

20 世纪 70 年代，由于人工智能的研究者对项目难度评估不足，新的研究项目基本以失败告终，人工智能研究遭遇瓶颈，人们当初的乐观期望遭到了严重打击。

例如，1972 年康奈尔大学的教授弗雷德·贾里尼克在 IBM 进行语音识别时采用了新的语音识别模型。在这之前，人们在语音识别领域已进行 20 多年的研究，主流的研究方法有两个特点：一是让计算机尽可能地模拟人的发音特点和听觉特征；二是让计算机尽可能地理解人所讲的完整的语句。传统的语音识别主要采用的技术是基于规则和语义的传统人工智能方法。

贾里尼克认为人的大脑是一个信息源，从思考到找到合适的语句再通过发音说出来是一个编码的过程，经过媒介传播到耳朵是一个解码的过程。这是一个典型的通信问题，可以用解决通信的方法来解决。为此，贾里尼克用两种数据模型分别描述信源和信道（马尔可夫模型）。然后使用大量的语音数据来进行训练。最后，贾里尼克团队花费了 4 年时间，将语音识别的准确率从过去的 70%提高到了 90%。

后来，研究者尝试使用此方法来解决其他智能问题，但因为缺少训练样本，结果都不太理想。例如，今天已经比较常见的计算机视觉功能在当时就不可能找到一个足够大的数据库来支撑程序去学习，计算机无法通过足够的数据量来学习，自然也就谈不上视觉方面的智能化。再加上，计算复杂性的指数级增长、数据量缺失、计算机性能的瓶颈等问题，使得众多人工智能研究项目基本以失败告终，至此人工智能研究进入第一次低谷。

（4）第一次繁荣（1980—1987 年）

20 世纪 80 年代，一套被称为"专家系统"的具备人工智能思想的程序开始被一些大公司使用。专家系统是一套程序，其能力来自存储的专业知识。专家系统能够依据一组从专门知识中推演出的逻辑规则回答或解决某一特定领域的问题。专家系统仅限于一个很小的知识领域，其简单的设计使它易于编程实现。

此时，知识库系统和知识工程成为研究者研究的主要方向，再加上新型神经网络和反向传播（BP）算法的提出使连接主义重获新生。这时，政府部门开始投入大量资金供研究人员进行人工智能项目的研究，例如，1981 年日本经济产业省拨款近 9 亿美元支持第五代计算机项目。其目标是制造出能够与人对话、翻译语言、解释图像并且能像人一样进行推理的计算机。这时，其他国家的政府部门也纷纷向人工智能和信息技术的大规模项目提供资助，人工智能研究又迎来了大发展。

（5）第二次低谷（1987—1993 年）

从 20 世纪 80 年代末到 90 年代初，人工智能又遭遇了一系列财政问题。首先是 1987 年人工智能硬件市场需求突然下跌。同时，专家系统的缺点也展现出来：难以升级、健壮性差、维护费高且实用性仅仅局限于某些特定领域。到了 20 世纪 80 年代末期，政府对人工智能研究的资助大幅减少。截至 1991 年，人们发现 10 年前日本宏伟的"第五代计算机项目"并没有实现。事实上，其中一些目标，比如"与人对话"，到了 2010 年也没有实现。人工智能研究再一次进入低谷。

（6）走在正确的路上（1993—2005 年）

经过 50 余年的不断探索，到了 20 世纪 90 年代，人工智能终于实现了它最初的一些目标并被成功地用在技术产业中，这些成就有些归功于计算机性能的提升，有些则是在特定领域有所突破。

第一次让全世界的人们感受到计算机智能水平得到质的飞跃是 1996 年 IBM 的超级计算机深蓝大战国际象棋冠军卡斯帕罗夫的时刻。虽然卡斯帕罗夫最后以 4∶2 战胜了计算机深蓝，但时隔一年后，改进后的计算机深蓝以 3.5∶2.5 战胜了卡斯帕罗夫。1997 年以后，在国际象棋人机对弈领域，计算机已经可以完胜人类。计算机深蓝学习了世界上几百位国际大师的对弈棋谱，也会考虑卡斯帕罗夫可能的走法，并对不同的状态给出可能性评估，然后根据对方下一步走法对盘面的影响，找到一个最有利自己的状态，并走出这步棋。可以发现，计算机深蓝团队其实是把一个机器智能问题变成了一个大数据和大量计算的问题。

越来越多的人工智能研究者开始开发和使用复杂的数学工具。这是因为研究者广泛地认识到，许多人工智能需要解决的问题已经成为数学、经济学和运筹学领域的研究课题。这时，大量的新工具被应用到人工智能中，包括贝叶斯网络、隐马尔可夫模型、信息论、随机模型和经典优化理论，以及针对神经网络和进化算法等计算智能范式的精确数学描述也得到了应用。

（7）大数据时代（2005 年至今）

从某种意义上讲，2005 年是大数据元年，虽然大部分人感受不到数据带来的变化，但是一项科研成果让全世界从事机器翻译的人感到震惊，那就是 Google 以巨大的优势打败了全世界所有的机器翻译研究团队。

Google 聘请机器翻译专家弗朗兹·奥科博士进行机器翻译研究。奥科使用大量数据来训练系统，最终训练出一个六元模型，而当时大部分研究团队的数据量只够训练三元模型。简单地讲，一个好的三元模型可以准确地构造英语句子中的短语和简单的句子成分之间的搭配，而六元模型则可以构造整个从句和复杂的句子成分之间的搭配，相当于实现了将这些片段从一种语言到另一种语言的直接对译。可以想象，如果一个系统对大部分句子在很长的片段上进行直译，那么其准确性相比那些在词组单元进行翻译的系统要准确得多。

互联网的出现，使得可用的数据量剧增，各个领域的数据不断向外扩展，逐渐形成数据交叉，各个维度的数据从点和线逐渐连成了网，或者说，数据之间的关联性极大增强，在这样的背景下，大数据应运而生。

大数据是一种思维方式的改变。在以前，计算机并不擅长解决智能问题，但是今天智能问题逐渐变为了数据问题。由此，全世界开始了新一轮的技术革命——智能革命。

7.1.2 人工智能的主要流派

人工智能在发展过程中逐渐形成了多个思维学派，主要包括符号主义、连接主义、行为主义，如图 7.2 所示。

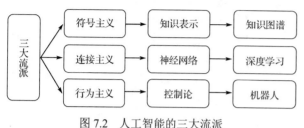

图 7.2　人工智能的三大流派

1. 符号主义

符号主义又称为逻辑主义、心理学派或计算机学派，其原理主要为物理符号系统假设和有限合理性。

符号主义认为人工智能源于数理逻辑。数理逻辑从 19 世纪末开始迅速发展，到 20 世纪 30 年代开始用于描述智能行为，后来又在计算机上实现了逻辑演绎系统。其有代表性的成果为启发式程序逻辑理论家，证明了 38 条数学定理，表明可以应用计算机研究人的思维，模拟人类智能活动。后来又发展了启发式算法、专家系统、知识工程理论与技术，并在 20 世纪 80 年代得到很大发展。

符号主义认为人类认知和思维的基本单元是符号，而认知过程就是符号表示上的一种运算。人是一个物理符号系统，计算机也是一个物理符号系统，因此就能够用计算机来模拟人的智能行为，即用计算机的符号操作来模拟人的认知过程。这种方法的实质是模拟人的左脑抽象逻辑思维，通过研究人类认知系统的功能机理，用某种符号来描述人类的认知过程，并把这种符号输入能处理符号的计算机中，模拟人类的认知过程，实现人工智能。

专家系统的成功开发与应用，对人工智能走向工程应用和实现理论联系实际具有重要的意义。目前，以基于规则的系统为代表的符号主义，正向以神经网络、统计学习为代表的连接主义转变，同时以符号表示的表象主义也在向嵌入、进化、生成论方向发展。

2. 连接主义

连接主义又称为仿生学派或生理学派，是一种基于神经网络及网络间的连接机制与学习算法的智能模拟方法。这一学派认为人工智能源于仿生学，特别是对于人脑模型的研究。它的代表性成果是 1943 年由生理学家麦卡洛克和数理逻辑学家皮茨创立的脑模型（即 MP 模型），其开创了用电子装置模仿人脑结构和功能的新途径。

1959 年，研究者在麻醉的猫的视觉中枢上插入了微电极，然后在猫的眼前投影各种简单模式，观察猫的视觉神经元的反应。他们发现，猫的视觉中枢中有些神经元对于某种方向的直线敏感，另外一些神经元对于另外一种方向的直线敏感；某些初等的神经元对于简单模式敏感，另外一些高级的神经元对于复杂模式敏感，并且其敏感度和复杂模式的位置与定向无关。这证明了视觉中枢系统具有由简单模式构成复杂模式的功能。受视觉神经元的启发，计算机科学家发明了人工神经网络（简称神经网络）。

也就是说，连接主义从神经生理学和认知科学的研究成果出发，把人的智能归结为人脑高层活动的结果，强调智能活动是由大量简单的单元通过复杂的相互连接后并行运行的结果。人工神经网络是连接主义的代表性技术。所以，连接主义的思想也可简单地称为"神经计算"。连接主义认为神经元不仅是大脑神经系统的基本单元，而且是行为反应的基本单元。研究者认为任何思维和认知功能都不是由少数神经元决定的，而是通过大量突触相互动态联系的神经元协同作用来完成的。

实质上，基于神经网络的智能模拟方法是以工程技术手段模拟人脑神经系统的结构和功能的，通过大量的非线性并行处理器来模拟人脑中众多的神经细胞（神经元），用处理器的复杂连接关系来模拟人脑中众多神经元之间的突触行为。这种方法在一定程度上能实现人脑形象思维的功能，即实现了人的右脑形象抽象思维功能的模拟。

1984 年，美国物理学家霍普菲尔特提出连续的神经网络模型，使神经网络可以用电子线路来仿真，开拓了神经网络应用于计算机的新途径。1986 年，鲁梅尔哈特等提出了多层网络中的反向传播算法，这一技术在图像处理、模式识别等领域取得了重要突破，为实现连接主义的智能模拟创造了条件。此后，从模型到算法，从理论分析到工程实现，神经网络研究都取得了重要进展。

3. 行为主义

行为主义又称为进化主义或控制论学派，是一种基于"感知-行动"行为的智能模拟方法。这一学派认为人工智能源于控制论，认为智能取决于人的感知和行为，取决于人们对外界复杂环境的感受，而不是表示和推理，不同的行为表现出不同的功能和不同的控制结构。

控制论把神经系统的工作原理与信息理论、控制理论、逻辑及计算机联系起来。早期的研究重点是模拟人在控制过程中的智能行为和作用，以及对自寻优、自适应、自校正、自镇定、自组织和自学习等控制论系统的研究，并在 20 世纪 80 年代诞生了智能控制和智能机器人系统。

行为主义的主要观点如下。

① 知识的形式化表示和模型化方法是人工智能的重要障碍之一。

② 应该直接用机器对环境发出作用后，环境对作用者的响应作为原型。

③ 所建造的智能系统在现实世界中应具有行动和感知的能力。

④ 智能系统的能力应该分阶段逐渐增强，在每个阶段都应是一个完整的系统。

行为主义的杰出代表布鲁克斯教授提出了无须知识表示和无须推理的智能行为观点。布鲁克斯从自然界中生物体的智能进化过程出发，提出人工智能系统的建立应采用对自然智能进化过程仿真的方法。他认为智能只是在与环境的交互作用中表现出来的，任何一种"表达"都不能完整地代表客观世界的真实概念。

布鲁克斯这种基于行为的观点开辟了人工智能的新途径。布鲁克斯的代表性成果是他研制的 6 足机器虫。这是一个由 150 个传感器和 23 个执行器构成的像蝗虫一样能进行 6 足行走的机器人试验系统。这个机器人虽然不具有像人那样的推理、规划能力，但其应对复杂环境的能力大大超过了原有的机器人，在自然环境下，具有灵活的防碰撞和漫游行为。

7.1.3　人工智能的研究领域

人工智能的研究领域从低到高可以分为 5 层，如图 7.3 所示。

第一层为基础设置，包含大数据和硬件/计算能力两部分，数据越大，人工智能的能力越强。第二层为算法，如卷积神经网络（Convolutional Neural Networks，CNN）、LSTM 序列学习、Q-Learning、深度学习等算法，这些都是机器学习的算法。第三层为技术方向，主要涉及重要的技术方向，如计算机视觉、语音处理、自然语言处理等，还有一些类似决策系统，或类似一些大数据分析的统计系统，这些都能在机器学习算法上产生。第四层为具体技术，如图像识别、语音识别、机器翻译等。第五层为行业解决方案，如人工智能在金融、医疗、安防、交通和游戏等领域的应用，这是人工智能在社会价值上的体现。

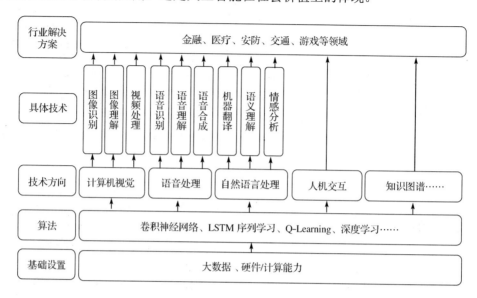

图7.3 人工智能研究领域的层次结构

值得注意的是，机器学习与深度学习之间还是有所区别的，机器学习是指计算机的算法能够像人一样，从数据中找到信息，从而学习一些规律。虽然深度学习是机器学习的一种，但深度学习是以大数据为基础的，利用深度神经网络将模型处理得更加复杂，从而使模型对数据的理解更加深入。

经过几十年的不断探索，人工智能已经逐渐形成一门庞大的技术体系，其中，计算机视觉、机器学习、自然语言处理、人机交互和知识图谱是其主要的技术方向。

1. 计算机视觉

计算机视觉是使用计算机模仿人类视觉系统的学科，其目的是让计算机拥有类似人类提取、处理、理解和分析图像及图像序列的能力。在自动驾驶、机器人、智能医疗等领域均需要通过计算机视觉技术从视觉信号中提取并处理信息。

近年来，随着深度学习的发展，图像预处理、特征提取与识别渐渐融合，形成了端到端的人工智能算法技术。根据解决的问题不同，计算机视觉大致可分为计算成像学、图像理解、三维视觉、动态视觉和视频编/解码五大类。

（1）计算成像学

计算成像学是探索人眼结构、相机成像原理及其延伸应用的科学。在相机成像原理方面，计算成像学不断促进可见光相机的发展，使得现代相机更加轻便，适用范围更广。同时计算成像学也推动着新型相机的产生，使相机可以摆脱可见光的限制。在相机应用科学方面，计算成像学通过诸如图像去噪、去模糊、暗光增强、去雾霾等后续算法处理，使得在受限条件下拍摄的图像更加完美。

（2）图像理解

图像理解是通过用计算机系统解释图像，实现类似人类视觉系统理解外部世界的一门科学。通常，根据理解信息的抽象程度可分为三个层次：浅层理解（包括图像边缘、图像特征点、纹理元素等）、中层理解（包括物体边界、区域与平面等）和深层理解（根据需要抽取的高层语义信息，可大致分为识别、检测、分割、姿态估计等）。目前深层图像理解已广泛应用于人工智能系统，如刷脸支付、智慧安防、图像搜索等。

（3）三维视觉

三维视觉是研究如何通过视觉获取三维信息及如何理解所获取的三维信息的科学。三维视觉广泛应用于机器人、无人驾驶、智慧工厂、虚拟现实等领域。三维信息理解可分为浅层理解、中层理解和深层理解。浅层理解包括角点理解、边缘理解、法向量理解等；中层理解包括平面理解、立方体理解等；深层理解包括物体检测、识别、分割等。

（4）动态视觉

动态视觉是分析视频或图像序列，模拟人处理时序图像的科学。在通常情况下，动态视觉问题可以定义为寻找图像元素（如像素、区域、物体在时序上的对应）及提取其语义信息的问题。动态视觉研究被广泛应用于视频分析及人机交互等方面。

（5）视频编/解码

视频编/解码是通过特定的压缩技术来压缩视频流的技术。视频流传输中最为重要的编/解码标准有 ITU-T 的 H.261、H.263、H.264、H.265、M-JPEG 和 MPEG 系列。

计算机视觉技术目前已具备初步的产业规模，但仍面临着一些挑战：一是如何在不同的应用领域与其他技术紧密结合，计算机视觉在解决某些问题时通过利用大数据进行训练，已经逐渐成熟并超过人类，而在某些问题上精度较差；二是如何降低计算机视觉算法的开发时间和人力成本，要达到应用领域要求的精度与耗时，计算机视觉算法通常需要大量的数据并需要人工进行标注，研发周期较长；三是如何加快新型算法的设计开发速度，随着新的成像硬件与人工智能芯片的出现，设计开发针对不同芯片与数据采集设备的计算机视觉算法也是挑战之一。

2．机器学习

机器学习通过研究计算机怎样模拟或实现人类的学习行为，以获取新的知识或技能，通过知识结构的不断完善与更新来提升机器自身的性能。机器学习是一门多领域交叉学科，涉及统计学、系统辨识、逼近理论、神经网络、优化理论、计算机科学、脑科学等领域。

基于数据的机器学习从观测数据（样本）出发寻找规律，并利用这些规律对未来数据或趋势进行预测。AlphaGo 就是机器学习的一个成功体现。

机器学习的一般处理过程如图 7.4 所示。

根据学习模式可以将机器学习分为监督学习、无监督学习和强化学习。根据学习方法可以将机器学习分为传统机器学习和深度学习。

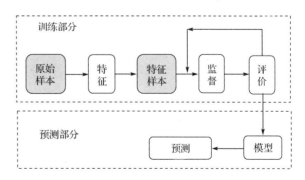

图 7.4　机器学习的一般处理过程

（1）传统机器学习

传统机器学习从一些观测（训练）样本出发，试图发现不能通过原理分析获得的规律，实现对未来数据或趋势的准确预测。相关的算法包括逻辑回归、隐马尔可夫、支持向量机、K 近邻、三层人工神经网络、贝叶斯及决策树等。传统机器学习平衡了学习结果的有效性与学习模型的可解释性，为解决有限样本的学习问题提供了一种框架。所以，传统机器学习主要用于有限样本情况下的模式分类、回归分析、概率密度估计等，在自然语言处理、语音识别、图像识别、信息检索和生物信息等许多计算机领域有广泛应用。

（2）深度学习

深度学习是建立深层结构模型的学习方法，又称为深度神经网络（层数超过 3 层的神经网络），由 Hinton 等在 2006 年提出。深度学习可以是监督学习（需要人工干预来培训基本模型的演进），也可以是无监督学习（通过自我评估自动改进模型）。

深度学习源于多层神经网络，其实质是给出一种将特征表示和学习合二为一的方式。深度学习放弃了可解释性，单纯追求学习的有效性。目前，存在诸多深度神经网络模型，其中卷积神经网络、循环神经网络是两类典型的模型。卷积神经网络常被应用于处理空间性分布数据；循环神经网络在神经网络中引入了记忆和反馈处理，常被应用于处理时间性分布数据。

深度学习的基本原理如下。

① 构建一个网络并且随机初始化所有连接的权重。

② 将大量的数据输入这个网络中。

③ 通过网络处理这些数据并进行学习。

④ 如果某个数据符合指定的动作，将会增加权重；如果不符合，将会降低权重。

⑤ 系统通过上述步骤来调整权重。

⑥ 在经过成千上万次的学习之后，深度学习模型在某些方面将具有超过人类的表现。

3. 自然语言处理

自然语言处理（NLP）主要研究实现人与计算机之间用自然语言进行有效通信的各种理论和方法。图 7.5 所示为自然语言处理的主要技术。

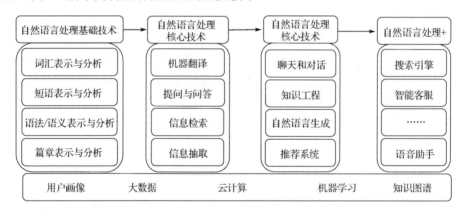

图 7.5 自然语言处理的主要技术

自然语言处理技术及其应用是以相关技术或者大数据为支撑的。用户画像、大数据、云计算、机器学习及知识图谱等构成了自然语言处理的技术平台和支撑平台。

① 自然语言处理基础技术。它包括词汇表示与分析、短语表示与分析、语法/语义表示与分析和篇章表示与分析，比如词的多维向量表示、句子的多维向量表示，以及分词、词性标记、句法分析和篇章分析。

② 自然语言处理核心技术。它包括机器翻译、提问与问答、信息检索、信息抽取、聊天和对话、知识工程、自然语言生成和推荐系统等。

③ 自然语言处理+，即自然语言处理的应用领域，比如搜索引擎、智能客服、商业智能、语音助手等，也包括银行、金融、交通、教育、医疗等垂直领域。

总体而言，自然语言处理主要涉及机器翻译、语义理解和问答系统等领域。

（1）机器翻译

机器翻译是指利用计算机技术实现从一种自然语言到另一种自然语言的翻译过程。基于统计的机器翻译方法突破了之前基于规则和实例的翻译方法的局限性，翻译性能得到巨大提升。基于深度神经网络的机器翻译在日常口语等场景已得到成功应用。随着上下文的语境表征和知识逻辑推理能力的发展，自然语言知识图谱不断扩充，机器翻译将会在多轮对话翻译及篇章翻译等领域取得更大进展。

目前，在非限定领域机器翻译中性能较佳的是统计机器翻译，其包括训练及解码两个阶段，由预处理、词对齐、短语抽取、短语概率计算、最大熵调序等步骤组成。训练阶段的目标是获得模型参数，解码阶段的目标是利用所估计的模型参数和给定的优化目标获取待翻译语句的最佳翻译结果。

基于神经网络的端到端机器翻译方法不需要专门针对句子设计特征模型，而是直接把源语言句子的词串送入神经网络模型，经过神经网络的运算，得到目标语言句子的翻译结果。在基于神经网络的端到端机器翻译方法中，通常采用递归神经网络或卷积神经网络对句子进行表征建模，从海量训练数据中抽取语义信息。与基于短语的统计翻译方法相比，基于神经网络的端到端机器翻译方法的翻译结果更加流畅、自然，在实际应用中具有较好的效果。

（2）语义理解

语义理解是指利用计算机技术实现对文本篇章的理解，并且回答与篇章有关问题的过程。语义理解更注重对上下文的理解及对答案精准程度的把控。随着 MCTest 数据集的发布，语义理解受到了更多关注，相关数据集和对应的神经网络模型层出不穷。语义理解技术将在智能客服、产品自动问答等相关领域发挥重要作用，进一步提高问答与对话系统的精度。

在数据采集方面，语义理解通过自动构造数据方法和自动构造填空型问题的方法来有效扩充数据资源。当前主流的模型是利用神经网络技术对篇章、问题进行建模，以及对答案的开始和终止位置进行预测，抽取出篇章片段。对于进一步泛化的答案，处理难度将进一步提升，目前的语义理解技术仍有较大的提升空间。

（3）问答系统

问答系统是指让计算机像人类一样用自然语言与人进行交流的技术，分为开放领域的对话系统和特定领域的问答系统。人们可以向问答系统提交用自然语言表达的问题，系统会返回关联性较高的答案。尽管问答系统已有不少应用产品，但大多应用于实际信息服务系统和智能手机助手等领域。问答系统在稳定性方面仍然存在着问题和挑战。

尽管自然语言处理技术得到了长足的发展，但仍面临着一些挑战。

① 在词法、句法、语义、语用和语音等不同层面存在不确定性。

② 新的词汇、术语、语义和语法导致未知语言现象的不可预测性。

③ 数据资源的不充分使其难以覆盖复杂的语言现象。

④ 语义知识的模糊性和错综复杂的关联性难以用简单的数学模型描述，语义计算需要参数庞大的非线性计算。

4．人机交互

人机交互主要研究人和计算机之间的信息交换问题，主要包括人到计算机和计算机到人的两部分信息交换，是人工智能领域重要的外围技术。人机交互是与认知心理学、人机工程学、多媒体技术、虚拟现实技术等密切相关的综合学科。

传统的人机交互主要依靠交互设备进行，主要包括键盘、鼠标、操纵杆、数据服装、眼动跟踪器、位置跟踪器、数据手套、压力笔等输入设备，以及打印机、绘图仪、显示器、头盔式显示器、音箱等输出设备。而非传统的人机交互包括语音交互、情感交互、体感交互及脑机交互等。

（1）语音交互

语音交互是一种高效的人机交互方式，是人类以自然语音或机器合成语音同计算机进行交互的综合性技术，其结合了语言学、心理学、工程和计算机技术等领域的知识。语音交互不仅要研究语音识别和语音合成，还要研究人在语音通道下的交互机理、行为方式等。

语音交互过程包括4部分：语音采集、语音识别、语义理解和语音合成。

① 语音采集主要完成音频的录入、采样及编码工作。

② 语音识别主要完成语音信息到机器可识别文本信息的转化工作。

③ 语义理解根据语音识别转换后的文本字符或命令完成相应的操作。

④ 语音合成主要完成文本信息到声音信息的转换工作。

（2）情感交互

情感是一种高层次的信息传递，而情感交互在传递信息的同时还能传递情感。传统的人机交互无法理解和适应人的情绪或心境，缺乏情感理解和表达能力，计算机就难以具有类似人一样的智能，也难以通过人机交互做到真正的和谐与自然。

情感交互的目的是赋予计算机类似人一样的观察、理解和生成各种情感的能力，最终使计算机像人一样能与人类进行自然、亲切和生动的交互。但情感交互面临着诸多挑战，包括情感交互信息的处理方式、情感的描述方式、情感数据的获取和处理过程及情感的表达方式。

（3）体感交互

体感交互是指个体不需要借助任何复杂的控制系统，以体感技术为基础，直接通过肢体动作与周边数字设备装置和环境进行自然的交互。根据体感交互方式与原理的不同，体感交互主要分为三类：惯性感测、光学感测及光学联合感测。体感交互通常需要运动追踪、手势识别、运动捕捉、面部表情识别等一系列技术的支撑。目前，体感交互无论是在硬件还是在软件方面都有了较大的提升，交互设备正在向小型化、便携化、使用方便化等方向发展，大大降低了对用户的约束，交互过程变得更加自然。

体感交互在游戏娱乐、医疗辅助与康复、全自动三维建模、辅助购物、眼动仪等领域有着较为广泛的应用。

（4）脑机交互

脑机交互又称为脑机接口，是指不依赖于外围神经和肌肉等神经通道，直接实现大脑与外界信息传递的通路。脑机交互系统检测中枢神经系统活动，并将其转化为人工输出指令，替代、修复、增强、补充或者改善中枢神经系统的正常输出，从而改善中枢神经系统与内外环境之间的交互。

由于脑机交互要通过对神经信号进行解码，实现脑信号到机器指令的转化，因此，一般包括信号采集、特征提取和命令输出三个模块。

5. 知识图谱

知识图谱以符号形式描述物理世界中的概念及其相互关系，其基本组成单元是"实体-

关系-实体"，以及实体及其相关"属性-值"对。不同实体之间通过关系相互连接，构成网状的知识结构。

知识图谱本质上是结构化的语义知识库，是一种由节点和边组成的图状结构。在知识图谱中，每个节点表示现实世界的"实体"，每条边为实体与实体之间的"关系"。通俗地讲，知识图谱就是把所有不同种类的信息连接在一起而得到的一个关系网络，提供了从"关系"的角度去分析问题的能力。

知识图谱以知识工程中的语义网络作为理论基础，用构化语义描述来表现真实世界中存在的各种实体或概念。

知识图谱对于人工智能的重要价值在于让机器具备认知能力。这是因为知识是人工智能的基石，机器可以模仿人类的视觉、听觉等感知能力，但这种感知能力不是人类的专属。而认知语言是人区别于其他动物的能力，同时，知识也使人不断地进步、不断地凝练，传承知识是推动人类不断进步的重要基础。

目前，知识图谱主要存在于非结构化的文本数据、大量半结构化的表格和网页及生产系统的结构化数据中。构建知识图谱的主要目的是获取大量的计算机可识别的知识。

从感知到认知的跨越过程中，构建大规模高质量知识图谱是一个重要环节，当人工智能可以通过更结构化的表示去理解人类知识并进行连接时，才有可能让机器真正实现推理、联想等认知功能。构建知识图谱是一个系统工程，其技术体系如图 7.6 所示。

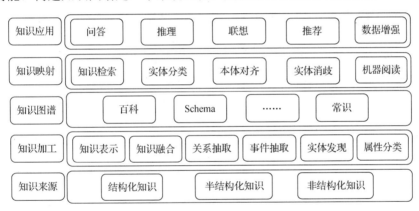

图 7.6　知识图谱的技术体系

针对不同场景，知识图谱的构建策略分为自上而下和自下而上两种。

① 自上而下的策略为专家驱动。根据应用场景和领域，人类利用经验知识为知识图谱定义数据模式，在定义本体的过程中，首先从顶层的概念开始，然后逐步进行细化，形成结构良好的分类分层结构；在定义好数据模式后，再将实体逐个对应到概念中。

② 自下而上的策略为数据驱动。从数据源开始，针对不同类型的数据，对其包含的实体和知识进行归纳和组织，形成底层的概念，然后逐步往上抽象，形成顶层的概念，并对应到具体的应用场景中。

在应用过程中，知识图谱的技术流程如图 7.7 所示。

基于知识图谱的人工智能主要包含三部分：知识获取、数据融合和知识计算及应用。

（1）知识获取

知识获取主要解决从非结构化、半结构化及结构化数据中获取知识的问题。

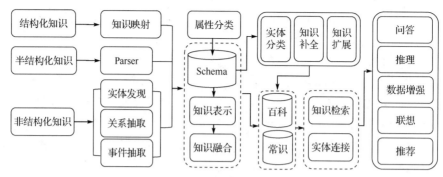

图 7.7　知识图谱的技术流程

常见的非结构化数据主要是文本类的文章，在处理非结构化数据时，需要通过自然语言处理技术识别文章中的实体。常见的实体识别方法有两种：一种是用户本身有一个知识库，可以使用实体连接到用户的知识库上；另一种是用户没有知识库，则需要命名实体识别技术识别文章中的实体。当用户获得实体后，需要关注实体间的关系，即实体关系识别。有些实体关系识别的方法会利用句法结构来确定两个实体间的关系，因此有些算法中会利用依存分析或者语义解析。如果用户不仅要获取实体间的关系，还要获取一个事件的详细内容，则需要确定事件的触发词并获取事件相应描述的句子，同时识别事件描述句子中实体对应事件的角色。

在处理半结构化数据时，知识获取主要的工作是通过包装器学习半结构化数据的抽取规则。由于半结构化数据具有大量的重复性结构，因此只要对数据进行少量的标注，就可以让机器学习出一定的规则，进而使用规则对同类型或者符合某种关系的数据进行抽取。

结构化数据主要存储在用户生产系统的数据库中，所以还需要对用户生产系统的数据库中的数据进行重新组织、清洗、检测等操作，最后得到符合用户需求的数据。

（2）知识融合

知识融合主要解决如何将从不同数据源获取的知识进行融合，并构建数据之间的关联。对于从各个数据源获取的知识，系统还需要通过统一的术语将其融合成一个庞大的知识库。提供统一术语的结构或者数据称为本体，本体不仅提供了统一的术语字典，还描述了各个术语间的关系及限制。通过使用本体可以让用户非常方便和灵活地根据自己的业务建立或者修改数据模型。

通过数据映射技术建立本体中的术语和从不同数据源抽取的知识中的词汇的映射，进而将不同数据源的数据融合在一起。同时，不同数据源的实体可能会指向现实世界的同一个客体，这时，还需要使用实体匹配将不同数据源中相同实体的数据进行融合。另外，不同本体间也会存在某些术语描述同一类数据的情况，那么对这些本体则需要通过本体融合技术实现不同的本体融合。

最后融合而成的知识库需要一个存储和管理的解决方案。知识存储和管理的解决方案会根据用户查询场景的不同采用不同的存储架构，如 NoSQL 或关系数据库。同时，大规模的知识库也符合大数据的特征，因此还需要传统的大数据平台（如 Spark 或 Hadoop）提供高性能计算能力以支持快速运算。

（3）知识计算及应用

知识计算主要根据知识图谱提供的信息得到更多隐含的知识，例如，通过本体或者规则推理技术可以获取数据中存在的隐含知识；超链接预测可预测实体间隐含的关系；相关算法通过在知识网络上计算来获取知识图谱上存在的社区，提供知识间关联的路径；通过不一致检测技术发现数据中的噪声和缺陷。

知识图谱具有广泛的应用，通过知识计算，知识图谱可以产生大量的智能应用，例如，可以为精确营销系统提供精确的画像，从而使其挖掘潜在的客户；可以为专家系统提供领域知识，作为其决策数据，给律师、医生、CEO 等提供辅助决策的意见；可以提供更智能的检索方式，使用户可以通过自然语言进行搜索。当然，知识图谱也是问答系统必不可少的重要构成部分。知识图谱还可用于反欺诈、不一致性验证、组团欺诈等公共安全保障领域。

尽管如此，知识图谱的发展还面临着巨大的挑战，还有一系列关键技术需要突破，如数据的噪声问题，即数据本身有错误或者数据存在冗余。

7.2　机器学习基础

7.2.1　机器学习的概念和特征

机器学习是实现人工智能的一个重要途径，即以机器学习为手段解决人工智能中的问题，其涉及概率论、统计学、逼近论、凸分析、计算复杂性理论等多门学科。机器学习理论主要是设计和分析一些让计算机可以自动"学习"的算法。这类算法能从数据中自动分析获得规律，并利用规律对未知数据进行预测。学习算法中涉及了大量的统计学理论，机器学习与推断统计学联系尤为密切，所以，机器学习也称为统计学习理论。

1．机器学习的特征

机器学习具有以下特征。

① 机器学习是一门人工智能的学科，该领域的主要研究对象是人工智能，研究的重点是如何在经验学习中改善算法的性能。

② 机器学习是研究能通过经验自动改进的计算机算法。

③ 机器学习是用数据或以往的经验来优化计算机程序的性能标准。

机器学习研究的是计算机怎样模拟人类的学习行为，以获取新的知识或技能，并重新组织已有的知识结构使之不断改善自身。简单地说，就是计算机从数据中学习出规律和模式，最后用于对新数据的预测。近年来，互联网数据成指数级增长，数据的丰富度和覆盖面远远超出人工可以观察和处理的范畴，而机器学习的算法则可以很好地指引计算机在海量数据中挖掘出有价值的信息。

2．机器学习关注的问题

尽管机器学习已得到长足的发展，但并非所有问题都适合用机器学习来解决（很多逻辑清晰的问题用规则就能高效和准确地处理），而且也没有一个机器学习算法可以通用于所有问题。从功能的角度进行分类，机器学习可以解决下列问题。

（1）分类问题

根据从数据样本上抽取的特征，判定其属于有限类别中的哪一个。比如，垃圾邮件识别（垃圾邮件，正常邮件）；文本情感褒贬分析（褒，贬）；图像内容识别（喵星人，汪星人，人类，都不是）；等等。

（2）回归问题

根据从数据样本上抽取的特征，预测一个连续值的结果。比如，《流浪地球》的票房；某城市 2 个月后的房价；隔壁小孩每月去几次游乐场，喜欢哪些玩具；等等。

（3）聚类问题

根据从数据样本上抽取的特征，将物理或抽象对象的集合分成由类似的对象组成的多个类。由聚类所生成的簇是一组数据对象的集合，这些对象与同一个簇中的对象彼此相似，与其他簇中的对象相异。

例如，在商务上，聚类能帮助市场分析人员从客户基本库中发现不同的客户群，并且用购买模式来刻画不同客户群的特征；在生物学上，聚类能帮助研究者推导植物和动物的特征，由此对基因进行分类，并获得对种群中固有结构的认识。聚类也能用于对 Web 上的文档进行分类。

根据这些常见问题，机器学习可以分为监督学习和非监督学习。

监督学习就是标明一些数据是对的，另一些数据是错的，然后让程序预测新的数据是对的还是错的。所以，监督学习中的数据必须是有标签的。无监督学习就是不对数据进行标明，让机器自动去判断哪些数据比较像，然后归到一类。分类与回归问题需要用已知结果的数据进行训练，属于监督学习。而聚类问题不需要有已知标签，属于非监督学习。

7.2.2　机器学习的数学基础

机器学习将数学、算法理论和工程实践紧密结合，需要具备扎实的理论基础帮助研究者进行数据分析与模型优化，也需要相应的工程开发能力去高效地训练和部署模型和服务。所以数学基础、典型机器学习算法和编程基础是机器学习的基础。

机器学习相对于其他开发工作更有门槛的根本原因是需要开发人员具备数学基础，常见的机器学习算法需要具备的数学基础主要集中在微积分、线性代数和概率与统计方面。

1．微积分

微积分作为初等数学和高等数学的分水岭，在现代科学中有着极其重要的作用。最初牛顿应用微积分学及微分方程从万有引力定律导出了开普勒行星运动三定律。此后，微积分学极大地推动了数学的发展，也极大地推动了天文学、力学、物理学、化学、生物学、工程学、经济学等自然科学、社会科学及应用科学各个分支的发展，并在这些学科中有越来越广泛的应用，特别是计算机的出现更有助于这些应用的不断发展。

微积分的内容主要包括函数、极限、微分学、积分学及其应用。微分学包括求导运算，是一套关于变化率的理论。它使得函数、速度、加速度和曲线的斜率等均可用一套通用的符号表示。积分学包括求积分的运算，为定义和计算面积、体积等提供了一套通用的方法。

微分的计算及其几何、物理含义是机器学习中大多数算法求解过程的核心。比如，算法中运用到梯度下降算法、牛顿法等。如果对其几何意义有充分的理解，就能理解"梯度下降算法是用平面来逼近局部的，而牛顿法是用曲面来逼近局部的"。

2．线性代数

线性代数是数学的一个分支，它的研究对象是向量、向量空间（或称线性空间）、线性变换和有限维的线性方程组。向量空间是现代数学的一个重要课题，因而，线性代数被广泛地应用于抽象代数和泛函分析中。通过解析几何，线性代数得以被具体表示。线性代数的理论已被泛化为算子理论。科学研究中的非线性模型通常可以被近似为线性模型，使得线性代数被广泛地应用于自然科学和社会科学中。

大多数机器学习的算法要依赖于高效的计算，在这种要求下，需要将循环操作转化成矩阵之间的乘法运算，这就和线性代数有了密切联系。同时，向量的内积运算、矩阵乘法与分解在机器学习中被广泛使用。

3．概率与统计

在日常生活中，随机现象普遍存在，比如，每期福利彩票的中奖号码。概率论是指根据大量同类随机现象的统计规律，对随机现象出现某一结果的可能性做出一种客观的科学判断，并进行数量上的描述，比较这些可能性的大小。数理统计是指应用概率的理论研究大量随机现象的规律性，通过安排一定数量的科学实验所得到的统计方法给出严格的理论证明，并判定各种方法应用的条件以及方法、公式、结论的可靠程度和局限性，使人们能从一组样本判定是否能以相当大的概率来保证某一判断是正确的，并可以控制发生错误的概率。

机器学习中的很多任务和统计层面数据分析与发掘隐藏的模式是非常类似的。极大似然思想、贝叶斯模型是理论基础，朴素贝叶斯、语言模型、隐马尔可夫、隐变量混合概率模型是它们的高级形态。

7.2.3　机器学习的常用算法

绝大多数问题使用机器学习的常用算法都能得到解决，下面简单介绍机器学习的常用算法。

1．处理分类问题的常用算法

分类问题是监督学习的一个核心问题。在监督学习中，当输出变量取有限个离散值时，预测问题便成为分类问题。监督学习从数据中学习一个分类决策函数或分类模型（被称为分类器）。分类器对新的输入进行输出的预测，这个过程称为分类。分类问题包括学习与分类两个过程。在学习过程中，根据已知的训练样本数据集利用有效的学习方法学习一个分类器；在分类过程中，利用学习的分类器对新的输入实例进行分类。

处理分类问题的常用算法包括逻辑回归（常用于工业界中）、支持向量机（SVM）、随机森林、朴素贝叶斯（常用于 NLP 中）、深度神经网络（在视频、图片、语音等多媒体数据中使用）。

（1）逻辑回归

逻辑回归是一种与线性回归非常类似的算法，但从本质上讲，线性回归处理的问题类型与逻辑回归不一致。线性回归处理的是数值问题，也就是最后预测出的结果是数字，如房价。而逻辑回归属于分类算法，也就是说，逻辑回归的预测结果是离散的分类，例如，判断这封邮件是否是垃圾邮件，以及用户是否会单击此广告等。所以逻辑回归是一种经典的二分类算法。

在实现方面，逻辑回归只是对线性回归的计算结果加上了一个 Sigmoid 函数，将数值结果转化为了 0～1 的概率值（Sigmoid 函数的图像一般来说并不直观，一般是数值越大，函数越逼近 1，数值越小，函数越逼近 0），然后根据这个概率值进行预测，例如，概率值大于 0.5，则这封邮件就是垃圾邮件。从直观上来说，逻辑回归画出了一条分类线。

（2）支持向量机

支持向量机主要用于分类问题，应用于字符识别、面部识别、行人检测、文本分类等领域。支持向量机一般用于二元分类问题，对于多元分类问题，通常先将其分解为多个二元分类问题，再进行分类。其基本模型为定义在特征空间上的间隔最大的线性分类器，支持向量机还包括核技巧（核技巧于 1995 年由 Cortes 和 Vapnik 提出，用于对数据进行分类。它是一种二分类模型训练方法，基本模型是定义在特征空间上的间隔最大的线性分类器），使它成为实质上的非线性分类器。支持向量机的学习策略就是间隔最大化，等价于正则化或业务损失函数的最小化问题。

（3）随机森林

随机森林是一种监督学习算法，主要应用于回归和分类这两种场景，但更侧重于分类。随机森林是指利用多棵决策树对样本数据进行训练、分类并预测的一种算法。它在对数据进行分类的同时，还可以给出各个变量（基因）的重要性评分，评估各个变量在分类中所起的作用。

随机森林的构建过程：首先利用 Bootstrap 方法有放回地从原始训练集中随机抽取 n 个样本，并构建 n 棵决策树；然后假设在训练样本中有 m 个特征，那么每次分裂时选择最好的特征进行分裂，每棵树都一直这样分裂下去，直到该节点的所有训练样本都属于同一类；接着让每棵决策树在不做任何修剪的前提下最大限度地生长；最后将生成的多棵分类树组成随机森林，用随机森林分类器对新的数据进行分类与回归。对于分类问题，由多棵树分类器投票决定最终分类结果；而对于回归问题，则由多棵树预测值的均值决定最终预测结果。

（4）朴素贝叶斯

在所有的机器学习分类算法中，朴素贝叶斯和其他绝大多数的分类算法都不同。朴素贝叶斯属于监督学习的生成模型，实现简单，没有迭代，并有坚实的数学理论（即贝叶斯定理）作为支撑。在大样本下会有较好的表现，不适用于输入向量的特征条件有关联的场景。

对于大多数的分类算法，比如决策树、逻辑回归、支持向量机等都是判别算法，也就是直接学习出特征输出 Y 和特征 X 之间的关系，要么是决策函数 $Y=f(X)$，要么是条件分布 $P(Y|X)$。但朴素贝叶斯是生成算法，在统计资料的基础上，依据某些特征计算各个类别的概率，从而实现分类，也就是直接找出特征输出 Y 和特征 X 的联合分布 $P(X,Y)$，然后用 $P(Y|X)= P(X,Y)/P(X)$ 得出结果。

（5）深度神经网络

深度神经网络的概念源于人工神经网络的研究，包含多个中间层的多层感知器就是一种深度学习结构。深度学习通过组合低层特征来形成更加抽象的高层用于表示属性类别或特征，以发现数据的分布式特征。一般而言，将包含两个或两个以上中间层的网络称为深度神经网络。相反，只有一个中间层的网络通常被称为浅度神经网络。

通用逼近理论表明，一个"浅度"神经网络可以逼近任何函数，也就是说，浅度神经网络在原则上可以学习任何东西，因此可以逼近许多非线性激励函数，包括现在深度神经网络广泛使用的 ReLU 函数。在一般情况下，浅度神经网络的神经元数量将随着任务复杂度的提升成几何级数增长，因此浅度神经网络要发挥作用，参数将成指数级增长，训练过程的运算量也将成指数级增长。而深度神经网络则通过增加中间层的级数来达到减少参数的目的。

2．处理回归问题的常用算法

回归实际上就是根据统计数据建立一个能描述不同变量之间的关系的方程。

处理回归问题的常用算法包括线性回归、普通最小二乘回归（Ordinary Least Squares Regression）、逐步回归（Stepwise Regression）、多元自适应回归样条（Multivariate Adaptive Regression Splines）。

（1）线性回归

线性回归是利用数理统计中的回归分析来确定两种或两种以上变量间相互依赖的定量关系的一种统计分析方法。它的表达式为 $y = w'x+e$，其中，e 为误差，服从均值为零的正态分布。在回归分析中，只包括一个自变量和一个因变量，且二者的关系可用一条直线近似表示，这种回归分析被称为一元线性回归分析。如果在回归分析中包括两个或两个以上的自变量，且因变量和自变量之间是线性关系，则这种回归分析被称为多元线性回归分析。

线性回归能够用一条直线较为精确地描述数据之间的关系。这样当出现新的数据时，就能够预测出一个简单的值。通过线性回归构造出来的函数一般称为线性回归模型。通过线性回归算法，可能会得到多种线性回归模型，但不同的模型对于数据的拟合或描述能力是不一样的。我们的最终目的是找到一个能够最精确地描述数据之间关系的线性回归模型。这时就需要用到代价函数。代价函数是用来描述线性回归模型与实际数据之间的差异问题的，如果两者完全没有差异，则说明此线性回归模型完全描述了数据之间的关系。如果需要找到最佳拟合的线性回归模型，则需要使得对应的代价函数值最小。

（2）普通最小二乘回归

最小二乘的思想是使得观测点和估计点的距离的平方和达到最小。这里的"二乘"是指用平方来度量观测点与估计点的距离（在古汉语中平方称为二乘），"最小"是指参数的估计值要保证各个观测点与估计点的距离的平方和达到最小。

普通最小二乘回归经常会引起欠拟合现象，因为普通最小二乘回归将所有的序列值设置为相同的权重；但是在实际中，对于一个时间序列，最近发生的应该比先前发生的更加重要，所以应该将最近发生的赋予更大的权重，对先前发生的赋予小一点的权重，这就变成了加权最小二乘回归。对于普通最小二乘回归，因为种种原因，残差项要满足多个条件，如同方差性，但是因为现实中的数据可能达不到这种要求，所以这个时候就出现了广义最小二乘回归。

简言之，如果存在外部协方差，即协方差矩阵不是对角矩阵，则是广义最小二乘回归；如果协方差矩阵是对角矩阵，且对角线各不相等，则是加权最小二乘回归；如果协方差矩阵是对角矩阵，且对角线相同，则是普通最小二乘回归。

（3）逐步回归

逐步回归能自动地选取合适的变量来建立回归方程。从某种意义上讲，逐步回归是一种回归辅助手段，是帮助线性回归、非线性回归或其他回归方法确定最优回归方程的方法。其核心内容有两点：根本目的是确定最优回归方程；关键内容是变量选择。

变量选择有三种常见方法。

① 向前选择法。向前选择法，即一个一个地将变量加入回归方程中。这种方法的缺点在于，它不能反映后来变化的情况。因为对于某个自变量，它可能开始是显著的，这时将其引入回归方程中，但是，随着以后其他自变量的引入，它可能又变为不显著的，而此时并没有将其及时从回归方程中剔除。也就是向前选择法只考虑引入而不考虑剔除。

② 向后消去法。向后消去法，即先将全部变量加入回归方程中，然后根据选择标准逐一进行剔除。这种方法的缺点在于，一开始将全部变量引入回归方程中，会导致计算量增大。若一开始就不引入那些不重要的变量，则可以减少一些计算量。

③ 逐步筛选法。逐步筛选法是前两种方法的结合。该方法在向前选择法的基础上，引进向后消去法的思想，即随着每个自变量对回归方程贡献的变化随时地引入或剔除模型，使得最终回归方程中的变量对 y 的影响都是显著的，而回归方程外的变量对 y 的影响都是不显著的。

（4）多元自适应回归样条

多元自适应回归样条以样条函数的张量积作为基函数，分为前向过程、后向剪枝过程与模型选取三个步骤。在前向过程中，通过自适应地选取节点对数据进行分割，每选取一个节点就生成两个新的基函数，前向过程结束后生成一个过拟合的模型。在后向剪枝过程中，在保证模型准确度的前提下删除过拟合模型中对模型贡献度小的基函数，最后选取一个最优的模型作为回归模型。

分类与回归有联系也有区别。

● 分类预测建模问题与回归预测建模问题不同。

分类和回归的区别在于输出变量的类型。定量输出称为回归，或者说是连续变量预测；定性输出称为分类，或者说是离散变量预测。

● 分类和回归算法之间存在一些重叠。

分类算法可以预测连续值，但连续值是类标签的概率的形式；回归算法可以预测离散值，但是以整数的形式预测离散值的。一些算法只需进行很少的修改，既可用于分类又可用于回归，例如，决策树和人工神经网络。还有一些算法不能或不易既用于分类又用于回归，例如，用于回归预测建模的线性回归和用于分类预测建模的逻辑回归。

3．处理聚类问题的常用算法

"类"指的是具有相似性的集合。聚类是指将数据集划分为若干类，使得类内的数据最为相似，各类之间的数据相似度差别尽可能大。聚类分析以相似性为基础，对数据集进行聚类划分，属于无监督学习。

处理聚类问题的常用算法包括 K 均值、基于密度的聚类、层次聚类。

（1）K 均值

K 均值是一种简单的迭代型聚类算法，采用距离作为相似性指标，从而发现给定数据集中的 K 个类，且每个类的中心是根据类中所有值的均值得到的，每个类用聚类中心来描述。对于给定的一个包含 n 个 d 维数据点的数据集 X 以及要分得的类别 K，选取欧式距离作为相似度指标，聚类的目标是使得各类的聚类平方和最小。

K 均值聚类算法是先随机选取 K 个对象作为初始的聚类中心，然后计算每个对象与各个种子聚类中心之间的距离，把每个对象分配给距离它最近的聚类中心。聚类中心以及分配给它们的对象就代表一个聚类。一旦全部对象被分配完，每个聚类的聚类中心就会根据聚类中现有的对象被重新计算。这个过程将不断重复直到满足某个终止条件为止。终止条件可以是没有（或最小数目）对象被重新分配给不同的聚类，也可以是没有（或最小数目）聚类中心再发生变化，误差平方和局部最小。

（2）基于密度的聚类

由于聚类属于无监督学习，因此不同的聚类算法基于不同的假设和数据类型。相比其他的聚类算法，基于密度的聚类算法可以在有噪音的数据中发现各种形状和各种大小的簇。

基本思想：不同类别之间的类间间距大，同类数据之间的类内间距小。

聚类中心的选取原则是：聚类中心处的密度最大，聚类中心之间的间距最大。先发现密度较高的点，然后把相近的高密度点逐步连成一片，进而生成各种簇。

基于密度的聚类算法通过设计合适的密度函数与距离函数来实现无监督聚类。该算法不需要事先提供聚类中心的数目，能够自适应地选取聚类中心的数目。

（3）层次聚类

层次聚类算法实际上分为两类：自上而下和自下而上。自下而上的算法在一开始就将每个数据点视为单一的聚类，然后依次合并（或聚集）类，直到所有类合并成一个包含所有数据点的单一聚类。因此，自下而上的层次聚类称为合成聚类或 HAC。聚类的层次结构用一棵树（或树状结构）表示。树的根是收集所有样本的唯一聚类，而叶子是只有一个样本的聚类。

HAC 的具体过程如下。

① 假设集群内的每个样本都是一个单独的类，然后选择一种距离度量方式，计算任意两个类之间的距离。比如使用平均距离法计算两个类之间的距离，然后取第一个簇内样本点和第二个簇内样本点之间的平均距离。

② 在每次迭代过程中都会将两个簇合并为一个簇。

重复执行第②步，直至所有样本点被合并到一个簇内，即只有一个顶点。

层次聚类算法不要求指定聚类的数量，此外该算法对距离度量的选择不敏感，而对于其他聚类算法，距离度量的选择是至关重要的。层次聚类算法的一个特别好的用例是，当底层数据具有层次结构时，就可以恢复层次结构，而其他的聚类算法无法做到这一点。层次聚类算法的这一优点是以降低效率为代价的。

4．处理降维问题的常用算法

降维是机器学习中很重要的一种思想。在机器学习中经常会碰到一些高维的数据集，而在高维数据情形下会出现数据样本稀疏、距离计算等困难，这类问题是所有机器学习算法共同面临的严重问题，称为“维度灾难”。另外，在高维特征中容易出现特征之间的线性相关，这也就意味着有的特征是冗余存在的。基于这些问题，则需要进行降维处理。

处理降维问题的常用算法包括奇异值分解（SVD）、主成分分析（PCA）、线性判断分析（LDA）。

（1）奇异值分解

奇异值分解不仅可以用于降维算法中的特征分解，还可以用于推荐系统、自然语言处理等领域，是很多机器学习算法的基石。

奇异值分解是一种能适用于任意矩阵，以及有着很明显的物理意义的算法。它可以将一个比较复杂的矩阵用更小、更简单的几个子矩阵的相乘来表示，这些小矩阵描述的是矩阵的重要的特性。

奇异值与特征分解中的特征值类似，它在奇异值矩阵中也是按照从大到小的顺序进行排列的，而且奇异值减少得特别快，在很多情况下，前 10%甚至 1%的奇异值的和就占了全部奇异值之和的 99%以上的比例。也就是说，也可以用最大的 K 个奇异值和对应的左右奇异向量来近似描述矩阵。基于这个重要的性质，奇异值分解可以用于 PCA 降维，实现数据压缩和去噪处理；也可以用于推荐算法，将用户和其喜好对应的矩阵进行特征分解，进而得到隐含的用户需求来进行推荐。

（2）主成分分析

主成分分析是最常用的算法，在数据压缩、消除冗余等领域有着广泛的应用。

在解决实际问题中，往往需要研究多个特征，而这些特征就有一定的相关性。将多个特征综合为少数几个代表性特征，组合后的特征既能够代表原始特征的绝大部分信息，又互不相关。这种提取原始特征的主成分的方法称为主成分分析。

主成分分析将高维的特征向量合并为低维的特征属性，是一种无监督的降维方法。

主成分分析的目标是通过某种线性投影，将高维的数据映射到低维的空间中来表示，并且期望在所投影的维度上数据的方差最大（最大方差理论），以此使用较少的数据维度来同时保留较多的原始数据点的特性。

事实上，在数据量很大时，先求协方差矩阵，然后进行特征分解是一个很慢的过程，而主成分分析是借助奇异值分解来完成的，只要求得奇异值分解中的左奇异向量或右奇异向量中的一个即可。

（3）线性判断分析

线性判断分析是一种基于分类模型进行特征属性合并的操作，是一种监督学习的降维方法。线性判断分析的原理是：将带上标签的数据（点）通过投影的方法，投影到维度更低的空间中，使得投影后的数据形成按类别区分一簇一簇的情况，相同类别的数据将会在投影后的空间中更接近。也就是说，投影后类内方差最小，类间方差最大。

7.2.4　编程语言、工具和环境

Python 和 R 是很好的机器学习入门语言，其丰富的工具包有助于开发人员快速解决问题。一般来讲，与计算机相关的人员用 Python 多一些，而数学统计人员更喜欢使用 R。

1．Python

Python 是一种动态的、面向对象的脚本语言，最初被用于编写自动化脚本，随着版本的不断更新和语言新功能的添加，越来越多地被用于独立的、大型项目的开发中。Python 简洁、易读且具有可扩展性，而且众多开源的科学计算软件包都提供了 Python 的调用接口，例如，著名的计算机视觉库 OpenCV、三维可视化库 VTK、医学图像处理库 ITK。同时，Python 还具有丰富的专用科学计算扩展库，例如，3 个十分经典的科学计算扩展库：NumPy、SciPy 和 Matplotlib。它们分别为 Python 提供了快速数组处理、数值运算及绘图功能。因此 Python 及其众多的扩展库所构成的开发环境十分适合工程技术人员、科研人员处理实验数据、制作图表，甚至开发科学计算应用程序等。

Python 的语法限制性很强，不符合其编程规则的程序都不能通过编译。其中很重要的一项就是 Python 的缩进规则。和其他大多数语言（如 C）的一个区别就是，一个模块的界线全是由每行的首字符在这一行的位置来决定的（而 C 是用一对花括号来明确地定出模块的边界的），这使得 Python 程序更加清晰和美观。

（1）Python 的语法规则

Python 的设计目标之一是让代码具备高度的可阅读性。开发人员在设计时尽量使用其他语言经常使用的标点符号和英文字符，让代码看起来整洁、美观。Python 不像其他的静态语言（如 C、Pascal）需要重复书写声明语句，也不像它们的语法那样经常有特殊情况和意外。

Python 通过让违反缩进规则的程序不能通过编译来强制程序员养成良好的编程习惯，并且 Python 利用缩进来表示语句块的起始和终止，增加缩进表示语句块的开始，而减少缩进则表示语句块的退出。缩进是 Python 语法的一部分。例如，if 语句：

```
if age<21:
    print("你不能买酒。")
    print("不过你能买口香糖。")
print("这句话在 if 语句块的外面。")
```

根据 PEP（Python Enhancement Proposal）的规定，Python 必须使用 4 个空格来表示每级的缩进。

（2）Python 常见的工具库

① 网页爬虫工具库：Scrapy。

② 数据挖掘工具库。

- Pandas：模拟 R，进行数据浏览与预处理。
- NumPy：数组运算。
- SciPy：高效的科学计算。
- Matplotlib：非常方便的数据可视化工具。

③ 机器学习工具库。

- scikit-learn：接口封装得很好，几乎所有的机器学习算法输入、输出部分的格式都一致。而它的支持文档甚至可以直接当教程来学习。对于不是非常高维度、高量级的数据，使用 scikit-learn 可以很好地解决问题。
- Libsvm：高效率的 SVM 模型实现。
- Keras/TensorFlow：可以方便地搭建用于深度学习的神经网络。

④ 自然语言处理工具库。

nltk：自然语言处理的相关功能非常全面，有典型语料库。

⑤ 交互式环境工具库。

IPython Notebook：能直接打通数据到结果的通道，非常方便。

（3）Python 程序的执行

Python 程序在执行时，首先会将.py 文件中的源代码编译成字节码，然后由 Python Virtual Machine 来执行这些编译好的字节码。这种机制的基本思想与 Java 和.NET 是一致的。然而 Python Virtual Machine 与 Java 或.NET 的 Virtual Machine 不同，Python Virtual Machine 是一种更高级的 Virtual Machine。这里的高级并不是通常意义上的高级，而是和 Java 或.NET 相比，Python 的 Python Virtual Machine 与真实机器的距离更远。或者可以这么说，Python 的 Python Virtual Machine 是一种抽象层次更高的 Virtual Machine。

基于 C 的 Python 编译出的字节码文件通常是.pyc 格式。除此之外，Python 还能以交互模式运行，比如在 UNIX/Linux、macOS、Windows 下，可以直接在命令行模式下运行 Python 交互环境，直接下达操作指令即可实现交互操作。

2. R

R 是用于统计分析、图形表示的编程语言。R 具备高效的数据处理和存储功能，擅长数据矩阵操作，提供了大量适用于数据分析的工具，支持多种数据可视化输出。分析人员可利用简单的 R 描述处理过程，完成数据的复杂分析操作。

R 具有以下基本特点。

（1）开源

R 是一款集成了数据操作、统计和可视化功能的优秀的开源软件，来自世界各地开源社区的研究者为其提供了各种丰富的工具包。由于 R 能结合各种挖掘算法有效地简化数据分析过程，因此适用于数据挖掘领域。

（2）可扩展

R 简单易学，解释型的语句通俗易懂，包中内置了模型所需的数据集，有时执行一行命令就能完成从数据到模型的构建，再到结果可视化输出的全过程。而且开发人员还可以根据现有的包的函数编写出更适合自己的函数模块，因此 R 具有强大的可扩展性。

（3）功能强大

作为第二个向量式编程语言（Matlab 是第一个），R 是一套完整的数据处理、计算和制图软件系统。其功能包括数据存储和处理、数组运算（其在向量、矩阵运算方面功能尤其强大）、完整连贯的统计分析、优秀的统计制图，它还拥有简便而强大的编程语言（可操纵数据的输入和输出，可实现分支、循环，用户可自定义功能）。

R 的主要应用领域如下。

（1）医疗领域

医疗领域有一种分析称为生存资料 Metaeta 分析，生存资料 Metaeta 分析是将患者的结局和生存时间结合起来进行分析的一种统计方法。R 中用于生存资料 Metaeta 分析的程序包包括 Meta、rmeta 和 metafor 等。这些程序包可用于分析二分类资料、连续性资料，也可用于分析相关系数、生存数据等。

（2）数据挖掘

R 集成了各种数据分析和可视化方法，具备强大的数据分析功能和良好的可扩展性，适用于数据挖掘领域。比如，结合城市主要经济指标的数据挖掘案例，给出了 R 在挖掘过程中各主要阶段的应用方法。数据准备阶段包括数据抽取、数据选择与统计分析应用；挖掘建模阶段给出了聚类和分类的典型挖掘应用；模型评估阶段给出了决策树的评估方法。简洁的 R 脚本设计和良好的分析效果，展示了 R 的基本特点和在数据挖掘应用中的优势。

（3）电子商务

随着电子商务的发展，人们对配送中心的服务性、快捷性、低成本及柔性化的要求越来越高，通过"订单-库存分析"协调需求和库存之间的关系更为重要。足量库存并不是意味着要储备超大容量的库存，适量则最佳。利用 R 可以对电子商务企业前端的客户信息进行数据分析，从而减少电商物流企业库存与需求不匹配带来的巨额成本。

（4）舆情分析

社会媒体成了人们表达情感的重要载体。微博作为传播较广泛的社会媒体已经成为了解民众情感的重要渠道。面对既庞大又看似杂乱无章的微博数据，如何有效地从已有数据中提取有价值的信息进而分析网络舆情，并以更加清晰的方式呈现，成为当前备受关注的重要研究课题。利用 R 强大的自然语言处理包，可以很容易地完成从模型建立到结果可视化的过程。

7.2.5　使用机器学习解决问题的基本流程

使用机器学习解决问题的基本流程如下。

1．问题的抽象

明确问题是机器学习的第一步。机器学习的训练过程通常非常耗时，无目标尝试的时间成本会非常高。抽象成数学问题则指目标是什么问题，是分类、回归还是聚类问题等。

2．获取数据

数据决定了机器学习结果的上限，而算法只是尽可能地逼近这个上限。

数据要有代表性，否则必然会出现过拟合。而且对于分类问题，数据偏斜不能过于严重，不同类别的数据量不要有数量级的差距，还要对数据的量级有一个评估，多少个样本，多少个特征，可以估算出其对内存的消耗程度，并判断训练过程中内存是否够用，如果不够用就需要考虑改进算法或者进行降维。如果数据量太大，则需要考虑进行分布式处理。

3．特征预处理与特征选择

良好的数据需要提取出良好的特征才能真正发挥作用。特征预处理是非常关键的步骤，往往能够显著提升算法的效果和性能，包括归一化、离散化、因子化、缺失值、去除共线性等处理，在数据挖掘过程中很多时间就花费在这方面。

筛选出显著特征、摒弃非显著特征，需要机器学习工程师反复理解业务。这对很多结果有决定性的影响。特征选择正确，非常简单的算法也能得出良好、稳定的结果。想要进行正确的特征选择，需要运用特征有效性分析的相关技术，如相关系数、卡方检验、平均互信息、条件熵、后验概率、逻辑回归权重等。

4．训练模型与调优

直到这一步才用到算法进行训练。现在很多算法都已经被封装成黑盒以供人们使用。但真正困难的操作是调整这些算法的参数，使得结果变得更加优良。这需要对算法的原理有深入的理解。理解越深入，就越能发现问题的症结，从而提出良好的调优方案。

5．模型诊断

要确定模型调优的方向与思路就需要对模型进行诊断。

过拟合、欠拟合判断是模型诊断中至关重要的部分。常见的方法有交叉验证、绘制学习曲线。过拟合的基本调优思路是增加数据量、降低模型复杂度。欠拟合的基本调优思路是增加特征数量、提高特征质量和模型复杂度。

诊断后的模型需要进行调优，调优后的新模型需要重新进行诊断，这是一个不断反复迭代、不断逼近的过程，需要不断地进行尝试，进而达到最优状态。

6．误差分析

误差分析是机器学习至关重要的步骤。通过观察误差样本，全面分析产生误差的原因：是参数的问题还是算法选择的问题；是特征的问题还是数据本身的问题等。

7．模型融合

一般来说，通过模型融合能够提升算法效果。在工程上，提升算法准确度的方法是分别在模型的前端（特征清洗和预处理，不同的采样模式）与后端（模型融合）进行改进。因为它们的比较标准可复制，并且效果比较稳定。

8．上线运行

上线运行与工程实现的相关性较大。工程是结果导向，模型在线上运行的结果直接决定模型的成败。运行结果不仅包括模型的准确程度、误差等情况，还包括模型运行的速度（时间复杂度）、资源消耗程度（空间复杂度）、稳定性是否可接受等。

7.3　人工神经网络简介

7.3.1　人工神经网络的发展

1．概念

神经网络的基本分类如图 7.8 所示。

广义的神经网络包括两类：一类是用计算机的方式去模拟人脑，这就是我们常说的人工神经网络（ANN）；另一类是生物神经网络。在人工智能领域，研究的是人工神经网络。

人工神经网络又分为前馈神经网络和反馈神经网络两种。

前馈神经网络是一种最简单的神经网络，如图 7.9 所示，各神经元分层排列，每个神经元只与前一层的神经元相连，接收前一层的输出，并输出给下一层，数据正向流动，输出仅由当前的输入和网络权值决定，各层之间没有反馈。反馈神经网络又称自联想记忆网络，输出不仅与当前的输入和网络权值有关，还和网络之前的输入有关。

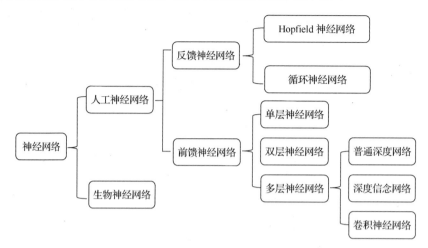

图 7.8　神经网络的基本分类

　　从某种意义上讲，前馈神经网络和反馈神经网络的区别是它们的结构图。如果把结构图看作一个有向图，其中神经元代表顶点，连接代表有向边。在前馈神经网络中，这个有向图是没有回路的；而在反馈神经网络中，这个有向图是有回路的。例如，深度学习中的循环神经网络是一种反馈神经网络。

　　Hopfield 神经网络是一种常见的反馈神经网络，如图 7.10 所示。在网络结构上，Hopfield 神经网络是一种单层互相全连接的反馈神经网络。每个神经元既是输入也是输出，网络中的每个神经元都将自己的输出通过连接传送给所有其他神经元，同时又都接收所有其他神经元传递过来的信息，即网络中的神经元在 t 时刻的输出状态实际上间接地与自己在 $t-1$ 时刻的输出状态有关。因为 Hopfield 神经网络的神经元之间相互连接，所以得到的权重矩阵将是对称矩阵。

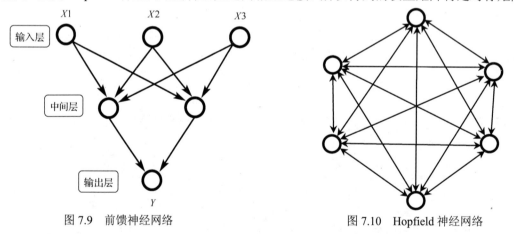

图 7.9　前馈神经网络　　　　　　　　　　图 7.10　Hopfield 神经网络

　　常见的前馈神经网络有三类：单层神经网络、双层神经网络及多层神经网络。深度学习中的卷积神经网络属于一种特殊的多层神经网络。另外，BP 神经网络是使用了反向传播（BP）算法的双层前馈神经网络，也是一种普遍的双层神经网络。

　　人工神经网络是机器学习中的一个重要的算法。神经网络的原理是受人类大脑的生理结构——互相交叉相连的神经元启发的，但与大脑中一个神经元可以连接一定距离内的任意神经元不同，人工神经网络具有离散的层、连接和数据传播的方向。

例如，我们可以把一幅图像切分成图像块，输入神经网络的第一层。第一层中的每个神经元都把数据传递到第二层，第二层中的神经元完成类似的工作，把数据传递到第三层，以此类推，直到传递到最后一层，然后生成结果。

每个神经元都为它的输入分配权重，这个权重的正确与否与其执行的任务直接相关。最终的输出由这些权重加总来决定。

在人工智能的早期，神经网络就已经存在，由于早期的计算机难以满足神经网络算法的运算需求，因此当时神经网络的"智能"性很差。直到 GPU 被广泛应用后，人工神经网络的准确性才有了稳步提高。

以停止标志识别牌为例，神经网络需要通过几百万张图片来进行训练，直到神经元的输入权值都被调整得十分精确，即无论天气如何，每次都能得到正确的结果，才可以说神经网络成功地自学到一个停止标志识别牌的样子。

现在，经过深度学习训练的图像识别，在一些特定场景中，例如，动物识别、辨别血液中癌症的早期成分、识别核磁共振成像中的肿瘤等可以比人做得更好。

2．构成

人工神经网络是一种模仿生物神经网络（动物的中枢神经系统，特别是大脑）的结构和功能的数学模型或计算模型，神经网络由大量的人工神经元连接起来进行计算。在多数情况下，人工神经网络能够根据外界信息的变化改变内部结构，是一种自适应系统。

现代神经网络是一种非线性统计性数据建模工具，典型的神经网络包含 3 部分。

（1）结构

结构指定了网络中的变量和它们的拓扑关系。例如，神经网络中的变量可以是神经元连接的权重和神经元的激励值。

（2）激励函数

大部分神经网络模型具有一个短时间尺度的动力学规则，用来定义神经元如何根据其他神经元的活动来改变自己的激励值。一般激励函数依赖于网络中的权重（即该网络的参数）。

（3）学习规则

学习规则指定了网络中的权重如何随着时间的推进而进行调整。在一般情况下，学习规则依赖于神经元的激励值，也可能依赖于监督者提供的目标值和当前的权值。

图 7.11 所示为一个典型的神经网络，其包含三部分，分别是输入层、输出层和中间层（也叫隐藏层）。图中输入层有 3 个单元，中间层有 4 个单元，输出层有 3 个单元。

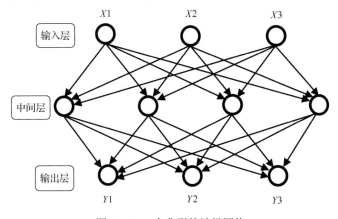

图 7.11　一个典型的神经网络

关于神经网络，读者需要注意以下几点。

① 在设计一个神经网络时，输入层与输出层的节点数往往是固定的，中间层则可以自由指定。

② 神经网络结构图中的拓扑与箭头代表预测过程中数据的流向，与训练时的数据流有一定的区别。

③ 对于中间层第 j 个神经元，其输入定义为 $a_j = \sum_{i=0}^{M} v_{ij} x_i$，其中，$v_{ij}$ 表示输入层第 i 个神经元 x_i 到中间层第 j 个神经元连接线的权值。对于输出层第 j 个神经元，其输入定义为 $b_j = \sum_{i=0}^{M} w_{ij} m_i$，其中，$w_{ij}$ 表示中间层第 i 个神经元 m_i 到输出层第 j 个神经元连接线的权值。

④ 图 7.11 中的圆圈（代表神经元）不是关键，而连接线（代表神经元之间的连接）才是关键，每个连接线对应不同的权重（其值称为权值），这些权值需要通过训练得到。

7.3.2 神经元模型

1．神经元的构成

对于神经元的研究由来已久，1904 年生物学家就已经开始了解神经元的构成，其示意如图 7.12 所示。

一个神经元通常具有多个树突，主要用来接收传入的信息；而轴突只有一条，用于传递信息；轴突尾端有许多轴突末梢可以给其他多个神经元传递信息，轴突末梢与其他神经元的树突产生连接，从而传递信号。

2．抽象的神经元模型

1943 年，心理学家 McCulloch 和数学家 Pitts 参考生物神经元的结构，发布了抽象的神经元模型（MP）。该神经元模型是一个包含输入、输出与计算功能的模型。输入可以类比为神经元的树突，而输出可以类比为神经元的轴突，计算功能则可以类比为细胞核。

图 7.13 所示为一个典型的神经元模型：包含 3 个输入、1 个输出，以及 2 个计算功能。连接线称为连接，每个连接上都有一个权重。

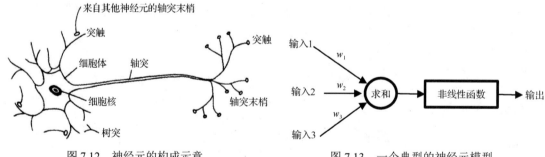

图 7.12　神经元的构成示意　　　　　图 7.13　一个典型的神经元模型

（1）权重

连接是神经元模型中最重要的概念，每个连接上都有一个权重。一个神经网络的训练算法就是让权值调整到最佳，以使得整个网络的预测效果最好。如果使用 a 来表示输入，用 w 来表示权重。一个表示连接的有向箭头可以这样理解：在初端，传递的信号大小仍然是 a，端中间有权重 w，经过加权后的信号会变成 $a×w$，因此在连接的末端，信号的大小就变成了 $a×w$。

训练后的神经网络对某个输入赋予了较高的权重，则认为与其他输入相比该输入更为重要。权值为零则表示特定的特征是微不足道的。

（2）常见的激励函数

激励函数将输入信号转换为输出信号。只有一个输入的神经元模型，应用激励函数后的输出可表示为 $f(a.w_1+b_1)$，其中，$f()$ 函数就是激励函数，b_1 为偏差。除权重外，另一个被应用于输入的线性分量被称为偏差，它被加到权重与输入相乘的结果中。添加偏差的目的是改变权重与输入相乘所得结果的范围。

具有 n 个输入神经元的模型的输出可表示为 $f(\sum_{i=0}^{M}(a_i.w_i+b_i))$。

常用的激励函数有 3 个，分别是 Sigmoid 函数、ReLU 函数和 Softmax 函数。

① Sigmoid 函数。

Sigmoid 函数是最常用的激励函数，其函数曲线如图 7.14 所示。

由于任何概率的取值都在 0～1 范围内，而 Sigmoid 函数的输出值处于 0～1，因此它特别适用于输出概率的模型。该函数是可微的，所以可以得到曲线上任意两点之间的斜率。

② ReLU 函数。

ReLU 函数常用来处理中间层，定义如下。

当 $x>0$ 时，函数的输出值为 x；当 $x\leqslant0$ 时，函数的输出值为 0。ReLU 函数的函数曲线如图 7.15 所示。

与传统的 Sigmoid 函数相比，ReLU 函数能够有效缓解梯度消失问题，从而可以直接以监督的方式训练深度神经网络模型，无须依赖无监督的逐层预训练方法。当 $x>0$ 时，导数为 1，所以，ReLU 函数能够在 $x>0$ 时保持梯度不衰减，从而缓解梯度消失问题，但随着训练的推进，部分输入会落入硬饱和区，导致对应权重无法更新，这种现象称为"神经元死亡"。ReLU 函数还有一个缺点就是输出具有偏移现象，即输出均值恒大于零。偏移现象和神经元死亡会共同影响网络的收敛性。

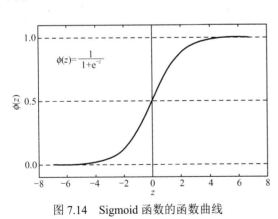

图 7.14 Sigmoid 函数的函数曲线

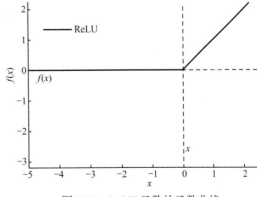

图 7.15 ReLU 函数的函数曲线

③ Softmax 函数。

Softmax 函数也被称为归一化指数函数，实际上是有限项离散概率分布的梯度对数归一化。因此，Softmax 函数在包括多项逻辑回归、多项线性判别分析、朴素贝叶斯分类器和人工神经网络等多种基于概率的多分类问题方法中有着广泛应用，尤其是在多项逻辑回归和多项线性判别分析中，函数的输入是从 K 个不同的线性函数中得到的结果，而样本向量 x 属于第

j 个分类的概率为

$$P(y=j) = \frac{e^{x^T W_j}}{\sum_{k=1}^{K} e^{x^T W_k}}$$

这可以被视作 K 个线性函数的 Softmax 函数的复合。Softmax 回归模型是解决多类回归问题的算法，在深度学习中经常用作分类器，并常与交叉熵损失函数联合使用。

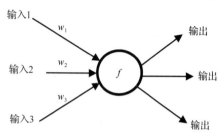

图 7.16　神经元模型的扩展表示

3．神经元模型的扩展表示

神经元模型的扩展表示如图 7.16 所示。

首先，将 sum 函数与 sgn 函数合并到一个圆圈中，代表神经元的内部计算。其次，一个神经元可以引出多个代表输出的有向箭头，但权值都是一样的。最后，神经元可以被看作一个计算与存储单元。计算是指神经元对其输入进行计算的功能。存储是指神经元会暂存计算结果，并传递到下一层。

当通过多个"神经元"组成网络以后，描述网络中的某个"神经元"时，更多地称其为"单元"。同时，由于神经网络的表现形式是一个有向图，因此有时也用"节点"来表达同样的意思。

1943 年发布的 MP 模型较简单且权值都是预先设置好的，因此不具备学习功能。到了 1949 年，心理学家 Hebb 提出了 Hebb 学习规则，认为人脑神经细胞的突触（也就是连接）上的强度是可以发生变化的。于是，人们开始考虑通过使用调整权值的方法来让机器进行学习。

Hebb 学习规则是一个无监督学习规则，这种学习的结果是使网络能够提取训练集的统计特性，从而把输入信息按照它们的相似程度划分为若干类。这一点与人类观察和认识世界的过程非常吻合，因为人类观察和认识世界在相当程度上就是在根据事物的统计特征进行分类的。Hebb 学习规则只根据神经元连接间的激活水平改变权值，因此这种方法又称为相关学习或并联学习。

7.3.3　单层神经网络

1958 年，研究者提出了由单层神经元组成的神经网络，并命名为感知器。感知器是当时第一个可以学习的人工神经网络。感知器包含两个层次：输入层和输出层。输入层中的输入单元只负责传输数据，不进行计算。输出层中的输出单元需要对前面一层的输入数据进行计算。单层神经网络的结构如图 7.17 所示。

人们把需要进行计算的层称为计算层，并把拥有一个计算层的网络称为单层神经网络。如果要预测的目标不是一个值，而是一个向量，则可以在输出层上再增加一个输出单元。

则有

$$y_1 = x_1.w_{1,1} + x_2.w_{1,2} + x_3.w_{1,3}$$
$$y_2 = x_1.w_{2,1} + x_2.w_{2,2} + x_3.w_{2,3}$$
$$y_3 = x_1.w_{3,1} + x_2.w_{3,2} + x_3.w_{3,3}$$
$$y_4 = x_1.w_{4,1} + x_2.w_{4,2} + x_3.w_{4,3}$$

其中，w_{ij} 表示一个权值，下标中的 i 表示后一层神经元的序号，j 表示前一层神经元的序号。例如，$w_{1,2}$ 表示输出层的第 1 个神经元与输入层的第 2 个神经元连接的权值。

与神经元模型不同，感知器中的权值是通过训练得到的。因此，感知器类似一个逻辑回归模型，可以执行线性分类任务。而感知器只能执行简单的线性分类任务，图 7.18 显示了在二维平面中画出决策分界的效果，也就是感知器的分类效果。

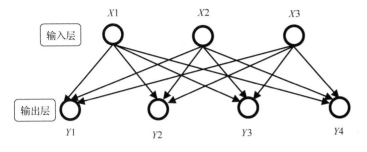

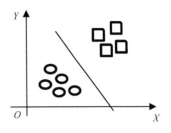

图 7.17　单层神经网络的结构　　　　　　图 7.18　感知器的分类效果

7.3.4　双层神经网络

单层神经网络无法解决异或问题。当单层神经网络增加一个计算层以后，便构成了双层神经网络。双层神经网络不仅可以解决异或问题，而且具有良好的非线性分类功能，反向传播算法的使用则解决了双层神经网络存在的复杂计算量的问题。

1．双层神经网络模型

双层神经网络除了包含一个输入层和一个输出层，还增加了一个中间层，如图 7.19 所示。此时，中间层和输出层都是计算层。图 7.19 中使用向量和矩阵来表示层次中的变量，A、B、Z 是分别代表输入层、中间层和输出层的向量，$W(1)$ 和 $W(2)$ 是网络的参数矩阵。

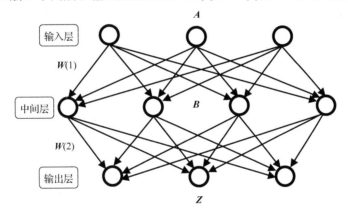

图 7.19　双层神经网络

整个计算公式可使用矩阵运算来表达，形式如下：

$$g(A \times W(1)) = B$$
$$g(B \times W(2)) = Z$$

在双层神经网络中，一般使用平滑函数 Sigmoid 作为激励函数。

使用矩阵运算描述神经网络简洁明了，而且不会受到节点数增多的影响（无论有多少个节点参与运算，乘法两端都只有一个变量）。因此，神经网络基本使用矩阵运算来进行描述。

在神经网络中，一般都会默认存在偏置节点（Bias Unit）。偏置节点本质上是一个只包含存储功能且存储值永远为 1 的单元。在神经网络中，除输出层外，其余每个层次都会包含一个偏置节点。包含偏置节点的双层神经网络如图 7.20 所示。

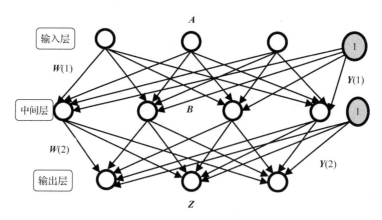

图 7.20   包含偏置节点的双层神经网络

在考虑偏置节点以后，神经网络的矩阵运算如下：

$$g(A \times W(1) + Y(1)) = B$$
$$g(B \times W(2) + Y(2)) = Z$$

其中，$Y(1)$ 为输入层偏置节点的参数矩阵，$Y(2)$ 为中间层偏置节点的参数矩阵。

神经网络的本质就是通过参数与激励函数来拟合特征与目标之间的真实函数关系。单层神经网络只能执行线性分类任务，而双层神经网络通过中间层和输出层两个线性分类任务的结合，可执行非线性分类任务。

双层神经网络通过双层的线性模型模拟了数据内真实的非线性函数。面对复杂的非线性分类任务，双层神经网络可以达到很好的分类效果。因此，双层神经网络的本质就是进行更复杂的函数拟合。

2. 模型训练

模型训练的目的是使得参数尽可能地与真实的模型逼近。模型训练的具体做法如下。

首先给所有参数赋予随机值，然后使用这些随机值来预测训练数据中的样本。设样本的预测目标为 T_1，真实目标为 T。那么，定义一个损失值 loss，$\text{loss} = (T_1 - T)^2$。

训练的目标就是使所有训练数据的损失和尽可能小。损失最终可以表示为关于参数的函数，这个函数称为损失函数。现在的问题变为如何优化参数，使损失函数的值最小，也就是说，此问题被转化为一个优化问题。

在神经网络中，解决优化问题经常使用梯度下降算法。梯度下降算法每次先计算参数当前的梯度，然后让参数向着梯度的反方向前进一段距离，不断重复，直到梯度接近零为止。一般在这个时候，所有的参数会使损失函数达到最低值的状态。

在神经网络模型中，使用反向传播算法计算梯度。反向传播算法利用神经网络的结构进行计算。反向传播算法的基本思想为：计算输出层的梯度；计算第二个参数矩阵的梯度；计算中间层的梯度；计算第一个参数矩阵的梯度；计算输入层的梯度。计算结束以后，就可以得到两个参数矩阵的梯度。

优化问题只是训练中的一部分，机器学习不仅要求数据在训练集上求得一个较小的误差，在测试集上也要有好的表现，因为模型最终要被部署到真实场景中。

7.4　深度学习基础

深度学习是在多层神经网络上运用各种机器学习算法解决图像、文本等各种问题的算法集合。深度学习从大类上可以归入神经网络，不过在具体实现上有许多变化。深度学习的核心是特征学习，旨在通过分层网络获取分层的特征信息，从而解决以往需要人工设计特征的重要难题。

7.4.1　深度学习的概念和特征

深度学习试图使用包含复杂结构或由多重非线性变换构成的多个处理层对数据进行高层抽象。深度学习是机器学习中的一种基于对数据进行表征学习的算法。观测值（如一幅图像）可以使用多种方式来表示，如每个像素强度值的向量，或者更抽象地表示成一系列边、特定形状的区域等。而使用某些特定的表示方法更容易从实例中学习任务（如人脸识别）。深度学习的好处是用非监督或半监督的特征学习和分层特征提取高效算法来替代手动获取特征。

1. 传统机器学习和深度学习的区别

传统机器学习分为两个阶段。

① 训练阶段。使用一个数据集，包括大量照片及其对应的类别标签。

在训练阶段，图像的分类包括两个过程：一是特征提取，这个过程需要我们用领域相关的知识，提取机器学习所需要的特征；二是模型训练，用从上一个过程中提取的特征加上其对应的标签，训练出模型。

② 预测阶段。用未使用过的图片检验训练出来的模型。

在预测阶段，使用训练阶段得出的特征处理新图片，再把得到的特征传给模型来获取最终的预测结果。

传统机器学习和深度学习的区别在于特征提取的过程。在传统机器学习中，需要事先人为地定义一些特征，而在深度学习中，特征是由算法自身通过学习得到的。特征的定义并不容易，需要专家知识，又耗费时间，所以相比之下，深度学习在特征提取方面更有优势。

2. 深度学习的特点

深度学习的特点如下。

（1）通过自动学习得到特征

良好的特征可以提高模式识别系统的性能。深度学习与传统模式识别方法的最大不同在于，它所采用的特征是从大数据中自动学习得到的，而非手动设计的。手动设计主要依靠设计者的先验知识，很难利用大数据的优势。由于依赖手动调整参数，因此在特征的设计中所允许出现的参数数量有限。深度学习可以从大数据中自动学习特征的表示，可以包含大量参数，而且深度学习可以针对新的应用从训练数据中很快学习到新的有效的特征表示。

（2）实现特征表示和分类器的联合优化

一个模式识别系统包括特征和分类器两部分。在传统模式识别方法中，特征和分类器的优化是分开的。而在神经网络的框架下，特征和分类器是联合进行优化的，从而深度学习可以最大限度地发挥二者联合协作的性能。

（3）结构更深，表达能力更强

深度学习模型意味着神经网络的结构更深。虽然三层神经网络模型可以近似任何分类函数，但研究表明，针对特定的任务，如果模型的深度不够，则其所需要的计算单元会成指数级增长，即虽然浅层模型可以表达相同的分类函数，但其需要的参数和训练样本要更多。这是因为浅层模型提供局部表达，它将高维图像空间分成若干个局部区域，每个局部区域至少存储一个从训练数据中获得的模板。浅层模型将一个测试样本和这些模板逐一进行匹配，根据匹配的结果预测其类别。随着分类问题复杂度的增加，需要将高维图像空间划分成越来越多的局部区域，因而需要越来越多的参数和训练样本。

深度学习模型通过重复利用中间层的计算单元来减少参数的数量。以人脸识别为例，深度学习可以对人脸图像实现分层特征表达：底层从原始像素开始学习滤波器，刻画局部的边缘和纹理特征；中层滤波器通过将各种边缘滤波器进行组合来描述不同类型的人脸器官；顶层描述的是整个人脸的全局特征。与浅层模型相比，深度学习模型的表达能力更强、效率更高。因此，浅层模型要达到深度学习模型的数据拟合效果则需要拥有超出几个数量级的参数才行。

（4）具有提取全局特征和上下文信息的能力

深度学习模型具有强大的学习能力和高效的特征表达能力。例如，在图像识别领域，深度学习模型能从像素级原始数据到抽象的语义概念，逐层提取信息，在提取图像的全局特征和上下文信息方面具有突出的优势。

以人脸的图像分割为例，为了预测哪个像素属于哪个脸部器官，通常的做法是在该像素周围取一个小区域，提取纹理特征，再基于该特征利用支持向量机等浅层模型进行分类。因为局部区域包含的信息量有限，往往会产生分类错误，因此要对分割后的图像加入平滑和形状先验等约束。

人眼即使在局部遮挡的情况下也可根据脸部其他区域的信息估计出被遮挡部分。因此，图像分割可以被看作一个高维数据转换的问题来解决。模型在高维数据转换过程中隐式地加入了形状先验。所以，全局和上下文信息对于局部的判断非常重要，而基于局部特征的方法在最初阶段就将这些信息丢弃了。

在理想情况下，模型应该将整幅图像作为输入，有效地捕捉全局特征，直接预测整幅分割图，但浅层模型很难实现，而深度学习模型可以很好地解决该问题。

7.4.2 普通多层神经网络

本节只讨论普通多层神经网络。在双层神经网络的输出层后面继续添加层就可以设计出一个多层神经网络，原来的输出层变成中间层，新加入的层成为新的输出层。

1. 多层神经网络的基本结构

三层神经网络如图 7.21 所示，以此类推，就可以得到更多层的多层神经网络。

若输入为 $A(1)$，参数矩阵为 $W(1)$、$W(2)$、$W(3)$，则输出 Z 的推导公式如下：

$$g(A(1) \times W(1)) = A(2)$$
$$g(A(2) \times W(2)) = A(3)$$
$$g(A(3) \times W(3)) = Z$$

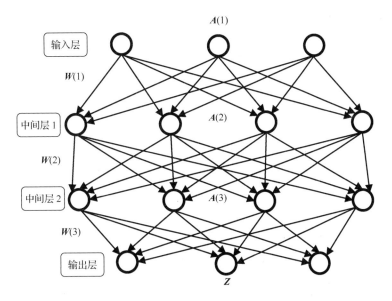

图 7.21　三层神经网络

从图 7.21 中可以看出，**W**(1)中有 12 个参数，**W**(2)中有 16 个参数，**W**(3)中有 12 个参数，所以整个神经网络的参数共有 40 个。

在多层神经网络中，计算从输入层开始，计算出所有单元的值以后，再继续计算下一层。只有当前层所有单元的值都计算完毕以后，才会计算下一层。

2. 多层神经网络的模型调整

多层神经网络模型可以根据实际需求调整中间层的节点数。例如，将图 7.21 描述的神经网络结构的中间层 1 调整为 5 个节点，将中间层 2 调整为 5 个节点。经过调整以后，整个网络的参数变成了 55 个，如图 7.22 所示。虽然层数保持不变，但是图 7.22 描述的神经网络的参数数量要比调整之前的神经网络多，从而带来了更好的表示能力。表示能力是多层神经网络的一个重要性质。

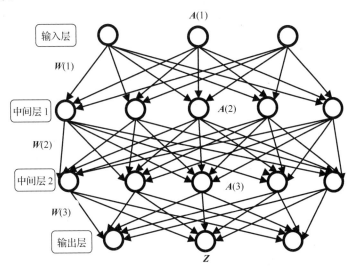

图 7.22　调整中间层节点数后的三层神经网络

当然，我们也可以在参数基本不变的情况下，获得一个层数更多的网络，四层神经网络如图 7.23 所示。

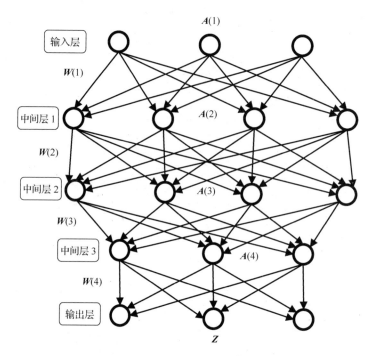

图 7.23　四层神经网络

在图 7.23 中，虽然参数数量为 12+16+12+9=49，但该神经网络有 3 个中间层，这意味着在参数数量接近的情况下，可以用更深的层次来表达。

与双层神经网络不同，多层神经网络增加了中间层，能够更深入地表示特征，具有更强的函数模拟能力。这是因为随着网络层数的增加，每层对于前一层次的抽象表示更深入。在神经网络中，每层神经元学习到的是前一层神经元值的更抽象的表示。例如，在四层神经网络中，第一个中间层学习到的是"边缘"特征，第二个中间层学习到的是由"边缘"组成的"形状"特征，第三个中间层学习到的是由"形状"组成的"图案"特征，最后的中间层学习到的是由"图案"组成的"目标"特征。

通过抽取更抽象的特征来对事物进行区分，从而使神经网络获得更好的区分与分类能力。随着层数的增加，函数模拟能力变得更强，整个网络的参数也就越多。而神经网络的本质就是模拟特征与目标之间的真实函数关系，更多的参数意味着其模拟的函数可以更加复杂。

3．模型训练

单层神经网络使用的激励函数是 sgn 函数。双层神经网络使用的激励函数是 Sigmoid 函数。而到了多层神经网络，ReLU 函数更容易收敛，并且预测性能更好。因此，在深度学习中，最常见的激励函数是非线性函数：ReLU 函数。

在多层神经网络中，训练的主题仍然是优化和泛化。当使用足够强的计算芯片（如 GPU 图形加速卡）时，梯度下降算法及反向传播算法在多层神经网络的训练中可以很好地进行工作。在训练神经网络模型时，如果模型的参数太多，而训练样本又太少，则训练出来的模型很容易产生过拟合的现象。过拟合的具体表现为模型在训练数据上损失函数较小，预测准确率较高；但是在测试数据上损失函数比较大，预测准确率较低。

所以在深度学习中，泛化技术变得比以往更加重要。这主要是因为神经网络的层数增加导致了参数的增加，表示能力大幅度增强很容易出现过拟合现象。如果模型是过拟合的，那么得到的模型几乎不能用。为了解决过拟合问题，一般会采用模型集成的方法，即训练多个模型然后进行组合。此时，训练模型的时间代价很大，不仅训练多个模型费时，测试多个模型也很费时。

Dropout 技术可以比较有效地解决过拟合问题，在一定程度上达到正则化的效果。Dropout 技术是指在深度学习网络的训练过程中，按照一定的概率将神经网络单元暂时从网络中丢弃。对于梯度下降算法来说，由于是随机丢弃，因此每个微匹配都在训练不同的网络。当某一部分神经元被置零后，整个网络看起来就像一个新的网络，之后每次 Dropout 又是另一个"新"的网络被训练，最后，这些网络结合起来就相当于一种集成学习，每个网络既相互提升，又相互制约，使得最终结果的准确率有所提升。

在训练网络模型的过程中，神经元通过梯度指引来调整自身取值，使得整体损失值下降，这时某些神经元有可能因为要适应别的神经元，而调整自己已经接近或达到"正确取值"的参数，这种现象称为互适应。互适应会导致网络训练出现偏颇，因为尽管最终损失值降下去了，但得到的结果仅适用于训练数据，而不具备泛化能力，也就是说，训练的结果不能适用于环境。所以，随机使某些神经元置 0，可以阻止这种互适应的发生。比如 X 神经元已经接近"标准取值"，而 Y 神经元还需要优化，这时 X 很有可能会迁就 Y，继续调整自身取值，从而导致过拟合；而此时如果将 Y 神经元隐去，X 会认为网络已经足够优化，就会保持自身的值不变，这样就可以抑制互适应现象的发生。

7.4.3　卷积神经网络

传统的神经网络并不适用于图像领域，这是因为图像是由一个个像素点构成的，每个像素点有三条通道，分别代表 RGB 颜色，那么，如果一个图像的尺寸是 28 像素×28 像素（即图像的长宽均为 28 像素），使用全连接的神经网络结构（见图 7.24），即网络中的神经元与相邻层上的每个神经元均连接，则意味着输入层有 28×28=784 个神经元，中间层有 15 个神经元，输出层有 10 个神经元，需要的参数个数为 784×15×10+15+10=117 625 个。

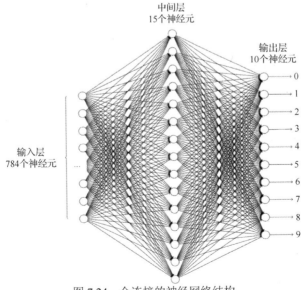

图 7.24　全连接的神经网络结构

之所以需要这么多神经元和参数，是因为图片是由像素点组成的，28 像素×28 像素的像素矩阵需要 28×28=784 个输入神经元，中间层有 15 个神经元，就有 784×15=11 760 个权重 w。输出层有 10 个神经元，中间层和最后的输出层的 10 个神经元连接，就有 11 760×10=117 600 个权重 w，再加上中间层的偏置项 15 个和输出层的偏置项 10 个，就是 117 625 个参数。

如果对这么多参数进行一次反向传播，则计算量巨大。

1．卷积神经网络的概念

卷积神经网络模仿生物的视觉机制构建，是一类包含卷积计算且具有深度结构的前馈神经网络。由于卷积神经网络能够进行平移不变分类，因此它也被称为平移不变人工神经网络。

卷积神经网络本质上是一个多层感知器，其成功的关键原因在于，它所采用的局部连接和共享权值的方式，一方面减少了参数的数量而使网络易于优化，另一方面降低了过拟合的风险。卷积神经网络是神经网络中的一种，它采用的权值共享网络结构使之更类似于生物神经网络，降低了网络模型的复杂度，极大地减少了训练网络的参数。该优点在网络的输入是多维图像时表现得更为明显，使图像可以直接作为网络的输入，避免了传统识别算法中复杂的特征提取和数据重建过程。它在处理二维图像上有众多优势，如网络能自行抽取包括颜色、纹理、形状及图像的图像特征的拓扑结构；在处理二维图像上，特别是识别位移、缩放及扭曲不变形的应用上具有良好的健壮性和运算效率等。

卷积神经网络常用的库有以下几种。

（1）Caffe

● 源于 Berkeley 的主流 CV 工具包，支持 C++、Python、Matlab。

● Model Zoo（Caffe 的构成部分）中有大量预训练好的模型供用户使用。

（2）Torch

● Facebook 使用的卷积神经网络工具包。

● 提供通过时域卷积的本地接口，便于使用。

● 定义新网络层的方法简单。

（3）TensorFlow

● TensorFlow 是 Google 的深度学习库。

● TensorBoard 可方便实现数据可视化。

● 数据和模型并行化好，速度快。

2．卷积神经网络的构成

卷积神经网络的人工神经元可以响应一部分覆盖范围内的周围单元，对于大型图像处理有出色表现。由于卷积神经网络的特征检测层通过训练数据进行学习，因此在使用卷积神经网络时，避免了显式的特征抽取过程，而可以隐式地从训练数据中进行学习；另外，由于同一特征映射面上的神经元权值相同，因此网络可以并行学习，这也是卷积神经网络相对于全连接神经网络的一大优势。

卷积神经网络一般包括三部分：输入层、中间层和输出层。图 7.25 描述了 AlexNet 卷积神经网络的基本结构。

（1）输入层

卷积神经网络的输入层可以处理多维数据，一维卷积神经网络的输入层接收一维或二维数组，其中，一维数组通常为时间或频谱采样，二维数组可能包含多个通道；二维卷积神经网络的输入层接收二维或三维数组；三维卷积神经网络的输入层接收四维数组。

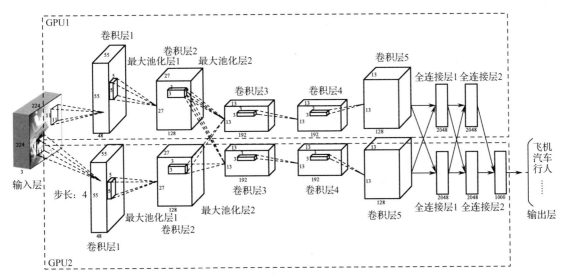

图 7.25 AlexNet 卷积神经网络的基本结构

由于卷积神经网络在计算机视觉领域有广泛应用，因此许多研究者在介绍其结构时预先假设了三维输入数据，即平面上的二维像素点和 RGB 通道。与其他神经网络算法类似，卷积神经网络使用梯度下降算法进行学习，所以输入数据需要进行标准化处理。输入层对原始图像的预处理操作主要包括以下内容。

① 去均值。去均值是指把输入数据的各个维度都中心化为 0，目的是把样本的中心拉回坐标系原点上。

② 归一化。归一化是指将幅度归一化到同样的范围内，这样可以减少因不同维度数据取值范围的差异而带来的干扰。比如，有特征 A 和特征 B，A 的范围是 0～50，而 B 的范围是 0～30 000，如果直接使用这两个特征将缺乏可比性。好的做法是进行归一化，即将 A 和 B 的数据范围都变为 0～1。

③ 主成分分析及白化。主成分分析是一种降维和去除相关性的方法，它通过方差来评价特征的价值，认为方差大的特征包含信息多，应予以保留。主成分分析通过抛弃携带信息量较少的维度来提升无监督特征学习的速度，从而加速机器学习进程。白化是指对数据各个特征轴上的幅度进行归一化。

（2）中间层

卷积神经网络的中间层一般包含卷积层、池化层和全连接层三部分。

① 卷积层。卷积层是卷积神经网络最重要的一个层次，也是卷积神经网络的名字来源。

传统的三层神经网络需要大量的参数，原因在于每个神经元都和相邻层的神经元相连。但对于图像而言，其局部特性使得全连接失去了意义。对于一幅图像，往往通过典型的局部特征就可以完成分类。而通过卷积运算可以方便地提取局部特征。卷积的本质是加权叠加。对于线性时不变系统，如果知道该系统的单位响应，将单位响应和输入信号求卷积，就相当于把输入信号的各个时间点的单位响应加权叠加，直接可以得到输出信号。

● 卷积核。卷积层的功能是对输入数据进行特征提取，其包含多个卷积核。

卷积是一种积分运算，用来求两条曲线重叠区域的面积，可以看作加权求和，也就是把一个点的像素值用它周围的点的像素值的加权平均代替。卷积可以用来消除噪声、增强特征。对于图像而言，当用一个卷积核和一幅图像进行卷积运算时，让卷积核的原点和图像上的一个点重合，然后将模板上的点和图像上对应的点相乘，最后相加各点的积，就得到了该点的卷积值。卷积核在工作时，会有规律地扫过输入特征，对图像上的每个点都进行卷积处理。

例如，现在有一个 4 像素×4 像素的原始图像、两个卷积核，原始图像与卷积核进行卷积运算后的结果如图 7.26 所示。

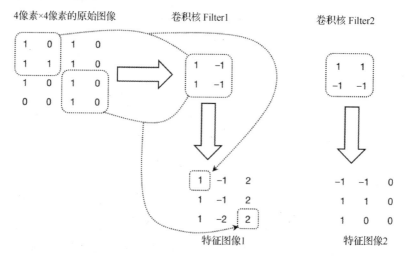

图 7.26　原始图像与卷积核进行卷积运算后的结果

原始图像是一幅灰度图像，每个位置表示的是像素值，0 表示白色、1 表示黑色、(0,1) 区间的数值表示灰色。将两个 2 像素×2 像素的卷积核与 4 像素×4 像素的图像进行卷积运算。设定步长为 1，即每次以 2 像素×2 像素的固定窗口向右滑动一个单位。

以第一个卷积核 Filter1 为例，计算过程如下：

$$\text{feature\_map1}(1,1) = 1×1 + 0×(-1) + 1×1 + 1×(-1) = 1$$
$$\text{feature\_map1}(1,2) = 0×1 + 1×(-1) + 1×1 + 1×(-1) = -1$$

$$\cdots\cdots$$

$$\text{feature\_map1}(3,3) = 1×1 + 0×(-1) + 1×1 + 0×(-1) = 2$$

feature_map1(1,1)表示使用第一个卷积核 Filter1 与原始图像进行卷积运算得到的特征图像 1 的第 1 行第 1 列的值，随着卷积核的窗口不断滑动（从左向右，从上到下每次移动一个像素），可以得到一个 3 像素×3 像素的特征图像 1；同理，可以使用第二个卷积核 Filter2 与原始图像进行卷积运算得到特征图像 2。其中，特征图像的大小为[(原始图像尺寸-卷积核尺寸)/步长]+1。

如果使用多个卷积核分别进行卷积运算，则最终会得到多个特征图像。用户不仅可以对原始输入进行卷积运算，对卷积之后得到的特征图像也可以继续进行卷积运算，从而得到更高层次的特征图像。可以这样认为：第一次卷积运算可以提取出低层次的特征；第二次卷积运算可以提取出中层次的特征；第三次卷积运算可以提取出高层次的特征。通过进行多次卷积运算，不断地进行特征提取和压缩，可以得到更高层次的特征，最终利用最后一层特征完成诸如分类、回归等任务。

在卷积过程中，有一个非常重要的特性就是权值共享。所谓的权值共享，就是用一个卷积核去扫描一张图，图中每个位置使用相同的卷积核，所以权值是一样的。

在卷积层中每个神经元（神经元就是图像处理中的滤波器）只关注一个特性，比如垂直边缘、水平边缘、颜色、纹理等，所有神经元共同完成整幅图像的特征提取。

● 卷积层参数。卷积层参数包括卷积核大小、步长和填充，三者共同决定了卷积层输出特征图像的尺寸，是卷积神经网络的超参数。其中，卷积核大小可以指定为小于输入图像尺寸的任意值，卷积核越大，可提取的输入特征越复杂。

卷积核步长定义了卷积核相邻两次扫过特征图像时的位置的距离，当卷积核步长为 1 时，卷积核会逐个扫过特征图像的元素；当卷积核步长为 n 时，卷积核会在下一次扫描时跳过 n-1 个像素。

由卷积核的交叉计算可知，随着卷积层的堆叠，特征图像的尺寸会逐步减小，例如，大小为 16 像素×16 像素的输入图像在经过单位步长、无填充的 5 像素×5 像素的卷积运算后，会输出 12 像素×12 像素的特征图像。若要使特征图像保持原始图像的尺寸，则需要采取方法，在进行卷积运算之前通过填充数据来解决计算中尺寸的收缩问题。常见的填充方法为按 0 填充和重复边界值填充。

● 激励函数。卷积层中包含激励函数以协助表达复杂特征，通过激励函数可以实现卷积结果的非线性映射。卷积神经网络采用的激励函数一般为 ReLU 函数，它的特点是收敛快、求梯度简单，但较脆弱。若 ReLU 函数失效，则可以使用 Leaky ReLU 函数或者 Maxout 函数，在某些情况下也可以使用 tanh 函数。

激励函数的操作通常在卷积运算之后，但一些使用预激励技术的算法将激励函数置于卷积运算之前，另外在一些早期的卷积神经网络（如 LeNet-5）中，则将激励函数放在池化之后。

② 池化层。在卷积层进行特征提取后，输出的特征图像会被传递至池化层进行特征选择和信息过滤。池化层包含预设定的池化函数，其功能是将特征图中单个点的结果替换为其相邻区域的特征图统计量。池化层选取池化区域与卷积核扫描特征图像的步骤相同，由池化大小、步长和填充控制。池化层一般夹在连续的卷积层中间，由于池化可以对特征图进行特征压缩，因此，池化也称为下采样。

在池化层中使用的方法有 Max pooling 和 Average pooling，用得较多的是 Max pooling。

池化层具有如下特点。

● 特征不变性。特征不变性也就是在图像处理中经常提到的特征的尺度不变性，池化操作去掉的是一些无关紧要的信息，而留下的信息则是最能表达图像的尺度不变性特征的。

● 特征降维。一幅图像含有的信息量很大，特征也很多，但是有些信息对于任务意义不大或者是重复的，可以把这类冗余信息去除，把最重要的特征抽取出来。

● 在一定程度上可以防止过拟合，更方便优化。

Max pooling 的基本思想如图 7.27 所示。

在每个 2 像素×2 像素的窗口中选出最大的数作为输出矩阵的相应元素的值，比如输入矩阵第一个 2 像素×2 像素窗口中最大的数是 6，那么输出矩阵的第一个元素就是 6，以此类推。

Average pooling 的基本思想如图 7.28 所示。

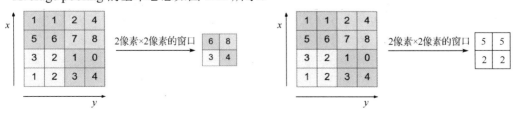

图 7.27 Max pooling 的基本思想　　　　图 7.28 Average pooling 的基本思想

③ 全连接层。卷积神经网络中的全连接层等价于传统前馈神经网络中的中间层。全连接层通常搭建在卷积神经网络中间层的最后部分，并只向其他全连接层传递信号。

在卷积神经网络结构中，多个卷积层和池化层的后面是 1 个或 1 个以上的全连接层。全连接层中的每个神经元与其前一层的所有神经元进行全连接。全连接层可以整合卷积层或池化层中具有类别区分性的局部信息。为了提升卷积神经网络的性能，全连接层中的每个神经元的激励函数一般采用 ReLU 函数。

例如，卷积神经网络 VGG16 就包含 13 个卷积层和 3 个全连接层，对于一幅 224 像素×244 像素的 RGB 图像，经过 13 层卷积和池化之后，数据变成了 512×7×7，将数据拉平成向量，则对应的一维数据量为 512×7×7=25 088，然后是 3 个全连接层，全连接层中每层有 4096 个神经元。

上一层有 25 088 个神经元，则第一层全连接层需要输入 4096×25 088 个参数，从而需要很大的内存的计算量，如图 7.29 所示。

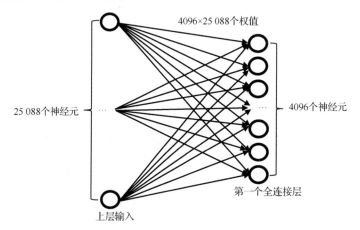

图 7.29　VGG16 第一个全连接层示意

（3）输出层

卷积神经网络的输出层通常和全连接层相连，因此其结构和工作原理与传统前馈神经网络中的输出层相同。对于图像分类问题，输出层使用逻辑函数或归一化指数函数输出分类标签。在物体识别问题中，输出层可设计为输出物体的中心坐标、大小和分类。在图像语义分割中，输出层直接输出每个像素的分类结果。

3. 卷积神经网络的训练

卷积神经网络执行的是监督训练，所以其样本集是由<输入向量，理想输出向量>的向量对构成的。所有这些向量对都应该是从实际运行系统中采集而来的。

和全连接神经网络相比，卷积神经网络的训练要复杂一些，但它们训练的原理是一样的：利用链式求导计算损失函数对每个权重的偏导数（梯度），然后根据梯度下降公式更新权重。训练算法依然使用的是反向传播算法。

卷积神经网络的训练过程分为两个阶段：数据由低层次向高层次传播的阶段，即前向传播阶段；当前向传播阶段得出的结果与预期结果不相符时，将误差从高层次向低层次进行传播训练的阶段，即反向传播阶段。训练过程如下。

① 网络进行权值的初始化。

② 输入数据经过卷积层、池化层、全连接层的前向传播得到输出值。

③　求出网络的输出值与目标值之间的误差。

④　当误差大于期望值时，将误差传回网络中，依次求得全连接层、池化层、卷积层的误差。各层的误差可以理解为对于网络的总误差，当误差等于或小于期望值时，结束训练。

⑤　根据求得的误差进行权值更新，然后进入第②步。

4．卷积神经网络的优缺点

卷积神经网络通过尽可能保留重要的参数，去掉大量不重要的参数来达到更好的学习效果。

（1）卷积神经网络的优点

卷积神经网络具有以下优点。

①　局部连接，权值共享。每个神经元不再和上一层的所有神经元相连，而只和一小部分神经元相连；一组连接可以共享同一个权重，而不是每个连接有一个不同的权重，这样可以减少很多参数。

②　无须手动选取特征，训练好权重，即可得到特征，分类效果好。

③　下采样。池化层利用图像局部相关性的原理，对图像进行抽样，可以减少数据处理量并保留有用信息。通过去掉 Feature Map 中不重要的样本，进一步减少参数数量。

（2）卷积神经网络的缺点

卷积神经网络虽然在机器学习、语音识别、文档分析、语言检测和图像识别等领域有着广泛应用，但其也存在一些缺点。

①　实现比较复杂，训练所需时间比较长。

②　不是单一算法，不同的任务需要单独进行训练。

③　物理含义不明确，也就是说，操作者并不知道每个卷积层到底提取的是什么特征，其物理意义是什么，而且神经网络本身就是一种黑箱模型。

5．使用卷积神经网络的注意事项

（1）数据集的大小和分块

数据驱动的模型一般依赖于数据集的大小，卷积神经网络和其他经验模型一样，能够使用任意大小的数据集，但用于训练的数据集应该足够大，能够覆盖问题域中所有已知可能出现的问题。

在设计卷积神经网络时，数据集应包含三个子集：训练集、测试集和验证集。

● 训练集：包含问题域中的所有数据，并在训练阶段用来调整网络的权重。

● 测试集：在训练的过程中用于测试网络对训练集中未出现的数据的分类性能，根据网络在测试集上的性能情况，网络的结构可能需要做出调整，或者增加训练循环次数。

● 验证集：验证集中应该包含在测试集和训练集中没有出现过的数据，用于在网络确定之后测试和衡量网络的性能。

（2）数据预处理

为了加快训练算法的收敛速度，一般都会采用数据预处理技术，其中包括去除噪声、输入数据降维、删除无关数据等。

数据的平衡化在分类问题中异常重要，一般认为训练集中的数据应该相对于标签类别近似平均分布，也就是每个标签类别所对应的数据集在训练集中是基本相等的，以避免网络过于倾向表现某些分类的特点。为了平衡数据集，应该移除一些分类中过度富余的数据，并相应补充一些分类中样例相对稀少的数据。

（3）反向传播算法的学习速率

如果学习速率选取得较大，则会在训练过程中较大幅度地调整权重 w，从而加快网络的训练速度，但会造成网络在误差曲面搜索过程中频繁抖动，且有可能使得训练过程不能收敛。如果学习速率选取得较小，虽然能够稳定地使网络逼近于全局最优点，但也可能陷入一些局部最优，并且参数更新速度较慢。采用自适应学习速率会有较好的效果。

（4）样例训练方式

逐个样例训练（EET）和批量样例训练（BT）是样例训练的两种基本方式，既可以单独使用也可将两者结合使用。

在 EET 中，先将第一个训练样例提供给网络，并开始应用反向传播算法训练网络，直到训练误差降低到一个可以接受的范围，或者降低到指定步骤的训练次数，然后将第二个样例提供给网络进行训练。

EET 的优点是相对于反向传播算法只需要占用很少的存储空间，并且有更好的随机搜索能力，防止训练过程陷入局部最小区域。EET 的缺点是如果网络接收到的第一个样例就是劣质数据（可能是噪音数据或者特征不明显的数据），则可能使得网络训练过程朝着全局误差最小化的反方向进行搜索。

BT 方法是在所有训练样例都经过网络传播后才更新一次权值，因此每次学习周期包含了所有的训练样例数据。BT 方法的缺点也很明显，需要占用大量的存储空间，而且相比 EET 其更容易陷入局部最小区域。

而随机训练（ST）则是相对于 EET 和 BT 的一种折中的方法，ST 和 EET 一样也是一次只接收一个训练样例，但只进行一次反向传播算法并更新权值，然后接收下一个样例重复同样的步骤计算并更新权值，并且在接收训练集中的最后一个样例后，重新回到第一个样例进行计算。

和 EET 相比，ST 保留了随机搜索的能力，同时又避免了训练样例中劣质数据对训练过程产生的不良影响。

7.5 知识扩展

在深度学习初始阶段，每个深度学习研究者都需要编写大量的代码。为了提高工作效率，研究者就将这些代码写成了一个库放到共享资源库中让人们共享。随着时间的推移，逐渐形成了多种不同的库。

深度学习库是进行深度学习的基础底层库，一般包含主流的神经网络算法模型，提供稳定的深度学习 API，支持训练模型在服务器和 GPU、TPU 之间的分布式学习，部分库还具备在包括移动设备、云平台在内的多种平台上运行的移植能力。

通过深度学习库，使用者将不再需要从复杂的神经网络开始编写代码，只需根据需要选择已有的模型，通过训练得到模型参数即可，也可以在已有模型的基础上增加自己的中间层，或者选择自己需要的分类器和优化算法（比如常用的梯度下降算法）。

不同库适用的领域不完全一致，深度学习库提供了一些深度学习的组件（对于通用的算法，里面会有实现），若需要使用新的算法，用户就要自己去定义，然后调用深度学习库的函数接口来使用自定义的新算法。

下面简单介绍目前主流的开源算法库。

1. Theano

Theano 是一个高性能的符号计算及深度学习库。

GitHub：github.com/Theano/Theano。

Theano 因出现时间早，一度被认为是深度学习研究和应用的重要标准之一。Theano 的核心是一个专门为处理大规模神经网络训练模型而设计的数学表达式编译器。它可以将用户定义的各种计算编译为高效的底层代码，并连接各种可以加速的库，如 BLAS、CUDA 等。Theano 允许用户定义、优化和评估包含多维数组的数学表达式，它支持用户将计算装载到 GPU 上。

（1）Theano 的特点

Theano 是一个完全基于 Python（C++/CUDA 代码也被打包为 Python 字符串）的符号计算库。Theano 可以自动求导，避免了研究者手动写神经网络反向传播算法的麻烦，研究者也不需要像 Caffe 一样为 Layer 写 C++或 CUDA 代码。

Theano 能够很好地支持卷积神经网络，同时它的符号计算 API 支持循环控制（内部名 scan），让循环神经网络的实现非常简单且高效。Theano 还派生出了大量基于它的深度学习库，包括一系列的上层封装，如 Keras 和 Lasagne。

- Keras 对神经网络抽象得非常合适，以至于可以随意切换执行计算的后端（目前同时支持 Theano 和 TensorFlow）。Keras 比较适合在探索阶段快速地尝试不同的网络结构，组件都是可插拔的模块，只需要将一个个组件（如卷积层、激励函数等）连接起来即可。但是，如果使用者要设计新模块或者新的 Layer 就会比较麻烦。
- Lasagne 也是 Theano 的上层封装，它对神经网络的每层的定义都非常严谨。另外，还有 scikit-neuralnetwork 和 nolearn 两个基于 Lasagne 的上层封装，它们将神经网络抽象为兼容 scikit-learn 接口的 classifier 和 regressor，这样，操作者就可以方便地使用 scikit-learn 中经典的 fit、transform、score 等进行操作。
- 除此之外，Theano 的上层封装还有 blocks、deepy、pylearn2 和 scikit-theano。

（2）Theano 的主要优势

在 Theano 深度学习库中有许多高质量的文档和教程，用户可以方便地查找 Theano 的各种 FAQ，如如何保存模型、如何运行模型等。不过 Theano 通常被当作一个研究工具，而不是产品来使用。Theano 主要具有如下优势。

- 集成 NumPy，可以直接使用 NumPy 的 ndarray，API 接口的学习成本低。
- 计算稳定性好，可以精准地计算输出值很小的函数，如 $\log(1+x)$。
- 能动态地生成 C 语言或者 CUDA 代码，用于编译成高效的机器代码。

（3）Theano 的不足

虽然 Theano 非常重要，但是直接使用 Theano 设计大型的神经网络还是比较烦琐的。

虽然 Theano 支持 Linux、macOS 和 Windows，但是没有底层 C++的接口，因此模型的部署非常不方便。它依赖于各种 Python 库，并且不支持移动设备，所以几乎在工业生产环境中没有得到应用。同时，Theano 在生产环境中使用训练好的模型进行预测时性能比较差，因为预测通常使用服务器 CPU（生产环境服务器一般没有 GPU，而且 GPU 预测单条样本延迟高反而不如 CPU），但是 Theano 在 CPU 上的执行性能比较差。

Theano 在单 GPU 上执行效率不错，性能和其他库类似，但是运算时需要将用户的 Python 代码转换成 CUDA 代码，再编译为二进制可执行文件，编译复杂模型比较费时。

此外，Theano 导入比较慢，而且一旦设定了选择模块 GPU，就无法切换到其他设备。

2．TensorFlow

TensorFlow 拥有产品级的高质量代码，整体架构设计非常优秀。相比于 Theano，TensorFlow 更成熟、更完善。

（1）TensorFlow 的特点

TensorFlow 是相对高阶的机器学习库，用户可以方便地使用它设计神经网络结构。它和 Theano 一样都支持自动求导，用户不需要再通过反向传播算法求解梯度。其核心代码用 C++编写，简化了线上部署的复杂度，并能让手机运行复杂模型（Python 比较消耗资源，并且执行效率不高）。除了核心代码使用的 C++接口，TensorFlow 还有官方的通过 SWIG（Simplified Wrapper and Interface Generator）实现的 Python、Go 和 Java 接口，这样用户就可以在一个硬件配置较好的机器中用 Python 进行实验，并可以在资源比较紧张的嵌入式环境或低延迟的环境中用 C++部署模型。

同时，TensorFlow 不仅局限于神经网络，其数据流图支持非常自由的算法表达，也可以轻松实现深度学习以外的机器学习算法。事实上，只要将计算表示成计算图的形式，就可以使用 TensorFlow。

用户可以写内层循环代码控制计算图的分支计算，TensorFlow 会自动将相关的分支转为子图并执行迭代运算。TensorFlow 也可以将计算图中的各个节点分配到不同的设备执行，从而充分利用硬件资源。定义新的节点只需要写一个 Python 函数，但如果没有对应的底层运算核，则可能需要编写 C++或者 CUDA 代码实现运算操作。

在数据并行模式上，TensorFlow 主要面向内存足以装载模型参数的环境，这样可以最大化计算效率。TensorFlow 的另一个重要特点是具有灵活的移植性，可以将同一段代码几乎不经过修改就轻松地部署到有任意数量 CPU 或 GPU 的 PC、服务器或移动设备上。相比于 Theano，TensorFlow 还有一个优势就是编译速度很快，在定义新网络结构时，Theano 通常需要长时间的编译，而 TensorFlow 完全没有这个问题。TensorFlow 还有功能强大的可视化组件 TensorBoard，可以可视化网络结构和训练过程，对于观察复杂的网络结构和监控长时间、大规模的训练很有帮助。

除了支持常见的卷积神经网络和循环神经网络，TensorFlow 还支持深度强化学习乃至其他计算密集的科学计算（如偏微分方程求解等）。TensorFlow 的异构性让它能够全面地支持各种硬件和操作系统。

大规模深度学习包含巨大的数据量，使得单机很难在有限的时间完成训练。这时需要使用 GPU 集群乃至 TPU 集群并行计算，共同训练出一个模型，所以库的分布式性能至关重要。TensorFlow 的分布式版本的分布式效率很高，使用 16 块 GPU 可达到单 GPU 的 15 倍提速，在 50 块 GPU 时可达到 40 倍提速。不过，目前 TensorFlow 的设计对不同设备之间的通信优化不是很好，其分布式性能还没有达到最优。

（2）TensorBoard

TensorBoard 是 TensorFlow 的一组 Web 应用，用来监控 TensorFlow 的运行过程，或可视化 Computation Graph。TensorBoard 目前支持 5 种可视化：标量（Scalars）、图片（Images）、音频（Audio）、直方图（Histograms）和计算图（Computation Graph）。

TensorBoard 的 Events Dashboard 可以用来持续地监控运行时的关键指标，比如损失值、学习速率（Learning Rate）或验证集上的准确率（Accuracy）；Image Dashboard 则可以展示在训练过程中用户设定保存的图片，比如某个训练中间结果用 Matplotlib 等绘制出来的图片；Graph Explorer 则可以完全展示一个 TensorFlow 的计算图，并且支持缩放拖曳和查看节点属性操作。

3. Torch

Torch 是 Facebook 开源的库。Torch 的定位为 LuaJIT 上的一个高效的科学计算库，支持大量的机器学习算法，同时以 GPU 上的计算优先。

Torch 的官方网站：http://torch.ch。

GitHub：github.com/torch/torch7。

在 Facebook 开源了其深度学习的组件之后，Google、Twitter、NYU、IDIAP、Purdue 等组织都开始大量使用 Torch。Torch 的目标是使设计科学计算算法变得便捷，它包含了大量的机器学习、计算机视觉、信号处理、并行运算、图像、视频、音频、网络处理学习库，同时和 Caffe 类似，Torch 拥有大量的训练好的深度学习模型。它可以支持设计非常复杂的神经网络的拓扑结构，再并行化到 CPU 或 GPU 上。在 Torch 上设计新的 Layer 是比较简单的工作。

和 TensorFlow 一样，Torch 使用了底层 C++加上层脚本语言调用的方式，只不过 Torch 使用的是性能非常优秀的 Lua。Lua 经常被用来开发游戏，常见的代码可以通过透明的 JIT 优化达到 C 语言性能的 80%；Lua 的语法简单易读，易于掌握，比写 C/C++简洁很多；同时，Lua 拥有一个直接调用 C 语言程序的接口，可以简便地使用大量基于 C 语言的库，因为底层核心是使用 C 语言编写的，因此也可以方便地移植到各种环境中。Lua 支持 Linux、macOS，还支持各种嵌入式系统（如 iOS、Android、FPGA 等），只不过运行时必须有 LuaJIT 环境的支持，所以与 Caffe 和 TensorFlow 相比，Torch 在工业生产环境中的使用相对较少。

Torch 因为使用了 LuaJIT，因此用户在 Lua 中进行数据预处理时可以随意使用循环等操作，而不必像在 Python 中那样担心性能问题，也不需要学习 Python 中的各种加速运算库。不过，Lua 相比 Python 还不是很主流，所以将增加大多数用户的学习成本。

与 Python 相比，LuaJIT 具有以下优点。

● LuaJIT 的通用计算性能远胜于 Python，而且可以直接在 LuaJIT 中调用 C 函数。

● LuaJIT 的 FFI 拓展接口易学，可以方便地连接其他库到 Torch 中。

Torch 还专门设计了 N-Dimension array type 的对象 Tensor，Torch 中的 Tensor 是一块内存的视图，同时一块内存可能有多个视图（Tensor）指向它，这样的设计兼顾了性能（直接面向内存）和便利性。

Torch 还提供了不少相关的库，包括线性代数、卷积、傅里叶变换、绘图和统计等。Torch 的 nn 库支持神经网络、自编码器、线性回归、卷积网络、循环神经网络等，同时支持定制的损失函数及梯度计算。

Torch 有很多第三方的扩展可以支持循环神经网络，使得 Torch 基本支持所有主流神经网络。和 Caffe 类似，Torch 主要是基于 Layer 的连接来定义网络的。Torch 中新的 Layer 依然需要用户自己实现，不过定义新 Layer 和定义网络的方式一样简便。同时，Torch 属于命令式编程模式，而 Theano、TensorFlow 属于声明性编程模式（计算图是预定义的静态的结构），所以用 Torch 实现某些复杂操作（如 beam search）比用 Theano 和 TensorFlow 更方便。

4. Caffe

Caffe 全称为 Convolutional Architecture for Fast Feature Embedding，是一个被人们广泛使用的开源深度学习库。在 TensorFlow 出现之前，Caffe 一直是深度学习领域 GitHub star 中

使用最多的项目。

Caffe 的官方网站：caffe.berkeleyvision.org。

GitHub：github.com/BVLC/caffe。

Caffe 的主要优势包括如下几点。

● 容易上手，网络结构都是以配置文件形式定义的，不需要用代码设计网络。

● 训练速度快，能够训练 state-of-the-art 的模型与大规模的数据。

● 提供模块化组件，可以方便地拓展到新的模型和学习任务上。

（1）Caffe 的特点

Caffe 的核心概念是 Layer，每个神经网络的模块都是一个 Layer。Layer 用于接收输入数据，同时经过内部计算产生输出数据。当设计网络结构时，用户只需通过编写 protobuf 配置文件把各个 Layer 拼接在一起，便可以构成完整的网络。

比如卷积的 Layer，它的输入就是图片的全部像素点，内部进行的操作是各种像素值与 Layer 参数的卷积操作，最后输出的是所有卷积核的卷积结果。每个 Layer 需要定义两种运算：一种是正向的运算，即从输入数据计算输出结果，也就是模型的预测过程；另一种是反向的运算，即反向传播算法，也就是模型的训练过程。

Caffe 的一大优势是拥有大量的训练好的经典模型（如 AlexNet、VGG、Inception）乃至其他 state-of-the-art（ResNet 等）的模型。Caffe 被广泛地应用于前沿的工业界和学术界。在计算机视觉领域，Caffe 可以用于人脸识别、图片分类、位置检测、目标追踪等领域。虽然 Caffe 主要是面向学术界的，但它的程序运行稳定，代码质量比较高，所以适用于对稳定性要求严格的生产环境，可以算是第一个主流的工业级深度学习库。因为 Caffe 的底层是基于 C++ 的，因此可以在各种硬件环境中编译并具有良好的可移植性，支持 Linux、macOS 和 Windows，也可以被编译部署到移动设备系统（如 Android 和 iOS）上。

和其他主流深度学习库类似，Caffe 也提供了 Python 接口 pycaffe，在接触新任务，设计新网络时可以使用其 Python 接口简化操作。不过，用户通常先使用 protobuf 配置文件定义神经网络结构，再使用 command line 进行训练或者预测。Caffe 的配置文件是一个 JSON 类型的.prototxt 文件，使用许多顺序连接的 Layer 来描述神经网络结构。Caffe 的二进制可执行程序会提取这些.prototxt 文件并按其定义来训练神经网络。理论上，Caffe 的用户可以不编写代码，只要定义网络结构就可以完成模型训练。

（2）Caffe 的不足

Caffe 完成训练之后，用户可以把模型文件打包制作成简单、易用的接口，比如可以封装成 Python 或 Matlab 的 API。不过，在.prototxt 文件内部设计网络结构不是很方便，更重要的是，Caffe 的配置文件不能用编程的方式来调整超参数。

Caffe 在 GPU 上训练的性能很好（在使用单块 GTX 1080 训练 AlexNet 时，一天可以训练上百万张图片），但是目前仅支持单机多 GPU 的训练，没有原生支持分布式的训练。现在有很多第三方的支持，比如 Yahoo 开源的 CaffeOnSpark，可以借助 CaffeOnSpark 的分布式框架实现 Caffe 的大规模分布式训练。

当要实现新 Layer 时，用户需要自己编写 C++或者 CUDA（当需要运行在 GPU 上时）代码实现正向和反向两种运算，普通用户使用起来还是比较困难的。

Caffe 最初设计时的目标只针对图像，没有考虑文本、语音或者时间序列的数据，因此 Caffe 对卷积神经网络的支持非常好，但对时间序列 RNN、LSTM 等支持得不是特别充分。

同时，基于 Layer 的模式对 RNN 不是非常友好，定义 RNN 结构时比较麻烦。在模型结构非常复杂时，用户可能需要编写冗长的配置文件才能设计好网络，而且阅读也比较费力。

（3）DIGITS

从严格意义上讲，DIGITS 不是一个标准的深度学习库，它是一个 Caffe 的高级封装（或 Caffe 的 Web 版培训系统）。

DIGITS 的官方网站：developer.nvidia.com/digits。

GitHub：github.com/NVIDIA/DIGITS。

DIGITS 封装得非常好，所以用户不需要（也不能）在 DIGITS 中编写代码，即可实现一个深度学习的图片识别模型。在 Caffe 中，定义模型结构、预处理数据、进行训练并监控训练的过程是比较烦琐的，DIGITS 把所有这些操作都简化为在浏览器中执行。计算机视觉的研究者或者工程师可以非常方便地设计深度学习模型、测试准确率，以及调试各种超参数。同时使用它也可以生成数据和训练结果的可视化统计报表，甚至是网络的可视化结构图。训练好的 Caffe 模型可以被 DIGITS 直接使用，用户上传图片到服务器或者输入 URL 即可对图片进行分类。

5. Keras

Keras 是一个使用 Python 实现的崇尚极简、高度模块化的神经网络库，可以同时运行在 TensorFlow 和 Theano 上。它旨在让用户进行最快速的原型实验。

Keras 的官方网站：keras.io。

GitHub：github.com/fchollet/keras。

Keras 提供了方便的 API，用户只需要将高级的模块拼接在一起，就可以设计神经网络，从而大大降低了编程开销。它同时支持卷积神经网络和循环神经网络，支持级联模型或任意的图形结构模型，可以让某些数据跳过某些 Layer 和后面的 Layer 进行对接，使得创建 Inception 等复杂网络变得容易。

因为 Keras 底层使用 Theano 或 TensorFlow，所以用 Keras 训练模型相比于 Theano 或 TensorFlow 基本没有什么性能损耗（还可以享受 Theano 或 TensorFlow 持续开发带来的性能提升），而且简化了编程的复杂度，节约了尝试新网络结构的时间。可以说模型越复杂，使用 Keras 就越方便，尤其是在高度依赖权值共享、多模型组合、多任务学习等模型上，Keras 表现得非常突出。

Keras 所有的模块简洁、易懂且完全可配置，并且基本上没有任何使用限制，神经网络、损失函数、优化器、初始化方法、激励函数和正则化等模块都可以自由组合。

Keras 包括 Adam、RMSProp、Batch Normalization、PReLU、ELU、LeakyReLU 等。新的模块也容易被添加，这让 Keras 非常适合于最前沿的研究。Keras 中的模型也都是在 Python 中定义的，用户不需要使用额外的文件来定义模型，这样就可以通过编程的方式调试模型结构和各种超参数。

在 Keras 中，只需要编写几行代码就能实现一个 MLP，或者编写十几行代码就能实现一个 AlexNet，这是其他深度学习库所不可比拟的。

Keras 的不足是目前无法直接使用多 GPU，所以对大规模数据的处理速度没有其他支持多 GPU 和分布式处理的库快。

Keras 构建在 Python 上，有一套完整的科学计算工具链，无论是从社区人数还是活跃度来看，Keras 目前的增长速度都已经远远超过了 Torch。

6. MXNet

MXNet 是 DMLC（Distributed Machine Learning Community）开发的一款开源、轻量级、可移植、灵活的深度学习库。用户可以混合使用符号编程模式和指令式编程模式来最大化效率和灵活性。MXNet 是 AWS 官方推荐的深度学习库。

MXNet 的官网网站：mxnet.io。

GitHub：github.com/dmlc/mxnet。

MXNet 的系统架构如图 7.30 所示。最下面为硬件及操作系统层，逐层向上为越来越抽象的接口。

图 7.30　MXNet 的系统架构

MXNet 是最先支持多 GPU 和分布式处理的深度学习库，其分布式性能也非常高。MXNet 的核心是一个动态的依赖调度器，支持自动将计算任务并行化到多个 GPU 或分布式集群（支持 AWS、Azure、Yarn 等）中。它上层的计算图优化算法可以让符号计算快速执行，且节约内存，如果开启 mirror 模式会更节约内存，甚至可以在某些小内存 GPU 上训练其他因内存不够而训练不了的深度学习模型，也可以在移动设备（Android、iOS）上执行基于深度学习的图像识别等任务。

MXNet 的一个重要优点是支持主流的脚本语言，如 C++、Python、R、Julia、Scala、Go、Matlab 和 JavaScript 等。在 MXNet 中构建一个网络需要的时间可能比 Keras、Torch 等高度封装的库要长，但是比直接用 Theano 等速度要快。

7. CNTK

CNTK（Computational Network Toolkit）是 Microsoft 研究院（MSR）研发的开源深度学习库，目前已经发展成一个通用的、跨平台的深度学习系统，在语音识别领域被广泛使用。

CNTK 的官方网站：cntk.ai。

GitHub：github.com/Microsoft/CNTK。

CNTK 通过一个有向图将神经网络描述为一系列的运算操作，有向图中的子节点代表输入或网络参数，其他节点代表各种矩阵运算。CNTK 支持各种前馈神经网络，包括 MLP、CNN、RNN、LSTM、Sequence-to-Sequence 模型等，也支持自动求解梯度。CNTK 具有丰富的、细粒度的神经网络组件，用户不需要编写底层的 C++或 CUDA 代码，只要通过组合这些组件就可以设计新的、复杂的 Layer。CNTK 拥有产品级的代码质量，支持多机、多 GPU 的分布式训练。

CNTK 是以性能为导向的，在 CPU、单 GPU、多 GPU，以及 GPU 集群上都有非常优异的表现。同时 Microsoft 公司推出的 1-bit compression 技术大大降低了通信代价，使大规模并行训练的效率得到了较大的提升。

CNTK 和 Caffe 一样，也是通过配置文件定义网络结构，再通过命令行程序执行训练的，支持构建任意的计算图，且支持 AdaGrad、RmsProp 等优化方法。CNTK 除了内置的大量运算核，还允许用户定义自己的计算节点，支持高度的定制化。

CNTK 还支持其他语言的绑定，包括 Python、C++和 C#，这样用户就可以通过编程的方式设计网络结构。在多 GPU 方面，CNTK 相对于其他的深度学习库表现得更突出，它实现了 1-bit SGD 和自适应的 mini-batching。

8．Deeplearning4J

Deeplearning4J（简称 DL4J）是一个基于 Java 和 Scala 的开源分布式深度学习库，其核心目标是创建一个即插即用的解决方案原型。

Deeplearning4J 的官方网站：http://deeplearning4j.org。

GitHub：github.com/deeplearning4j/deeplearning4j。

埃森哲、雪弗兰、博斯咨询和 IBM 等都是 DL4J 的客户。DL4J 拥有一个多用途的 n-dimensional array 类，可以方便地对数据进行各种操作；拥有多种后端计算核心，用以支持 CPU 及 GPU 加速，在图像识别等训练任务上的性能与 Caffe 相当；可以与 Hadoop 及 Spark 自动整合；可以方便地在现有集群（包括但不限于 AWS、Azure）上进行扩展。

DL4J 的并行化是根据集群的节点和连接自动进行优化的，不像其他深度学习库那样可能需要用户手动调整。DL4J 选择 Java 作为其主要语言，这是因为目前基于 Java 的分布式计算、云计算、大数据的生态非常庞大。用户可能拥有大量的基于 Hadoop 及 Spark 的集群，因此在这类集群上搭建深度学习平台的需求便很容易被 DL4J 满足。

9．Leaf

Leaf 是一个基于 Rust 的跨平台深度学习库，它拥有一个清晰的架构，除同属 Autumn AI 的底层计算库 Collenchyma 以外，Leaf 没有其他依赖库。

GitHub：github.com/autumnai/leaf。

Leaf 是 Autumn AI 计划的一个重要组件，可以用来创建各种独立的模块，如深度强化学习、可视化监控、网络部署、自动化预处理和大规模产品部署等。

Leaf 易于维护和使用，并且具备高性能、移植性好等特点。它可以运行在 CPU、GPU 和 FPGA 等设备上，可以支持基于任何操作系统的 PC、服务器，甚至可以支持没有操作系统的嵌入式设备，并且支持 OpenCL 和 CUDA。

10．DSSTNE

DSSTNE（Deep Scalable Sparse Tensor Network Engine）是 Amazon 开源的稀疏神经网络库，在训练非常稀疏的数据时具有很大的优势。

GitHub：github.com/amznlabs/amazon-dsstne。

DSSTNE 目前只支持全连接的神经网络，不支持卷积神经网络等。和 Caffe 类似，它也是通过编写一个 JSON 类型的文件来定义模型结构的，但是支持非常大的 Layer（输入和输出节点都非常多）；在激励函数、初始化方式及优化器方面基本都支持 state-of-the-art 的方法；支持大规模分布式的 GPU 训练；支持自动的模型并行。

在处理特征非常多（上亿维）的稀疏训练数据时（经常在推荐、广告、自然语言处理任务中出现），即使一个简单的只含有 3 个中间层的 MLP 也会变成一个有非常多参数（可能高达上万亿个）的模型。传统的稠密矩阵的方式训练方法很难处理这么多模型参数，而 DSSTNE 有整套的针对稀疏数据的优化方法，实现了对超大稀疏数据训练的支持，同时在性能上有非常大的改进。

习题 7

一、填空题

1. 1956 年夏天，美国的一些年轻科学家在达特茅斯学院召开了一个夏季讨论会，在该次会议上，第一次提出了_____这一术语。

2. AI 研究的三种主要途径为符号主义、行为主义和_____。

3. 符号主义又称为_____、心理学派或计算机学派，其原理主要为物理符号系统假设和有限合理性。

4. 连接主义是一种基于_____及网络间的连接机制与学习算法的智能模拟方法。

5. 行为主义是一种基于"感知-行动"的行为智能模拟方法，认为人工智能源于_____。

6. _____是使用计算机模仿人类视觉系统的学科，其目的是让计算机拥有类似人类提取、处理、理解和分析图像及图像序列的能力。

7. _____的机器学习从观测数据（样本）出发寻找规律，利用这些规律对未来数据或无法观测的数据进行预测。

8. 深度学习可以是监督学习，也可以是_____。

9. _____主要研究实现人与计算机之间用自然语言进行有效通信的各种理论和方法。

10. 人机交互主要研究人到计算机和_____的两部分信息交换。

11. 逻辑回归、支持向量机、随机森林是处理_____的常用算法。

12. 线性回归可以用来处理_____。

13. _____以相似性为基础，对数据集进行聚类划分，属于无监督学习。

14. 人工神经网络分为_____和反馈神经网络。

15. Hopfield 神经网络是一种单层互相全连接的_____。

16. 抽象的神经元模型（MP）是一个包含输入、输出与_____的模型。

17. 一个神经网络的训练算法就是让_____调整到最佳，以使得整个网络的预测效果最好。

18. 双层神经网络具有良好的非线性分类功能，_____的使用解决了双层神经网络存在的复杂计算量的问题。

19. 深度学习采用非监督或半监督的_____和分层特征提取高效算法来替代手动获取特征。

20. 多层神经网络增加了_____，能够更深入地表示特征，具有更强的函数模拟能力。

21. 卷积神经网络能够进行平移不变分类，因此它也被称为_____。

二、选择题

1. 人工智能的目的是让机器能够（   ），以实现某些人类脑力劳动的机械化。

    A. 具有完全的智能　　　　　　　　　　B. 和人脑一样考虑问题

    C. 完全代替人　　　　　　　　　　　　D. 模拟、延伸和扩展人的智能

2. 下列关于人工智能的叙述不正确的是（   ）。

    A. 人工智能技术与其他科学技术相结合极大地提高了应用技术的智能化水平

    B. 人工智能是科学技术发展的趋势

    C. 因为人工智能的系统研究是从 20 世纪 50 年代才开始的，非常新，所以十分重要

    D. 人工智能有力地促进了社会的发展

3. 自然语言处理是人工智能的重要应用领域，下列选项中，（   ）不是它要实现的目标。

A．理解别人讲的话

B．对自然语言表示的信息进行分析概括或编辑

C．欣赏音乐

D．机器翻译

4．1997 年 5 月，计算机"深蓝"战胜了国际象棋世界冠军卡斯帕罗夫，这是（　　）。

　　A．人工思维　　　　　　B．机器思维　　　　　C．人工智能　　　　　　D．机器智能

5．下列选项中，（　　）不属于人工智能应用。

　　A．人工神经网络　　　　B．自动控制　　　　C．自然语言学习　　　　D．专家系统

6．神经网络由许多神经元组成，每个神经元接收一个输入，处理它并给出一个输出，下列关于神经元的陈述中（　　）是正确的。

　　A．一个神经元只有一个输入和一个输出　　　　B．一个神经元有多个输入和一个输出

　　C．一个神经元有一个输入和多个输出　　　　　D．上述都正确

7．在神经网络中，关于 Sigmoid、tanh、ReLU 等激励函数，说法正确的是（　　）。

　　A．只有在最后输出层才会用到　　　　　　　　B．总是输出 0 或 1

　　C．其他说法都不正确　　　　　　　　　　　　D．加快反向传播时的梯度计算速度

8．在一个神经网络中，知道每个神经元的权重和偏差是最重要的一步。如果以某种方式知道了神经元准确的权重和偏差，就可以近似任何函数。实现这个目标，最佳的办法是（　　）。

　　A．随机赋值，祈祷它们是正确的

　　B．搜索所有权重和偏差的组合，直到得到最佳值

　　C．赋予一个初始值，通过检查与最佳值的差值，然后迭代更新权重

　　D．以上都不正确

9．梯度下降算法的正确步骤是（　　）。

　　（1）计算预测值和真实值之间的误差

　　（2）迭代更新，直到找到最佳权重

　　（3）把输入传入网络，得到输出值

　　（4）初始化随机权重和偏差

　　（5）对每个产生误差的神经元，改变相应的（权重）值以减小误差

　　A．（1）（2）（3）（4）（5）　　　　　　　　B．（5）（4）（3）（2）（1）

　　C．（3）（2）（1）（5）（4）　　　　　　　　D．（4）（3）（1）（5）（2）

10．具备以下（　　）特征的神经网络模型被称为深度学习模型。

　　A．加入更多层，使神经网络的深度增加

　　B．有维度更高的数据

　　C．当这是一个图形识别的问题时

　　D．更多的标注数据

11．（　　）在神经网络中引入了非线性。

　　A．随机梯度下降算法　　　　　　　　　　　　B．修正线性单元（ReLU）

　　C．卷积函数　　　　　　　　　　　　　　　　D．以上都不正确

12．下列关于模型能力（指模型能近似复杂函数的能力）的描述正确的是（　　）。

　　A．中间层层数增加，模型能力增加　　　　　　B．Dropout 的比例增加，模型能力增加

　　C．学习率增加，模型能力增加　　　　　　　　D．以上都不正确

13. 感知器的任务顺序是（　　）。

（1）初始化随机权重

（2）进入数据集的下一批（batch）

（3）如果预测值和输出不一致，则改变权重

（4）对一个输入样本，计算输出值

  A.（1）（2）（3）（4）　　　　　　　　B.（4）（3）（2）（1）

  C.（3）（1）（2）（4）　　　　　　　　D.（1）（4）（3）（2）

14. 神经网络中的"神经元死亡"现象是指（　　）。

  A. 在训练任何其他相邻单元时，不会更新的单元

  B. 没有完全响应任何训练模式的单元

  C. 产生最大平方误差的单元

  D. 以上均不符合

15. （　　）更适合解决图像识别问题（比如识别照片中的猫）。

  A. 多层感知器　　　　B. 卷积神经网络　　　　C. 循环神经网络　　　　D. 感知器

16. （　　）是影响神经网络的深度选择的因素。

（1）神经网络的类型，例如，多层感知器、卷积神经网络

（2）输入数据

（3）计算能力，即硬件和软件能力

（4）学习率

（5）输出函数映射

  A.（1）（2）（4）（5）　　　　　　　　B.（2）（3）（4）（5）

  C.（1）（3）（4）（5）　　　　　　　　D.（1）（2）（3）（4）（5）

三、简答题

1. 什么是机器学习？为什么要研究机器学习？

2. 试说明人工智能主要流派的技术特点。

3. 简述机器学习系统的基本结构，并说明各部分的作用。

4. 什么是监督学习和非监督学习？请举例说明它们的区别。

5. 举例说明分类和回归的区别。

6. 处理分类问题，常会用到哪些算法？

7. 处理聚类问题，常会用到哪些算法？

8. 处理降维问题，常会用到哪些算法？

9. 什么是机器学习的过拟合？如何避免过拟合？

10. 目前深度神经网络有哪些成功的应用，简述其适用原因。

11. 试说明神经网络的一般结构。

12. 试说明卷积神经网络的结构。

13. 什么是深度学习库？常见的深度学习库有哪些？

下 篇
实践应用

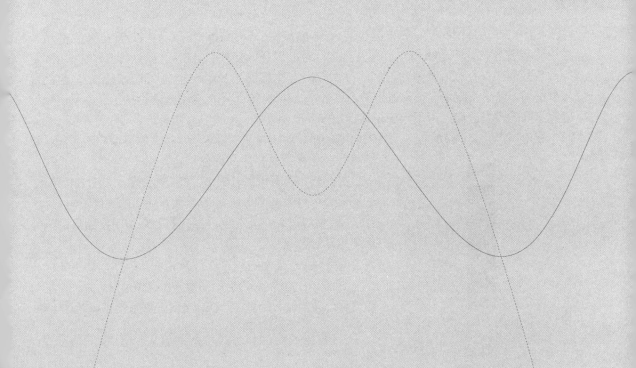

第 8 章　Windows 10 管理计算机

Windows 是 Microsoft 公司专为微型计算机的管理而推出的操作系统，它以简单的图形用户界面、良好的兼容性和强大的功能而深受用户的青睐。目前，在微型计算机中安装的操作系统大多是 Windows。

本章主要介绍 Windows 10 的基本操作、文件管理和系统设置 3 部分内容。

8.1　Windows 10 的基本操作

Windows 10 是一个单用户、多任务操作系统，采用图形用户界面，提供了多种窗口（最常用的是资源管理器窗口和应用程序窗口），用户利用鼠标和键盘通过窗口完成文件、文件夹、存储器的操作及系统的设置等。

8.1.1　Windows 10 简介

1．Windows 10 的启动

当在计算机上安装了 Windows 10 之后，每次启动计算机都会自动启动该系统，当屏幕上出现 Windows 10 的桌面时，表示系统启动成功。但是在计算机启动的过程中，会在屏幕上显示登录到该 Windows 10 的用户名列表供用户选择，当选择一个用户名后，还必须输入密码，只有密码输入正确才可进入 Windows 10。

2．Windows 10 的退出

Windows 10 是一个多任务的操作系统，前台在运行某一程序的同时，后台可能也运行了几个程序。在这种情况下，如果因为前台程序已经完成而关掉电源，后台程序的数据和运行结果就会丢失。另外，Windows 10 具有运行时的多任务特性，其在运行时可能需要占用大量的磁盘空间来保存临时数据，这些临时性数据文件在系统正常退出时将自动删除，以免浪费磁盘空间。如果系统是非正常退出的，那么 Windows 10 将不会自动处理这些工作，从而导致磁盘空间的浪费。因此，用户应正常退出 Windows 10。

在退出 Windows 10 之前，用户应关闭所有执行的程序和文档窗口。如果用户不关闭，系统将强制结束有关程序的运行。

打开开始菜单可以看到"关机"命令，如图 8.1 所示，选择该命令将弹出 Windows 10 为用户提供的不同退出方式。

① 重启：关闭当前用户打开的所有程序，然后关机并重新启动计算机。

② 关机：关闭当前用户打开的所有程序，然后关机。

③ 睡眠：首先将内存中的数据保存到硬盘上，同时切断除内存外其他设备的供电。在恢复时，如果没有切断过电源，

图 8.1　Windows 10 的"关机"命令

那么系统会从内存中直接恢复，只需要几秒；如果在睡眠期间切断过电源，因为硬盘中还保存了内存的状态镜像，所以还可以从硬盘上恢复，虽然速度要稍微慢一些，但不用担心数据丢失问题。

8.1.2　鼠标和键盘的基本操作

1．鼠标的基本操作

鼠标是计算机的输入设备，它的左右两个按钮（称为左键和右键）及滚轮可以配合起来使用，以完成特定的操作。Windows 10 支持的鼠标操作方式有以下几种。

① 指向：将鼠标指针移到某一对象上，一般用于激活对象或显示工具提示信息。

② 单击：包括单击鼠标左键（通常称为单击）和单击鼠标右键（也称右击），前者用于选择某个对象、按钮等，后者则往往会弹出对象的快捷菜单或帮助提示。本书除非特别指明单击鼠标右键，用到的"单击"都是指单击鼠标左键。

③ 双击：快速连击鼠标左键两次（连续两次单击），用于启动程序或打开窗口。

④ 拖动：按住鼠标左键并移动鼠标到另一个地方释放左键。常用于滚动条操作、标尺滑动操作或复制对象、移动对象的操作中。

⑤ 鼠标滚轮：滑动鼠标滚轮可使窗口内容向前或向后移动。向下按一下鼠标滚轮，随着"嗒"的一声，原来的鼠标箭头已经变成了一个具有上下左右四个箭头的图形（注意：如果显示的内容在窗口中只出现纵向滚动条，那么只有上下两个箭头）。这时，移动鼠标滚轮，箭头将一起跟着移动；移动鼠标，内容跟着移动，滚动条也进行相应的移动。箭头距离基点图形越远，网页内容滚动的速度越快。如果想慢慢地浏览内容，那么只要将箭头移到图形的边缘就可以了，这时，内容便慢慢向上或向下移动，再次按一下鼠标滚轮则取消移动。

2．键盘的基本操作

当文档窗口或对话框中出现闪烁着的插入标记（光标）时，就可以直接通过键盘输入文字了。

快捷键方式是指在按下控制键的同时按下某个字母键来启动相应的程序，如按 Alt+F 快捷键打开窗口菜单栏中的"文件"菜单。

在菜单操作中，可以通过键盘上的箭头键来改变菜单命令，按回车键来选取相应的命令。

常用的复制、剪切和粘贴命令都有对应的快捷键，它们分别是 Ctrl+C、Ctrl+X 和 Ctrl+V。

3．触摸控制

Windows 10 的界面支持多点触摸控制。运用 Windows 10 内建的触摸功能，用两根手指就能进行旋转、卷页和放大内容的操作，但要使用触摸功能，必须购买支持此技术的屏幕。

8.1.3　Windows 10 的界面及操作

Windows 10 提供了一个友好的图形用户界面，主要有桌面、窗口、对话框、消息框、任务栏、开始菜单等。同时，Windows 10 的操作过程是先选择、后操作，即先选择要操作的对象，然后选择具体的操作命令。

1．桌面

桌面是 Windows 10 提供给用户进行操作的台面，相当于日常工作中使用的办公桌的桌面，用户的操作都是在桌面内进行的。桌面可以放一些经常使用的应用程序、文件和工具，这样用户就能快速、方便地启动和使用它们。

2．图标

图标代表一个对象，可以是一个文档、一个应用程序等。

（1）图标的类型

Windows 10 针对不同的对象使用不同的图标，可分为文件图标、文件夹图标和快捷方式图标三大类。

① 文件图标。文件图标是使用最多的一种图标。在 Windows 10 中，存储在计算机中的任何一个文件、文档、应用程序等都使用这一类图标表示，并且根据文件类型的不同采用不同的图案来显示。通过文件图标可以直接启动该应用程序或打开该文档。

② 文件夹图标。文件夹图标是表示文件系统结构的一种提示，通过它可以进行文件的有关操作，如查看计算机内的文件。

③ 快捷方式图标。快捷方式图标的左下角带有弧形箭头，它是系统中某个对象的快捷访问方式。它与文件图标的区别是：删除文件图标就是删除文件，而删除快捷方式图标并不会删除文件，只是将该快捷访问方式删除而已。

（2）桌面图标的调整

① 创建新对象（图标）。用户可以从其他文件夹区中通过鼠标拖动的方式拖来一个新的对象，也可以通过右击桌面空白处并在弹出的快捷菜单中选择"新建"级联菜单中的某项命令来创建新对象。

② 删除桌面上的对象（图标）。Windows 10 提供了以下 4 种删除选定对象的基本方法。

● 右击想要删除的对象，在弹出的快捷菜单中选择"删除"命令。

● 选中想要删除的对象，按 Delete 键。

● 将对象拖动到"回收站"图标内。

● 选中想要删除的对象，按 Shift + Delete 快捷键（注意：使用该方法将直接删除对象，而不放入回收站）。

③ 图标显示模式的调整。Windows 10 提供大图标、中等图标和小图标 3 种图标显示模式，通过右击桌面空白处，在弹出的快捷菜单中选择"查看"级联菜单（见图8.2）中的某项显示模式命令即可实现。

④ 排列桌面上的对象（图标）。可以用鼠标把图标拖放到桌面上的任意地方；也可以右击桌面的空白处，在弹出的快捷菜单中选择"排序方式"级联菜单（见图8.3）中的"名称"、"大小"、"项目类型"或"修改日期"实现排序。另外，可以通过选择"查看"级联菜单中的"将图标与网格对齐"命令（使命令前面有"√"符号，见图8.2），使所有图标自动对齐。同时，如果选择"自动排列图标"命令，则用户在桌面上拖动任意图标时，该图标将会自动排列整齐。

图 8.2　Windows 10 桌面快捷菜单"查看"级联菜单

图 8.3　Windows 10 桌面快捷菜单"排序方式"级联菜单

3．任务栏

任务栏通常处于屏幕的下方，如图 8.4 所示。

图 8.4　Windows 10 任务栏

Windows 10 取消了原来的快速启动栏，同时取消了此前 Windows 各版本在任务栏中显示运行的应用程序名称和小图标，取而代之的是没有标签的图标，类似于原来在快速启动工具栏中的图标，用户可以拖放图标进行定制，并可以在文件和应用程序之间快速切换。右击程序图标将显示用户最近使用的文件和关键功能。

在任务栏中不再仅仅显示正在运行的应用程序，也可以显示设备图标。例如，如果将数码相机与 PC 相连，任务栏中将会显示数码相机图标，单击该图标就可以拔掉外置的设备。

Windows 10 可以让用户设置应用程序图标是否要显示在任务栏的停靠栏（任务栏右下角）上，或者将图标轻松地在提醒领域及左边的任务栏中互相拖放。用户可以通过设置来减少过多的提醒、警告或者弹出窗口。

任务栏包括"地址"、"链接"和"桌面"等子栏。通常这些子栏并不会全部显示在任务栏上，用户根据需要选择以后才会显示。具体操作方法：右击任务栏的空白处，弹出快捷菜单，在"工具栏"的级联菜单（见图 8.5）中选择需要显示的子栏即可。

任务栏的最右边有一个"显示桌面"图标，单击该图标可以使桌面上所有打开的窗口透明，以方便浏览桌面，再次单击该图标，可还原之前打开的窗口。

4．窗口

窗口与完成某种任务的一个程序相联系，是运行的程序与用户交换信息的界面。

（1）窗口的类型及结构

窗口主要有资源管理器窗口、应用程序窗口和文档窗口三类。其中，资源管理器窗口主要用于显示整个计算机中的文件夹结构及内容；当应用程序启动后就会在桌面提供一个应用程序窗口与用户进行交互，该窗口提供了用户进行操作的全部命令（主要以菜单方式提供）；当通过应用程序建立一个对象（如图像）时，就会建立一个文档窗口，一般文档窗口没有菜单栏、工具栏等，只有标题栏，所以它不能独立存在，只能隶属于某个应用程序窗口。

窗口主要由标题栏、菜单栏、工具栏、状态栏和滚动条组成。

（2）窗口的基本操作

窗口的基本操作包括移动窗口、改变窗口大小、滚动窗口内容、关闭窗口、切换窗口、排列窗口和复制窗口等。

5．对话框

在 Windows 10 或其他应用程序窗口中，当选择某项命令时，会弹出一个对话框，如图 8.6 所示。对话框是一种简单的窗口，通过它可以实现程序和用户之间的信息交流。

为了获得用户信息，运行的程序会弹出对话框向用户提问，用户可以通过回答问题来完成对话；Windows 10 也使用对话框来显示附加信息和警告，或解释没有完成操作的原因；用户也可以通过对话框对 Windows 10 或应用程序进行设置。

对话框中主要包含选项卡、文本框、数值框、列表框、下拉列表框、单选按钮、复选框、滑标、命令图标、帮助图标等对象。通过这些对象可实现程序和用户之间的信息交流。

图 8.5　Windows 10 任务栏快捷菜单"工具栏"级联菜单　　图 8.6　Windows 10 "常用图片 属性"对话框

6. 工具栏

Windows 10 应用程序窗口可以根据具体情况添加某种工具栏（如 QQ 工具栏）。工具栏提供了一种方便、快捷地选择常用操作命令的方式，当鼠标指针停留在工具栏的某个图标上时，会在旁边显示该图标的功能提示，单击该图标即可执行相应的操作。

8.1.4　Windows 10 的菜单

Windows 的功能和操作基本上体现在菜单中，只有正确使用菜单才能用好计算机。Windows 10 提供 4 种类型的菜单，它们分别是开始菜单、菜单栏菜单、快捷菜单和控制菜单。

1. 开始菜单

Windows 10 的开始菜单具有透明化效果，功能设置也得到了增强。单击屏幕左下角任务栏上的"开始"图标，在屏幕上会出现开始菜单。也可以通过按 Ctrl + Esc 快捷键来打开开始菜单，此方法在任务栏处于隐藏状态的情况下使用较为方便。通过开始菜单可以启动一个应用程序。

Windows 10 开始菜单中的程序列表也一改以往缺乏灵活性的排列方式，菜单具有"记忆"功能，会即时显示用户最近打开的程序或项目。菜单也增加了"最近访问的文件"功能，将该功能与各程序分类整合，并按照各类快捷程序进行分类显示，方便用户查看和使用"最近访问的文件"。

注意：若在某菜单的右侧有向右的三角形箭头，则当鼠标指针指向该菜单时会自动打开其级联菜单，即最近打开的文件列表。选择或将鼠标指针停留在开始菜单中的"所有程序"命令上，会打开其他应用程序菜单。

Windows 10 的开始菜单还有一个附加程序的区域。对于经常使用的应用程序，用户可右击这些应用程序的图标，在弹出的快捷菜单中选择"附到「开始」菜单"命令，即可在开始菜单中的附加程序区域显示该应用程序的快捷方式。若要在开始菜单中移除某应用程序时，右击该应用程序的图标，在弹出的快捷菜单中选择"从「开始」菜单解锁"命令即可。

2．菜单栏菜单

Windows 10 的每个应用程序窗口几乎都有菜单栏菜单，其中包含"文件"、"编辑"及"帮助"等菜单。菜单命令只作用于本窗口中的对象，对窗口外的对象无效。

菜单命令的操作方法是：先选择窗口中的对象，然后选择一个相应的菜单命令。需要注意的是，有时系统有默认的选择对象，若直接选择菜单命令就会对默认的选择对象执行操作；若没有选择对象，则菜单命令是不可选的，即不能执行所选择的命令。

3．快捷菜单

当右击一个对象时，Windows 10 会弹出作用于该对象的快捷菜单。快捷菜单命令只作用于右击的对象，对其他对象无效。需要注意的是，右击对象不同，其快捷菜单命令也不同。

4．控制菜单

单击 Windows 10 窗口标题栏最左边或右击标题栏空白处，可以打开控制菜单。控制菜单主要提供对窗口进行还原、移动、最小化、最大化和关闭操作的命令，其中，移动窗口可使用键盘中的上下左右方向键进行操作。

8.2　文件管理

Windows 10 将用户的数据以文件的形式存储在外存中进行管理，同时为用户提供"按名存取"的访问方法。因此，用户只有正确掌握文件的概念、命名规则、文件夹结构和存取路径等相关内容，才能使用正确的方法对文件进行管理。

8.2.1　Windows 10 文件系统概述

1．文件和文件夹的概念

文件是有名称的一组相关信息集合，任何程序和数据都是以文件的形式存放在计算机的外存（如磁盘）中的，并且每个文件都有自己的名字，称为文件名。文件名是存取文件的依据，对于一个文件来讲，它的属性包括文件的名字、大小、创建或修改时间等。

外存存放着大量不同类型的文件，为了便于管理，Windows 10 将外存组织成一种树状结构，这样就可以把文件按某一种类型或相关性存放在不同的文件夹中。这就像在日常工作中把不同类型的文件用不同的文件夹来分类整理和保存一样。在文件夹中除了可以包含文件，还可以包含文件夹，其包含的文件夹被称为"子文件夹"。

2．文件和文件夹的命名

（1）命名规则

Windows 10 使用长文件名来命名文件，最长可达 256 个字符，其中可以包含空格、分隔符等，文件名的具体命名规则如下。

① 文件和文件夹的名字最多可使用 256 个字符。

② 文件和文件夹的名字中除开头外的任何地方都可以有空格，但不能包含?、\、/、*、"、<、>、|、:。

③ Windows 10 保留用户指定名字的大小写格式，但不能利用大小写区分文件名，如

Myfile.doc 和 MYFILE.DOC 被 Windows 10 认为是同一个文件名。

④ 文件名中可以有多个分隔符，但最后一个分隔符后的字符串用于指定文件的类型，如 nwu.computer.file1.jpg 表示文件名是 "nwu.computer.file1"，而 jpg 则表示该文件是一个图像类型的文件。

（2）文件查找中的通配符

在文件操作过程中，用户有时希望对一组文件执行同样的命令，这时可以使用通配符 "*" 或 "?" 来表示该组文件。

若系统在查找时文件名中含有 "?"，则表示该位置可以代表任何一个合法字符。也就是说，该操作对象是在当前路径所指的文件夹下除 "?" 所在位置以外其他字符均相同的所有文件。

若在文件名中含有 "*"，则表示该位置及其后面的所有位置上可以是任何合法字符，包括没有字符。也就是说，该操作对象是在 "*" 前具有相同字符的所有文件。例如，A*.*表示访问所有文件名以 A 开头的文件，*.BAS 表示访问所有扩展名为 BAS 的文件，*.*表示访问所有的文件。

3．文件和文件夹的属性

在 Windows 10 中，文件和文件夹都有其自身特有的信息，包括文件的类型、在存储器中的位置、所占空间的大小、修改时间和创建时间，以及文件在存储器中存在的方式等，这些信息统称为文件的属性。

一般，文件在存储器中存在的方式有只读、隐藏（见图 8.6）。右击文件或文件夹，在弹出的快捷菜单中选择 "属性" 命令，弹出 "属性" 对话框，从中可以改变一个文件的属性。其中的 "只读" 是指文件只允许读、不允许写；"隐藏" 是指将文件隐藏起来，在一般的文件操作中将不显示这些隐藏起来的文件信息。

4．文件夹的树状结构

（1）文件夹结构

Windows 10 采用了多级层次的文件夹结构，如图 8.7 所示。对于同一个外存来讲，它的最高一级只有一个文件夹（称为根文件夹）。根文件夹的名称是系统规定的，统一用 "\" 表示。根文件夹内可以存放文件，也可以建立子文件夹（下级文件夹）。子文件夹的名称是由用户按命名规则指定的。子文件夹内又可以存放文件和再建立子文件夹。这就像一棵倒置的树，根文件夹是树的根，各子文件夹是树的分支，而文件则是树的叶子，叶子上是不能再长出枝杈来的，所以我们把这种多级层次文件夹结构称为树状结构。

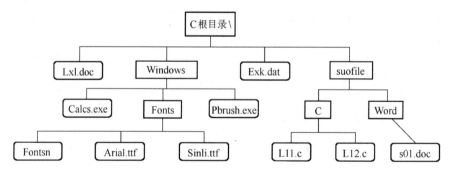

图 8.7　Windows 10 的文件夹结构

（2）访问文件的语法规则

当访问一个文件时，用户必须告诉 Windows 三个要素：文件所在的驱动器、文件在树状结构中的位置（路径）和文件的名字。

① 驱动器表示。Windows 的驱动器用一个字母后跟一个冒号的形式来表示。例如，A: 表示 A 盘的代表符、C:表示 C 盘的代表符、D:表示 D 盘的代表符等。

② 路径。文件在树状结构中的位置可以用从根文件夹出发至该文件所在的子文件夹之间 依次经过的一连串用反斜线隔开的文件夹名的序列描述，这个序列称为路径。如果文件名包 括在内，则该文件名和最后一个文件夹名之间也用反斜线隔开。

图 8.8　访问 s01.doc 文件的语法描述

例如，要访问图 8.7 中的 s01.doc 文件，则可用如 图 8.8 所示的语法描述。

路径有绝对路径和相对路径两种表示方法。绝对 路径就是上面的描述方法，即从根文件夹起到文件所 在的文件夹为止的写法。相对路径是指从当前文件夹 起到文件所在的文件夹为止的写法。当前文件夹指的是系统正在使用的文件夹。例如，假设 当前文件夹是图 8.7 中的 suofile 文件夹，要访问 L12.c 文件，则可用 "C:\suofile\C\L12.c" 绝 对路径描述方法，也可以用 "suofile\C\L12.c" 相对路径描述方法。

注意：在 Windows 中，由于使用鼠标操作，因此上述规则通常是通过三个操作步骤来完成 的，即先在窗口中选择驱动器，然后在列表中选择文件夹及子文件夹，最后选择文件或输入文 件名。如果熟练掌握访问文件的语法规则，那么用户可直接在地址栏输入路径来访问文件。

8.2.2　文档与应用程序关联

关联是指将某种类型的文档同某个应用程序通过文件扩展名联系起来，以便在打开任何 具有此类扩展名的文档时，自动启动该应用程序。通常在安装新的应用程序时，应用程序自 动建立与某些文档之间的关联。例如，在安装 Word 2016 应用程序时，就会将 ".docx" 文档 与 Word 2016 应用程序建立关联，当双击此类文档（.docx）时，Windows 就会先启动 Word 2016 应用程序，再打开该文档。

如果一个文档没有与任何应用程序相关联，则双击该 文档，就会弹出一个请求用户选择打开该文档的 "打开方 式" 提示框，如图 8.9 所示，用户可以从中选择一个能对 文档进行处理的应用程序，然后 Windows 就启动该应用程 序，并打开该文档。如果勾选图 8.9 中的 "始终使用此应 用打开.jpg 文件" 复选框，就建立了该类文档与所选应用 程序的关联。

用户还可以右击一个文件，在弹出的快捷菜单中选择 "打开方式" 命令，并在其级联菜单中选择 "选择默认程序" 命令。这种方法可以使用户重新定义一个文件关联的应用 程序。

图 8.9　"打开方式" 提示框

8.2.3　通过资源管理器窗口管理文件

Windows 10 提供的资源管理器窗口是一个管理文件和文件夹的重要工具，它清晰地显示 了整个计算机中的文件夹结构及内容，如图 8.10 所示。使用它，用户能够方便地进行文件的打开、复制、移动、删除或重新组织等操作。

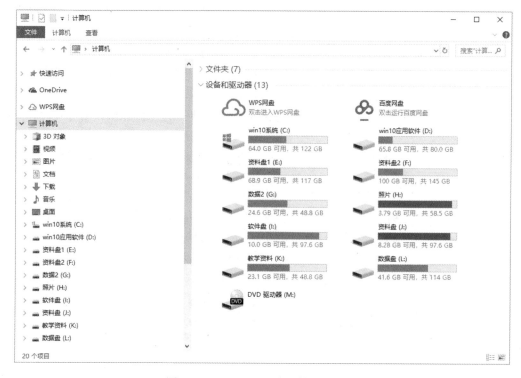

图 8.10 Windows 10 资源管理器窗口

1．Windows 10 资源管理器窗口的启动

方法 1：单击任务栏紧靠"开始"图标的"Windows 10 资源管理器"图标。需要注意的是，如果已有打开的 Windows 10 资源管理器窗口，则不会打开新的 Windows 10 资源管理器窗口，而会显示已打开的 Windows 10 资源管理器窗口（如果有多个，还要求用户选择其中的一个）。

方法 2：右击"开始"图标，在弹出的快捷菜单中选择"打开 Windows 资源管理器"命令。

方法 3：打开开始菜单，将鼠标指针指向"所有程序"及"附件"，在"附件"级联菜单中选择"Windows 资源管理器"命令。

方法 4：按 Windows＋E 快捷键。

无论使用哪种方法启动 Windows 10 资源管理器，都会打开 Windows 10 资源管理器窗口。

2．Windows 10 资源管理器窗口的操作

（1）组成

Windows 10 资源管理器窗口（见图 8.10）分为上、中和下三部分。窗口上部包括"地址栏"、"搜索栏"和"菜单栏"。窗口中部分为左、右两个区域，即导航栏区（左边区域）和文件夹区（右边区域），用鼠标拖动左、右区域之间的分隔条，可以调整左、右区域的大小。导航栏区显示计算机资源的组织结构，整个资源被统一划分为快速访问、网盘、计算机和网络四大类；文件夹区显示的是在导航栏中选定对象所包含的内容。窗口下部是状态栏，用于显示某选定对象的一些属性。

- 快速访问：主要包含最近打开过的文件和系统功能使用的资源记录，如果需要再次使用其中的某一个，则只需选定即可。

- 网络：可以直接在此快速组织和访问网络资源。
- 计算机：显示本地计算机外存上存储的文件和文件夹列表，以及文件和文件夹存储的实际位置。
- 网盘：又称网络 U 盘、网络硬盘，是由互联网公司推出的在线存储服务。服务器机房为用户划分一定的磁盘空间，用户可免费或付费使用其提供的文件的存储、访问、备份、共享等文件管理功能，并且其拥有高级的世界各地的容灾备份。用户可以把网盘看成一个放在网络上的硬盘或 U 盘，无论是在家中、单位还是在其他任何地方，只要用户的计算机连接到因特网，就可以管理、编辑网盘中的文件，不需要随身携带文件，更不怕丢失。

（2）基本操作

① 导航栏的使用。Windows 10 资源管理器窗口的导航栏为用户提供了选择资源的列表项，选择某一项，则其包含的内容会在右边的文件夹区中显示。

在导航栏的列表项中可能包含子项。用户可展开列表项，显示子项，也可以折叠列表项，不显示子项。为了能够清楚地知道某个列表项中是否含有子项，Windows 10 在导航栏中用图标进行标记。当列表项前面含有向右的大于符号“>”时，表示该列表项中含有子项，用户可以单击“>”展开列表项；当列表项前面含有向下的大于符号时，表示该列表项已被展开，用户可以单击该大于符号将列表项折叠。

② 地址栏的使用。Windows 10 资源管理器窗口中的地址栏具备简单、高效的导航功能，用户可以在当前的子文件夹中，通过地址栏选择上一级的其他资源进行浏览。

③ 选择文件和文件夹。要选择文件和文件夹，首先要确定该文件或文件夹所在的驱动器和文件或文件夹所在的文件夹，即在导航栏中，从上到下一层一层地选择该文件或文件夹所在的驱动器和文件夹，然后在文件夹区中选择所需的文件或文件夹。在 Windows 10 资源管理器窗口的导航栏中选定了一个文件夹之后，在文件夹区中会显示出该文件夹下包含的所有子文件夹和文件，在其中选择所需要的文件或文件夹即可。导航栏显示的是文件和文件夹的路径，文件夹区中显示的是被选定文件夹的内容。

文件夹内容的显示模式有“超大图标”、“大图标”、“中等图标”、“小图标”、“列表”、“详细信息”、“平铺”和“内容”8 种。

在文件夹区中，文件和文件夹的选取方法有以下几种。

- 选定单个文件或文件夹：选择所要选定的文件或文件夹。
- 选定多个连续的文件或文件夹：选择所要选定的第一个文件或文件夹，然后将鼠标指针指向最后一个文件或文件夹上，按 Shift 键并单击。
- 选定多个不连续的文件或文件夹：按住 Ctrl 键不放，然后逐个单击要选取的文件或文件夹。
- 选定全部文件或文件夹：选择“编辑”菜单中的“全部选定”命令，将选定文件夹区中的所有文件或文件夹（或按 Ctrl+A 快捷键）。

3．文件和文件夹管理

（1）复制文件或文件夹

鼠标拖动法：源文件或文件夹和目标文件夹都要出现在桌面上，选定要复制的文件或文件夹，按住 Ctrl 键不放，用鼠标将选定的文件或文件夹拖动到目标文件夹中。如果从不同的驱动器上复制，只需用鼠标拖动文件或文件夹即可，不需要按 Ctrl 键。

命令操作法：在文件夹区中选定要复制的文件或文件夹，选择"编辑"菜单中的"复制"命令，这时已将文件或文件夹复制到剪贴板中；然后打开目标盘或目标文件夹，选择"编辑"菜单中的"粘贴"命令。关于"复制"和"粘贴"命令也可直接使用快捷键，操作步骤为按Ctrl+C 快捷键（复制）→按 Ctrl+V 快捷键（粘贴）。

（2）移动文件或文件夹

鼠标拖动法：源文件或文件夹和目标文件夹都要出现在桌面上，选定要移动的文件或文件夹，按 Shift 键的同时用鼠标将选定的文件或文件夹拖动到目标盘或目标文件夹中。如果是在同一驱动器上移动非程序文件或文件夹，只需用鼠标直接拖动文件或文件夹即可，不需要按 Shift 键。

注意：在同一驱动器上移动程序文件是建立该文件的快捷方式，而不是移动文件。

命令操作法：与复制文件或文件夹的方法相似，只需将选择"复制"命令（或按 Ctrl+C 快捷键）改为选择"剪切"命令（或按 Ctrl+X 快捷键）即可，操作步骤为按 Ctrl+X 快捷键（剪切）→按 Ctrl+V 快捷键（粘贴）。

（3）删除文件或文件夹

选定要删除的文件或文件夹，余下的步骤与删除图标的方法相同。如果想恢复刚刚被删除的文件，则选择"编辑"菜单中的"撤销"命令。

注意：删除的文件或文件夹留在"回收站"中并没有节约磁盘空间。因为文件或文件夹并没有真正从磁盘中删除。如果删除的是 U 盘和移动硬盘上的文件或文件夹，则该文件或文件夹将直接被删除，不会放入"回收站"。

（4）查找文件或文件夹

当用户创建的文件或文件夹太多时，如果想查找某个文件或文件夹，而又不知道文件或文件夹存放的位置，则可以通过 Windows 10 提供的搜索栏来查找文件或文件夹。首先在导航栏中选定搜索目标，如"计算机"、某个驱动器或某个文件夹，然后在搜索栏中输入内容（检索条件），Windows 10 就会开始检索并将结果显示在文件夹区中。

（5）存储器格式化

使用外存前需要先进行格式化。如果要格式化的存储器中有信息，则进行格式化操作后会删除原有的信息。操作方法：右击要格式化的存储器，在弹出的快捷菜单中选择"格式化"命令，然后在弹出的"格式化"对话框中进行相应的设置，单击"确定"按钮即可。

（6）创建新的文件夹

选定要新建的文件夹所在的文件夹（即新建文件夹的父文件夹）并打开；选择"文件"→"新建"→"文件夹"命令（或右击文件夹区空白处，在弹出的快捷菜单中选择"新建"→"文件夹"命令），文件夹区中出现带临时名称的文件夹，输入新文件夹的名称后，按回车键或单击其他任何地方即可。

8.2.4 剪贴板的使用

剪贴板是 Windows 10 中一个非常实用的工具，它是一个在 Windows 10 程序和文件之间传递信息的临时存储区。剪贴板不仅可以存储文字，还可以存储图像、声音等其他信息。通过它可以把多个文件的文字、图像、声音粘贴在一起，形成一个图文并茂、有声有色的文件。

剪贴板的使用步骤是：先将对象复制或剪切到剪贴板这个临时存储区中，然后将插入点定位到需要放置对象的目标位置，再执行粘贴命令将剪贴板中的信息传递到目标位置中。

在 Windows 10 中，可以把整个屏幕或某个活动窗口作为图像复制到剪贴板中。

① 复制整个屏幕：按 Print Screen 键。

② 复制窗口、对话框：先将窗口或对话框选择为活动窗口或活动对话框，然后按 Alt + Print Screen 快捷键。

8.3　系统设置

计算机是由硬件和软件构成的一个系统，操作系统是对这个系统进行管理的系统程序。在使用过程中，用户往往需要对其硬件和软件进行重新配置，以适应自己相应程序的运行，提高运行效率。Windows 10 通过"设置"窗口（见图 8.11[①]），提供相关配置系统的功能实现，用户通过该窗口可以方便地对系统进行设置。

图 8.11　Windows 10 "设置"窗口

8.3.1　"设置"窗口简介

Windows 10 在"设置"窗口中提供了许多应用程序（见图 8.11），这些应用程序主要用于完成对计算机系统的软件、硬件的设置和管理。其启动的方式是：单击"开始"图标，在弹出的开始菜单的命令图标（见图 8.12）中单击"设置"图标，即可打开如图 8.11 所示的"设置"窗口。

Windows 10 的"设置"窗口集中了计算机的所有相关系统设置，在这里可以对系统进行任何设置和操作。在组织上，"设置"窗口将同类相关设置放在一起，整合为系统、账户、网

---

① 本图中"帐户"的正确写法应为"账户"。

络和 Internet、个性化、设备、时间和语言、应用、手机、轻松使用等大类，每一大类中再按某个方面分成子类。Windows 10 的这种组织方式使用户的操作变得简单快捷、一目了然。

从"设置"窗口启动一个应用程序的具体步骤是：先选择某个相关设置的类别，此时会出现所选子类包含的应用程序，最后在列表中选择一个具体的应用程序，这样就可以在窗口中完成设置操作。图 8.13 所示为选择"设备"类别，再选择"鼠标"选项出现的鼠标相关设置项。

图 8.12　开始菜单中的命令图标　　　　图 8.13　鼠标相关设置项

8.3.2　操作中心

用户可以在"设置"窗口中选择"个性化"→"任务栏"，然后选择"打开或关闭系统图标"选项，将"操作中心"通知打开，这样在任务栏的最右侧就会有一个"操作中心"图标，单击该图标即可打开"操作中心"通知界面，操作中心列出了有关需要注意的安全和维护设置的重要消息。操作中心中的红色项目标记为"重要"，表示应快速解决的重要问题，例如，需要更新的已过期的防病毒程序；黄色项目是一些系统建议执行的任务，如所建议的维护任务。

若要查看有关"安全"或"维护"部分的详细信息，用户可单击对应标题或标题旁边的箭头，以展开或折叠该部分。若不想看到某些类型的消息，则可以选择在视图中隐藏它们。

用户也可通过将鼠标指针放在任务栏最右侧的通知区域的"操作中心"图标上，快速查看操作中心是否有新消息。单击该图标查看详细信息，然后单击某消息解决存在的问题。

当计算机出现问题时，可查看操作中心是否已标记问题。如果尚未标记，则可以单击指向疑难解答程序和其他工具的超链接，这些超链接可帮助用户解决问题。

8.3.3　应用程序的卸载

应用程序的卸载步骤为：打开"设置"窗口，选择"应用"类别，显示"应用"窗口，然后选择"程序和功能"选项，最后在显示的程序列表中选择要卸载的程序，并按提示进行操作即可。

8.3.4　Windows 10 的基本设置

（1）日期和时间设置

打开"设置"窗口，选择"时间和语言"类别，然后选择"日期和时间"选项，在列出的项目中选择"其他日期、时间和区域设置"选项，弹出"日期和时间"对话框，按对话框上的提示对日期、时间进行设置即可。用户也可以直接单击任务栏右侧的"时间和日期"提示项打开"日期和时间"对话框。

（2）Windows 10 桌面设置

打开"设置"窗口，选择"个性化"类别，"个性化"窗格中列出了对 Windows 10 桌面的背景、颜色、锁屏界面、主题等进行设置的应用程序。选择相应的应用程序后，按窗口（或对话框）上的提示进行相应的设置即可。图 8.14 所示为主题相关设置项。

图 8.14　主题相关设置项

（3）鼠标设置

打开"设置"窗口，选择"设备"类别，然后在列表中选择"鼠标"选项，接下来在右侧窗格中按提示进行相应的设置即可。

（4）网络相关设置

在 Windows 10 "设置"窗口的"网络和 Internet"类别中，将所有与网络相关的设置集中在一起，包括正在连接的网络状态、以太网、拨号、VPN、数据使用量等设置。

例如，选择"以太网"选项，则会显示如图 8.15 所示的以太网相关设置项，在此窗口根据提示可以直接进行网络连接的相关设置。

8.3.5　用户管理

在 Windows 10 中，通过使用"设置"窗口的"账户"类别中提供的相关应用程序，可以添加、删除和修改用户账户，只需按提示一步步进行操作即可完成。图 8.16 所示为家庭和其他人员账户设置项。

图 8.15　以太网相关设置项

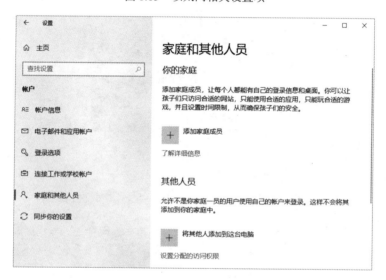

图 8.16　家庭和其他人员账户设置项

创建的用户可以是"管理员"或"标准账户"，一般应建立为标准账户。标准账户可防止用户做出对该计算机的所有用户造成影响的更改（如删除计算机工作所需要的文件），从而帮助用户保护计算机。

当使用标准账户登录到 Windows 10 时，用户几乎可以执行管理员账户下的所有操作，但如果要执行影响该计算机其他用户的操作（如安装软件或更改安全设置），则 Windows 10 可能要求用户提供管理员账户的密码。

在 Windows 10 中有一个计算机安全管理机制（即用户账户控制，UAC），简单地说，就是其他用户对操作系统进行了更改，而这些更改是需要有管理员权限的，此时操作系统就会自动通知管理员，让其判断是否允许采用这个更改。

使用标准账户登录计算机可以提高安全性并降低总体拥有成本。当用户使用标准账户权限（而不是管理员权限）操作计算机时，系统的安全配置（包括防病毒和防火墙配置）将得到保护。这样，用户将拥有一个安全的区域，可以用于保护他们的账户及系统的其余部分。

Windows 10 的用户管理功能可以使多个用户共用一台计算机，而且每个用户有设置自己的用户界面和使用计算机的权利。

另外，右击"开始"图标，在弹出的快捷菜单中选择"计算机管理"命令，即可打开 Windows 10 提供的"计算机管理"窗口（见图 8.17），在其中可以对新建的用户账户进行权限的设置。

图 8.17　"计算机管理"窗口

权限和用户权利的设置通常采用授予组的方式。通过将用户添加到组，可以将指派给该组的所有权限和用户权利授予这个用户。User 组中的用户可以执行完成其工作所必需的大部分任务，如登录到计算机、创建文件和文件夹、运行程序及保存文件等。但是，只有 Administrators 组中的用户可以将用户添加到组、更改用户密码或修改大多数系统设置。

8.4　知识扩展

除了 Windows，常用的操作系统还有 UNIX、Linux，它们都是非常优秀的计算机操作系统。

8.4.1　UNIX

UNIX 是美国 AT&T 公司于 1971 年在 PDP-11 上运行的操作系统。UNIX 具有多用户、多任务的特点，支持多种处理器架构，最早由肯·汤普逊（Kenneth Lane Thompson）、丹尼斯·里奇（Dennis MacAlistair Ritchie）和 Douglas McIlroy 于 1969 年在 AT&T 公司的贝尔实验室开发。

1．UNIX 的发展史

1965 年，AT&T、MIT 和 GE 公司联合开发 Multics。

1969 年，肯·汤普逊和丹尼斯·里奇在 PDP-7 上汇编 UNIX。

1970 年，在 PDP-11 系列机上汇编 UNIX v1。

1975 年，UNIX v6 发布并扩散到大学和科研机构。

1978 年，UNIX v7 发布，这是第一个商业版本。

1981 年，AT&T 公司发布 UNIX System Ⅲ，UNIX 开始转向为为社会提供的商品软件。

1983 年，AT&T 公司发布一个标志性版本 UNIX System V，系统功能已趋于稳定和完善。其他有代表性的基于 UNIX 架构的发行版本主要有以下三大类。

① Berkley：加州大学伯克利分校发布的 BSD 版本，主要用于工程设计和科学计算，主要有 386BSD、DragonFly BSD、FreeBSD、NetBSD、NEXTSTEP、Mac OS X、OpenBSD、Solaris（OpenSolaris、OpenIndiana）类型，不同的 BSD 针对不同的用途及用户，可应用于多种硬件架构上。

② System V：主要有 A/UX、AIX、HP-UX、IRIX、LynxOS、SCOOpenServer、Tru64、Xenix 类型。

A/UX 是苹果公司开发的 UNIX，此操作系统可以在该公司的一些 Macintosh（麦金塔）计算机上运行。

AIX 是 IBM 公司开发的一套 UNIX。它符合 Open group 的 UNIX 98 行业标准，通过全面集成对 32 位和 64 位应用的并行运行支持，为这些应用提供了全面的可扩展性。

HP-UX 是惠普公司以 System V 为基础研发的类 UNIX。

IRIX 是由 SGI 公司以 System V 与 BSD 延伸程序为基础发展成的 UNIX。IRIX 可以在 SGI 公司的 RISC 型计算机（即采用 32 位、64 位 MIPS 架构的 SGI 工作站、服务器）上运行。

Xenix 是另一种 UNIX，可在个人计算机及微型计算机上运行。该操作系统是由 Microsoft 和 AT&T 公司为 Intel 处理器开发的。后来，SCO 公司收购了其独家使用权，自此，该公司开始以 SCO UNIX（也被称为 SCO OpenServer）为名发售。

③ Hybrid：主要有 GNU/Linux、Minix、QNXUNIX 类型。其中，Linux 是另一类 UNIX 的统称，它的核心支持从个人计算机到大型主机甚至包括嵌入式系统在内的各种硬件设备；Minix 是一个迷你版本的类 UNIX（约 300MB），其他类似的操作系统还有 Idris、Coherent 和 Uniflex 等。这些类 UNIX 都是重新发展的，并没有使用任何 AT&T 公司的程序码。

2．UNIX 的特点

UNIX 的特点如下。

① 分时操作系统，支持多用户同时使用一台计算机。分时操作系统是指把 CPU 的时间划分为多个时间片，每个用户一次只能运行一个时间片，时间片一到就让出处理机供其他用户使用。

② 网络操作系统。多台独立工作的计算机用通信线路连接起来，构成一个能共享资源的更大的信息系统，基于 Client/Server 结构。

③ 可移植性强。UNIX 基本使用 C 语言编写，而 C 语言具有跨平台性。

④ 多用户、多任务的分时操作系统。多个用户可以同时使用系统，人机之间可以实现实时交互数据。

⑤ 软件复用。程序由不同的模块组成，每个程序模块完成单一的功能，程序模块可按需进行任意组合。

⑥ 一致的文件、设备和进程间 I/O。

⑦ 界面方便高效，Shell 命令灵活可编程。

⑧ 安全机制完善。密码、权限、加密等措施完善，具有抗病毒结构，并具有误操作的恢

复功能。

⑨ 可用 Shell 进行编程，它有着丰富的控制结构和参数传递机制。

⑩ 内部采用多进程结构，易于资源共享，外部支持多种网络协议。

⑪ 拥有系统工具和服务。UNIX 具有 100 多个系统工具（命令）。

3．UNIX 文件系统

文件系统是指对存储在存储设备（如硬盘）中的文件进行组织和管理的方法，通常是按照目录层次的方式进行组织的。每个目录可以包括多个子目录及文件，系统用 "/" 作为根目录。

（1）UNIX 文件系统分类

UNIX 由多个可以动态安装及拆卸的文件系统组成。其文件系统主要分为根文件系统和附加文件系统两大类。根文件系统是 UNIX 至少应含有的一个文件系统，它包含了构成操作系统的有关程序和目录，用 "/" 符号来表示。附加文件系统是除根文件系统以外的其他文件系统，它必须挂（Mount）到根文件系统的某个目录下才能使用。

（2）UNIX 文件类型

在 UNIX 中，文件共分为以下 4 种类型。

① 普通文件（-）：分为文本文件、二进制文件、数据文件。文本文件主要包括 ASCII 文本文件和一些可执行的脚本文件；二进制文件主要包括可执行的文件；数据文件主要包括系统中的应用程序运行时产生的文件。

② 目录文件（d）：用来存放文件目录。

③ 设备文件（1）：代表某种设备，一般放在/dev 目录下。它分为块设备文件和字符设备文件：块设备文件以区块为输入/输出单元，如磁盘；字符设备文件以字符为输入/输出单元，如串口。

④ 链接文件（b/c）：类似于 Windows 中的快捷方式，它指向链接文件所链接着的文件。

UNIX 与 Windows 不同，UNIX 中的目录本身就是一个文件，另外文件类型与文件的后缀无关。不同类型的文件有着不同的文件类型标志（可使用 "ls -l" 命令来进行查看）。

例如：

```
$ ls -l
-rwxr-xr-- 2 bill newservice 321 Oct 17 09:33 file1
drwxr-xr-x 2 bill newservice 96 Oct 17 09:40 dir1
```

其中，第 2 行的 "-" 表示 file1 是普通文件，第 3 行的 "d" 表示 dir1 是目录文件。

（3）UNIX 目录结构

UNIX 采用树状的目录结构来组织文件，每个目录可能包含文件和其他子目录。该结构以根目录 "/" 为起点向下展开，每个目录可以有多个子目录，但每个目录都只能有一个根目录。常见的目录有/etc（常用于存放系统配置及管理文件）、/dev（常用于存放外围设备文件）、/usr（常用于存放与用户相关的文件）。

（4）UNIX 文件名称

UNIX 文件名称支持长文件名，其对字母大小写敏感，比如 file1 和 File1 表示两个不同的文件。需要说明的是，如果用 "." 作为文件名的第一个字符，则表示此文件为隐含文件，如 ".cshrc" 文件。

UNIX 对文件名的含义不进行任何解释，文件名后缀的含义由使用者或调用程序解释。

（5）路径名

路径名是指用斜杠"/"分隔的目录名组成的一个序列，它指示找到一个文件所必须经过的目录。

路径有绝对路径和相对路径两种类型。绝对路径由根目录（/）开始；相对路径是指由当前目录开始的路径。另外，"."表示当前目录，".."表示上级目录。

4．登录及用户界面

（1）登录

当操作终端与 UNIX 连通后，在终端上会显示出"Login:"登录提示符。在"Login:"登录提示符后输入用户名，出现"Password:"后再输入密码即可登录。例如，user1 用户登录的过程如下：

```
Login: user1
Password:
```

输入的密码并不会显示出来，用户输入完密码后，终端上一般会出现上次的登录信息，以及 UNIX 的版本号，最后出现提示符，等待用户输入命令。

（2）用户界面

传统的 UNIX 用户界面采用命令行方式，命令比较难记忆，非计算机专业的人员使用较为困难。现在大多数的 UNIX 都使用图形用户界面（GUI），用户通过该界面可与系统进行交互。图形用户界面通常使用窗口、菜单和图标来代表不同的 UNIX 命令、工具和文件。使用鼠标可以打开菜单、移动窗口及选择图标，与 Windows 的操作方法类似。

5．UNIX 命令格式

（1）UNIX 命令提示符

在命令行方式下，UNIX 会显示提示符，提示用户在此提示符后可以输入命令。不同的 Shell 有不同的默认提示符，其中，B Shell 和 K Shell 的默认提示符为"$"；C Shell 的默认提示符为"%"。当以 root 用户身份登录时，命令提示符统一默认为"#"。用户也可以更改自己的默认 Shell 和提示符。

（2）命令基本格式

UNIX 命令的基本格式如下：

```
命令 参数 1 参数 2 ... 参数 n
```

UNIX 命令由一个命令和 0～n 个参数构成，命令和参数之间，以及参数和参数之间用空格隔开。UNIX 的命令格式和 DOS 的命令格式相似，但 UNIX 的命令区分大小写，且命令和参数之间必须隔开。

例如：

```
$cp  f1  memo
```

该命令的含义为复制 f1 文件到 memo 目录内。

UNIX 为用户提供了一个分时操作系统以控制计算机的活动和资源，并且提供一个交互、灵活的操作界面。UNIX 被设计为能够同时运行多进程，支持用户之间共享数据的系统。同时，支持模块化结构，当安装 UNIX 时，只需要安装工作需要的部分，例如，UNIX 支持许多编程开发工具，但是如果用户并不从事开发工作，则只需安装最少的编译器即可。用户界面同样支持模块化结构，互不相关的命令能够通过管道相连的方式来执行非常复杂的操作。

8.4.2　Linux

1991 年，芬兰赫尔辛基大学的大学生 Linus Torvalds 萌发了一个开发自由的 UNIX 的想法，当年，Linux 就诞生了，并且用可爱的企鹅作为标志。为了不让这个羽毛未丰的操作系统夭折，Linus 将自己的作品 Linux 通过因特网发布。从此一大批计算机编程人员加入开发过程中，Linux 逐渐成长起来。

1．Linux 简介

Linux 是一套多用户、多任务免费使用和自由传播的类 UNIX 操作系统，它诞生于 1991年 10 月 5 日（这是第一次正式向外公布的时间）。这套系统是由全世界各地成千上万的程序员设计和实现的，其目的是建立不受任何商品化软件的版权制约的、全世界都能自由使用的 UNIX 兼容产品。

Linux 是在 GNU 公共许可权限下免费获得的，是一个符合 POSIX（Portable Operating System Interface for UNIX，面向 UNIX 的可移植操作系统接口）标准的操作系统。用户可以通过网络或其他途径无偿地得到它及其源代码，可以无偿地获得大量的应用程序，而且可以任意地修改和补充它。这是其他的操作系统所做不到的。正是由于这一点，来自全世界成千上万的程序员参与了 Linux 的修改、编写工作，程序员可以根据自己的兴趣和灵感对其进行修改。这让 Linux 吸收了无数程序员的精华，并不断壮大。

Linux 软件包不仅包括完整的 Linux 操作系统，还包括文本编辑器、高级语言编译器等应用软件。它还包括带有多个窗口管理器的 X-Window 图形用户界面，允许用户使用窗口、图标和菜单对系统进行操作。

Linux 可安装在各种计算机硬件设备中，从手机、平板电脑、路由器和视频游戏控制台到台式计算机、大型计算机和超级计算机。

Linux 的基本思想有两点：第一，一切都是文件；第二，每个软件都有确定的用途。其中第一条详细来讲就是系统中的所有内容都归结为一个文件，包括命令、硬件和软件设备、操作系统、进程等。至于说 Linux 是基于 UNIX 的，很大程度上也是因为这两者的基本思想十分相近。

2．主要特点

（1）多用户、多任务

多用户是指系统允许多个用户同时使用，资源可以被不同用户使用，即每个用户对自己的资源（如文件、设备）有特定的权限，互不影响。多任务是指计算机可同时执行多个程序，而且各个程序的运行互相独立。

Linux 调度每个进程平等地访问微处理器，可以使多个程序同时并独立地运行。

（2）可靠的系统安全

Linux 采取了许多安全技术措施，包括对读/写进行权限控制、带保护的子系统、审计跟踪、核心授权等，这为网络多用户环境中的用户提供了必要的安全保障。

（3）良好的兼容性

Linux 的接口与 POSIX 相兼容，所以在 UNIX 上运行的应用程序，几乎完全可以在 Linux 上运行。

在 Linux 下，用户还可通过相应的模拟器运行常见的 DOS、Windows 程序。

（4）强大的可移植性与嵌入式系统

可移植性是指将操作系统从一个平台转移到另一个平台后它仍然能按自身的方式运行。Linux 是一套可移植的操作系统，能够在从微型计算机到大型计算机的任何环境和任何平台上运行。可移植性为运行 Linux 的不同计算机平台与其他任何机器进行准确而有效的通信提供了手段，不需要另外增加特殊及昂贵的通信接口。

嵌入式系统是指根据应用的要求，将操作系统和功能软件集成于计算机硬件系统之中，从而实现软件与硬件一体化的计算机系统。Linux 是一套成熟而稳定的操作系统，将 Linux 植入嵌入式设备具有众多的优点。首先，Linux 的源代码是开放的，任何人都可以获取并修改，用它开发自己的产品；其次，Linux 是可以定制的，其系统内核最小只有 134KB，一个带有中文系统和图形用户界面的核心程序也可以只有不足 1MB，并且同样稳定；最后，它和多数 UNIX 兼容，应用程序的开发和移植相当容易。同时，由于具有良好的可移植性，它已成功运行于数百种硬件平台上。

（5）友好的用户界面

Linux 向用户提供了两种界面：字符（命令行）界面和图形用户界面。

Linux 的传统用户界面是基于文本的字符界面，用户可以通过键盘输入相应的指令来进行操作，即 Shell，它既可以联机使用，又可存放在文件上脱机使用。Shell 有很强的程序设计能力，用户可方便地用它编写程序，从而为用户扩充系统功能提供更高级的手段。可编程 Shell 是指将多个命令组合在一起，形成一个 Shell 程序，这个程序可以单独运行，也可以与其他程序同时运行。

图形用户界面是类似 Windows 图形用户界面的 X-Window 系统，用户可以使用鼠标对其进行操作。X-Window 给用户呈现了一个直观、易操作、交互性强、友好的图形化界面。

（6）设备独立性

设备独立性是指操作系统把所有外部设备统一当作文件来看待，只要安装它们的驱动程序，任何用户都可以像使用文件一样操纵、使用这些设备，而不必知道它们的具体存在形式。

具有设备独立性特点的操作系统能够容纳任意种类及任意数量的设备，因为每个设备都是通过其与内核的专用连接独立进行访问的。

Linux 是具有设备独立性的操作系统，它的内核具有高度适应能力，随着更多的程序员加入 Linux 编程中，会有更多硬件设备加入各种 Linux 内核和发行版本中。另外，由于用户可以免费得到 Linux 的内核源代码，因此，用户可以修改其内核源代码，以便适应新增加的外部设备。

（7）丰富的网络功能

完善的内置网络是 Linux 的一大特点。Linux 在通信和网络功能方面优于其他操作系统。其他操作系统不具备如此紧密地和内核结合在一起的连接网络的能力，也没有内置这些联网特性的灵活性。

Linux 免费提供了大量支持因特网的软件，用户可以使用 Linux 与世界上其他地区的人通过因特网进行通信。

Linux 不仅允许进行文件和程序的传输，还为系统管理员和技术人员提供了访问其他系统的窗口。通过这种远程访问的功能，一位技术人员能够有效地为多个系统服务，即使那些系统位于很远的地方。

3. Linux 版本

Linux 不断发展、推陈出新，与 Windows 系列一样拥有不同的版本。Linux 的版本分为两部分：内核版本与发行版本。

（1）Linux 的内核版本

"内核"是指一个提供硬件抽象层、磁盘及文件系统控制、多任务等功能的系统软件。

内核版本是由 Linux 的创始人 Linus 领导下的开发小组开发出的系统，主要包括内存调度、进程管理、设备驱动等操作系统的基本功能，但是不包括应用程序。一个内核不是一套完整的操作系统。

内核的版本号由"r.x.y"三部分组成，其中，r 表示目前发布的内核主版本；x 表示开发中的版本；y 表示错误修补的次数。一般来讲，x 为偶数的版本是一个可以使用的稳定版本，如 2.4.4；x 为奇数的版本是一个测试版本，其中加入了一些新的内容，不一定稳定，如 2.1.111。

例如，Red Hat Fedora Core5 使用的内核版本号是 2.6.16，表明 Red Hat Fedora Core5 使用的是一个比较稳定的版本，修补了 16 次。

（2）Linux 的发行版本

发行版本是一些组织或厂商将 Linux 系统内核与应用软件和文档包装起来，并提供一些安装界面和系统管理工具的一个软件包的集合。一套基于 Linux 内核的完整操作系统称为 Linux。

相对于内核版本，发行的版本号随发布者的不同而不同，与系统内核的版本号相对独立，如 Red Hat Fedora Core5 指 Linux 的发行版本号，而其使用的内核版本号是 2.6.16。

Linux 是自由软件，任何组织、厂商和个人都可以按照自己的要求进行发布，目前已经有 300 余种发行版本，而且数目还在不断增加。Red Hat Linux、Fedora Core Linux、Debian Linux、Turbo Linux、Slackware Linux、Open Linux、SuSe Linux 和 Redflag Linux（红旗 Linux，中国发布）等都是流行的 Linux 发行版本。表 8.1 所示为常用的 Linux 发行版本名称及其特点。

表 8.1　常用的 Linux 发行版本名称及其特点

版 本 名 称		特　　点
	Debian Linux	开放的开发模式，并且易于进行软件包升级
	Fedora Core Linux	拥有数量庞大的用户，以及优秀的社区给予技术支持，并且有许多创新
	CentOS Linux	CentOS Linux 是一种对 RHEL（Red Hat Enterprise Linux）源代码再编译的产物，因为 Linux 是开放源代码的操作系统，所以并不排斥基于源代码的再分发。CentOS Linux 就是将商业的 Linux 操作系统 RHEL 进行源代码再编译后分发的，并在 RHEL 的基础上修正了不少已知的 Bug
	SuSe Linux	专业的操作系统，易用的 YaST，可以和命令行交叉工作
	Mandriva Linux	操作界面友好，使用图形配置工具，有庞大的社区给予技术支持，支持 NTFS 分区的大小变更
	KNOPPIX Linux	可以直接在 CD 上运行，具有优秀的硬件检测和适配能力，可作为系统的急救盘使用
	Gentoo Linux	拥有优秀的性能、高度的可配置性和一流的用户及开发社区

续表

版 本 名 称	特 点
![Ubuntu] Ubuntu Linux	具有优秀易用的桌面环境，基于 Debian 的不稳定版本构建
![redhat] Red Hat Linux	Red Hat Linux 能向用户提供一套完整的服务，这使得它特别适合在公共网络中使用。系统运行后，用户可以从 Web 站点和 Red Hat 得到充分的技术支持
![红旗Linux] Redflag Linux	由中科红旗软件技术有限公司、北大方正等开发。它是全中文的 Linux 桌面，提供了完善的中文操作系统环境

在 Linux 环境下进行程序设计，用户要选择合适的 Linux 发行版本和稳定的 Linux 内核版本，并选择一套适合自己的 Linux 操作系统。目前 Linux 内核版本的开放源代码树比较稳定且通用的是 2.6.xx 版本。

4．Linux 文件结构

Linux 与 Windows 下的文件组织结构不同，它不是使用磁盘分区符号来访问文件系统的，而是将整个文件系统表示成树状结构，系统每增加一个文件都会将其加入这棵树中。

Linux 文件结构的开始，只有一个单独的顶级目录结构，称为根目录，用"/"表示，所有的一切都从"根"开始，并且延伸到子目录。Windows 下的文件系统按照磁盘分区的概念进行分类，目录都存放于分区上。Linux 则通过"挂接"的方式把所有分区都放置在"根"下的各个目录中。Linux 的文件结构如图 8.18 所示。

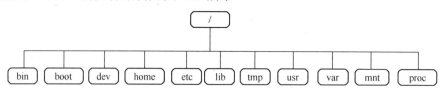

图 8.18　Linux 的文件结构

不同的 Linux 发行版本的目录结构和具体的实现功能存在一些细微的差别，但主要的功能都是一致的。一些常用的目录如下。

- /bin：存放可执行命令，大多数命令存放在此目录中。
- /boot：存放系统启动时所需要的文件，包括引导装载程序。
- /dev：存放设备文件，如 fd0、had 等。
- /home：主要存放用户账号，并且可以支持 FTP 的用户管理。当系统管理员增加用户时，系统在 home 目录下创建与用户同名的目录，此目录下一般默认有 Desktop 目录。
- /etc：包括绝大多数 Linux 引导所需要的配置文件，系统引导时读取配置文件，按照配置文件的选项进行不同情况的启动，如 fstab、host.conf 等。
- /lib：包含 C 语言编译程序需要的函数库，是一组二进制文件，如 glibc 等。
- /tmp：用于临时性的存储。
- /usr：包括所有其他内容，如 src、local。Linux 的内核就存放在/usr/src 中。其下有子目录/bin，用于存放所有安装语言的命令，如 gcc、perl 等。
- /var：包含系统定义表，以便在系统运行改变时可以只备份该目录，如 cache。
- /mnt：专门供外挂的文件系统使用，里面有两个文件 cdrom 和 floopy，在登录光驱时要用到。

注意：① 在 Linux 下，文件和目录名对大小写是敏感的，即 Linux 区分字母大小写。因此字母的大小写十分重要，例如，文件 Hello.c 和文件 hello.c 在 Linux 下不是同一个文件，而在 Windows 下则是同一个文件。

② 在使用 Linux 时，用户可以设置目录和文件的权限，以便允许或拒绝其他人对其进行访问。

目前 Windows 通常采用的是 FAT32 和 NTFS 文件系统，而 Linux 中保存数据的磁盘分区常用的是 ext2 和 ext3 文件系统。ext2 文件系统适用于固定文件系统和可活动文件系统，是 ext文件系统的扩展。

ext3 文件系统是在 ext2 文件系统基础上增加日志功能后的扩展，它兼容 ext2 文件系统。两种文件系统之间可以互相转换，ext2 文件系统不用进行格式化就可以转换为 ext3 文件系统，而 ext3 文件系统转换为 ext2 文件系统也不会丢失数据。Linux 支持多种文件系统，如 minix、umsdos、msdos、vfat、ntfs、proc、smb、ncp、iso9660、sysv、hpfs、affs 等。

8.4.3　Linux 与 UNIX 的异同

Linux 是一套类 UNIX 操作系统。但是，Linux 和 UNIX 有很大的区别，两者之间最大的区别是关于版权方面的：Linux 是开放源代码的自由软件，而 UNIX 是对源代码实施知识产权保护的传统商业软件。两者之间还存在如下区别。

- UNIX 大多数是与硬件配套的，操作系统与硬件进行了绑定；而 Linux 则可运行在多种硬件平台上。
- UNIX 是一种商业软件；而 Linux 提供的则是一种自由软件，是免费的，并且公开源代码。
- UNIX 的历史要比 Linux 悠久，但是 Linux 由于吸取了其他操作系统的经验，其设计思想虽然源于 UNIX 但要优于 UNIX。
- 虽然 UNIX 和 Linux 都是操作系统的名称，但 UNIX 除是一种操作系统的名称以外，作为商标，它归 SCO 公司所有。
- Linux 的商业化版本有 Red Hat Linux、SuSe Linux、Slackware Linux、Redflag Linux，以及 Turbo Linux 等；UNIX 主要有 Sun 的 Solaris、IBM 的 AIX、惠普的 HP-UX，以及基于 X86 平台的 SCO UNIX/UNIXware。
- Linux 的内核是免费的，而 UNIX 的内核并不公开。
- 在对硬件的要求上，Linux 要比 UNIX 的要求低；在系统的安装难易程度上，Linux 要比 UNIX 容易得多；在使用上，Linux 相对没有 UNIX 那么复杂。
- UNIX 的发展领域和 Linux 差不多，但 UNIX 可以往高端产业发展，高端产业大部分领域使用的是 UNIX 服务器。

总体来说，Linux 无论是在外观上还是性能上都与 UNIX 基本相同或者比 UNIX 更好，但是 Linux 不同于 UNIX 的源代码。在功能上，Linux 仿制了 UNIX 的一部分，与 UNIX 的 System V 和 BSD UNIX 相兼容。在 UNIX 上可以运行的源代码，一般情况下在 Linux 上被重新编译后就可以运行，甚至 BSD UNIX 的执行文件可以在 Linux 上直接运行。

习题 8

一、填空题

1. 要将当前窗口作为图像存入剪贴板，应按_____键。

2. 要将整个桌面作为图像存入剪贴板，应按_____键。

3. 通过_____可恢复被用户误删除的文件或文件夹。

4. 复制、剪切和粘贴命令都有对应的快捷键，分别是_____、_____和_____。

5. Windows 10 是一个_____的操作系统。

6. Windows 10 针对不同的对象，使用不同的图标，但可分为_____、_____和_____三大类。

7. 快捷方式图标是系统中某个对象的_____。

8. Windows 10 提供的资源管理器窗口是一个管理_____的重要工具，它清晰地显示了整个计算机中的文件夹结构及内容。

9. 剪贴板是 Windows 10 中一个非常实用的工具，它是一个在 Windows 程序和文件之间传递信息的_____。剪贴板不仅可以存储文字，还可以存储图像、声音等其他信息。

10. Windows 10 的"设置"窗口集中了计算机的所有_____设置，在这里可以对_____进行任何设置和操作。

二、选择题

1. 下列叙述中，不正确的是（　　）。

    A. 在 Windows 10 中打开的多个窗口，既可平铺又可层叠

    B. 在 Windows 10 中，用户可以利用剪贴板实现多个文件之间的复制

    C. 在 Windows 10 资源管理器窗口中，双击应用程序名称即可运行该程序

    D. 在 Windows 10 中，用户不能对文件夹进行更名操作

2. （　　）是一套多用户、多任务免费使用和自由传播的操作系统。

    A. Windows 10　　　　　　B. UNIX　　　　　C. Linux　　　　　D. VxWorks

3. 当一个应用程序窗口被最小化后，该应用程序（　　）。

    A. 被终止执行　　　　　B. 被删除　　　　　C. 被暂停执行　　　　D. 被转入后台执行

4. 在输入中文时，下列操作中，不能进行中英文切换的是（　　）。

    A. 单击中英文切换按钮　　　　　　　　B. 按 Ctrl+Space 快捷键

    C. 用语言指示器菜单　　　　　　　　　D. 按 Shift+Space 快捷键

5. 下列操作中，能切换不同输入法的是（　　）。

    A. 按 Ctrl+Shift 快捷键　　　　　　　　B. 单击输入法状态框的中/英切换按钮

    C. 按 Shift+Space 快捷键　　　　　　　　D. 按 Alt+Shift 快捷键

6. 下列选项中，不能完成创建新文件夹任务的是（　　）。

    A. 右击桌面，在弹出的快捷菜单中选择"新建"→"文件夹"命令

    B. 在文件或文件夹属性对话框中进行操作

    C. 在 Windows 10 资源管理器窗口的"文件"菜单中选择"新建"命令

    D. 右击 Windows 10 资源管理器窗口的导航栏区或文件夹区，在弹出的快捷菜单中选择"新建"命令

7．当用鼠标拖放功能实现文件或文件夹的快速移动时，正确的操作是（　　　）。

　　A．单击鼠标左键拖动文件或文件夹到目标文件或文件夹上

　　B．单击鼠标右键拖动文件或文件夹到目标文件或文件夹上，然后在弹出的快捷菜单中选择"移动到当前位置"命令

　　C．按住 Ctrl 键，然后单击鼠标左键拖动文件或文件夹到目标文件或文件夹上

　　D．按住 Shift 键，然后单击鼠标右键拖动文件或文件夹到目标文件或文件夹上

8．在 Windows 10 资源管理器窗口中，如果想一次选定多个分散的文件或文件夹，正确的操作是（　　　）。

　　A．按住 Ctrl 键并单击鼠标右键，逐个选取

　　B．按住 Ctrl 键并单击鼠标左键，逐个选取

　　C．按住 Shift 键并单击鼠标右键，逐个选取

　　D．按住 Shift 键并单击鼠标左键，逐个选取

9．在 Windows 应用程序中，某些菜单的命令右侧带有"…"，表示（　　　）。

　　A．一个快捷键命令　　　　　　　　　　B．一个开关式命令

　　C．带有对话框以便进行进一步设置　　　D．带有下一级菜单

三、简答题

1．简述在 Windows 10 中设置用户账户的方法。

2．简述在 Windows 10 中桌面的基本组成元素及其功能。

3．简述访问文件的语法规则。

4．在 Windows 10 中，运行应用程序有哪几种方式？

5．简述 Windows 10 的文件命名规则。

第9章 Office 2016 的使用

用计算机处理日常工作和学习中的文字编辑、表格计算、内容展示等任务是用户必须掌握的基本技能。本章将以 Word 2016、Excel 2016、PowerPoint 2016 为工具介绍如何进行文字排版、数据计算及内容的有效展示等操作。

9.1 文字处理

计算机技术在文字处理方面的应用，使排版印刷相对早期来讲工作量有所减少、出版周期大大缩短并且印刷质量得到了提高。想要用计算机来编辑和排版文字、图形，就需要用到办公自动化文字处理软件，如 Word 文字处理软件、记事本等。

总之，无论是纸张上的文字还是屏幕上的文字，文字格式和版面设计都是特别重要的。在现实生活中，一篇完美的文章不仅内容要精彩，格式还要协调一致，包括文章的结构、文章的布局，以及文章的外部展现形式等。排版正是文章的一种外部展现形式，无论从哪个角度来讲，这种形式都应被重视。

9.1.1 文字处理软件

文字处理软件是使用计算机实现文字编辑工作的应用软件。这类软件提供一套进行文字编辑处理的方法（命令），用户通过学习就可以在计算机上进行文字编辑。

想要利用计算机处理文字信息，需要在计算机中安装相应的文字处理软件。目前常用的文字处理软件有金山公司的 WPS 中的 Word 和 Microsoft 公司在办公自动化套装软件 Office 中的 Word，它们是目前使用十分广泛的文字处理软件。使用 Word，用户可以进行文字、图形、图像等综合文档编辑工作，并可以和其他多种软件进行信息交换，从而编辑出图文并茂的文档。Word 的界面友好、直观，具有"所见即所得"的特点，深受用户青睐。

1. 文字处理软件的功能

一个文字处理软件一般应具有下列基本功能。

① 根据所用纸张尺寸安排每页行数和每行字数，并能调整左、右页边距。

② 自动编排页码。

③ 规定文本的行间距离。

④ 编辑文件。

⑤ 在打印文本前，在屏幕上显示文本最后的布局格式。

⑥ 从其他文件或数据库中调入一些标准段落，插入正在编辑的文本中。

一个优秀的文字处理软件，不仅能够处理文字、表格，而且能够在文档中插入各种图形对象，并能实现图文混排。一般在文字处理软件中，可作为图形对象操作的有剪贴画、各种图文符号、艺术字、公式和各种图形等。

随着 Word 软件的不断升级，其功能不断增强，Word 提供了一套完整的工具，用户可以在新的界面中创建文档并设置格式，从而制作出具有专业水准的文档。丰富的批注和比较功能有助于用户快速收集和管理反馈信息；高级的数据集成功能可确保文档与重要的业务信息源时刻相连。

2．Word 的启动和退出

在 Office 2016 中，启动 Word 的方法有很多，常用的方法是从开始菜单的"所有程序"栏启动或通过桌面快捷方式启动。当 Word 启动成功后，出现的窗口如图 9.1 所示。

图 9.1 Word 启动成功后的窗口

退出 Word 的方法也有很多种，常用的有以下 4 种。

① 单击 Word 窗口右上角的"关闭"图标。

② 右击标题栏，在弹出的快捷菜单中选择"关闭"命令。

③ 双击窗口左上角。

④ 单击窗口左上角，在弹出的窗口控制菜单中选择"关闭"命令。

9.1.2 创建文档

Word 文档是文本、图片等对象的载体，要在文档中进行操作，必须先创建文档。在 Word 中可以创建空白文档，也可以根据现有的内容创建文档。创建新文档的方法有多种。

每次在启动 Word 时，系统自动创建一个文件名为"文档 1"的新文档（见图 9.1），用户可在编辑区输入文本。

选择"文件"选项卡，将弹出文件选项，Word 的文件选项中包含了一些常见的选项，如新建、打开、保存、打印、共享和导出等。选择"新建"选项，弹出新建文档窗口，如图 9.2 所示，在其中单击"空白文档"，即可新建一个空白文档，在标题栏上显示的文件名为"文档 *n*"（*n* 为一个正整数）。

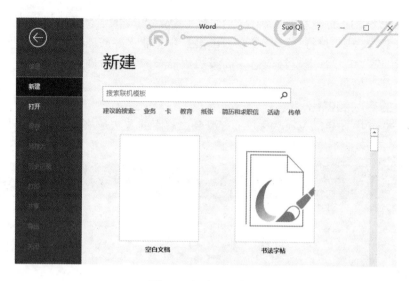

图 9.2　新建文档窗口

9.1.3　输入、编辑与保存文档

当创建新文档后，用户就可以选择合适的输入法在文档中输入内容，并对其进行编辑操作了。针对这些内容进行结构与文字的修改，最后设置文档的外观并输出。

1. 文档内容的输入

输入文本是 Word 中的一项基本操作。当新建一个文档后，在编辑区的开始位置将出现一个闪烁的光标，称为"插入点"，在 Word 中输入的任何文本，都会在插入点处出现。当定位了插入点的位置后，选择一种输入法，即可开始输入文本。

① 确定插入点的位置。在编辑区确定插入点的位置，因为插入点的位置决定了要输入的内容的位置。若是空文档，则插入点在编辑区的左上角。

② 选择输入法。尤其是在输入汉字时，先要选择合适的输入法。

③ 段落结束符。在输入一段文本时，无论这段文本有多长（中间会自动换行），只有当这段文本全部输入完成之后才可以输入一个段落结束符。按回车键，表示一个段落的结束。

④ 特殊符号的输入。如果要在文档中插入特殊符号，则先要确定插入点的位置，再单击"插入"→"符号"→"其他符号"按钮，弹出"符号"对话框，在其中选择所需要的符号。

2. 文档内容的编辑

（1）文档内容的选择

Windows 平台的应用软件都遵守一条操作规则：先选定内容，后对其进行操作。被选定的内容呈反向显示（黑底白字）。在多数情况下是利用鼠标来选定文档内容的，常用方法如下。

① 选定一行：鼠标指针移至选定区（即行左侧的空白区），指针呈箭头状，并指向右上方时，单击鼠标左键。

② 选定一段：鼠标指针移至选定区，指针呈箭头状，并指向右上方时，双击鼠标左键。

③ 选定整个文档：鼠标指针移至选定区，指针呈箭头状，并指向右上方时，三击鼠标左键或按 Ctrl 键并单击，还可以在"开始"选项卡的"编辑"功能组中，选择"选择"下拉列表中的"全选"选项。

④ 选定需要的文档内容：在需要选定的内容的起始位置单击，并拖动鼠标到需要选定的

内容的末尾，即可选定需要的文档内容。

⑤ 取消选定：单击鼠标左键。

（2）文档内容的删除

常用的删除文档内容的方法如下。

① 选定要删除的文档的内容，按 Delete 键，即可删除选定的内容。

② 如果要删除的仅是一个字，则将插入点移到这个字的前边或后边，按 Delete 键可删除插入点后边的字，按 Backspace 键可删除插入点前边的字。

如果发生误删除，则可以单击"快速访问工具栏"中的"撤销键入"图标（或按 Ctrl+Z 快捷键）撤销操作。

（3）文档内容的移动或复制

移动或复制文档中的内容的步骤如下（在"开始"选项卡的"剪贴板"功能组中进行操作）。

① 选定要移动或复制的文档的内容。

② 单击"剪贴板"功能组中的"剪切"或"复制"按钮。

③ 将鼠标指针移到要插入内容的目标处，单击鼠标左键（即移动插入点到目标处）。

④ 单击"剪贴板"功能组中的"粘贴"按钮，便实现了移动或复制文档内容的操作。

如果文档内容移动距离不远，则可使用"拖动"的方法进行移动或复制。按住 Ctrl 键的同时拖动选定的内容则可实现复制；如果直接拖动选定的内容，则可实现移动。另外，剪切、复制、粘贴操作也可分别按 Ctrl+X、Ctrl+C、Ctrl+V 快捷键实现。

（4）文档编辑中的插入状态和改写状态

当状态栏为"插入"按钮时，Word 系统处于插入状态，此时输入的文字会使插入点后面的文字自动右移；当单击"插入"按钮时，Word 系统便转换成改写状态，按钮名称显示为"改写"，这时输入的内容将替换原有的内容；再次单击"改写"按钮，又回到插入状态。用户也可以按 Insert 键来进行切换。

（5）文档内容的查找与替换

通过使用查找功能，可以在文档中查找指定内容（查找操作是在"开始"选项卡的"编辑"功能组中进行的）。查找步骤如下。

① 在"编辑"功能组中单击"查找"按钮，在编辑区的左边弹出"导航"窗格，如图 9.3 所示。

② 在"导航"窗格的文本框中输入要查找的内容，如"文字处理软件"。

③ 单击"查找下一处"图标▼，计算机从插入点处开始往后查找，找到第一个"文字处理软件"内容后暂停并呈反向显示。

④ 若要继续查找，则继续单击"查找下一处"图标▼，这时计算机从刚才找到的位置再查找下一处出现的"文字处理软件"内容。

⑤ 在查找到需要查找的内容后，用户可进行修改、删除等操作。

注意：若要关闭窗格，则可以单击"取消"图标。

图 9.3 "导航"窗格

利用替换功能，可以将整个文档中给定的内容全部替换，也可以在选定的范围内进行替换（替换操作也是在"开始"选项卡的"编辑"功能组中进行的）。替换步骤如下。

① 在"编辑"功能组中单击"替换"按钮，打开"查找和替换"对话框。

② 在"查找内容"文本框中输入要查找的内容，如"文字处理软件"，在"替换为"文本框中输入要替换的内容，如"word"，如图9.4所示。

图9.4　设置查找和替换的内容

③ 单击"全部替换"按钮，则所有符合条件的内容被全部替换；如果需要选择性替换，则单击"查找下一处"按钮，找到后如果需要替换，则单击"替换"按钮，如果不需要替换，则继续单击"查找下一处"按钮，反复执行，直至文档结束。

3．文档内容的保存

对于新建的 Word 文档或正在编辑的某个文档，如果出现了计算机死机或停电等非正常关闭的情况，文档中的信息就会丢失，因此为了不造成更大的损失，及时保存文档是十分重要的。

（1）第一次保存文档

文档内容录入完毕或录入一部分时就需要保存文档。第一次保存文档需要选择"文件"选项卡中的"另存为"（或"保存"）选项，然后弹出如图9.5所示的"另存为"对话框。

图9.5　"另存为"对话框

在"另存为"对话框中要指定文档保存的位置和名称。在默认情况下，所保存的文档类型是以.docx 为扩展名的 Word 文档类型。

（2）保存已有文档

如果是保存已有文档，则单击"快速访问工具栏"中的"保存"图标，或者选择"文件"选项卡中的"保存"选项即可。它的功能是将编辑文档的内容以原有的文件名进行保存，即用正在编辑的内容覆盖原有文档的内容。如果不想覆盖原有文档的内容，则应该选择"文件"选项卡中的"另存为"选项。

9.1.4　文档版面设计

在文档中，文本是组成段落的最基本内容，任何一个文档都是从段落文本开始进行编辑的，当输入完文本后用户就可以对相应的段落文本进行格式化编辑，从而使文档层次分明，便于用户阅读。

1．设置字符格式

字符格式的设置包括字体、字号（中文字号的范围为初号到八号、英文字号的范围为 5～72 磅）、加粗、倾斜、下画线、删除线、下标、上标、改变大小写、字体颜色、字符底纹、带圈字符、字符边框、空心、阴影等，Word 默认的字体、字号为宋体、五号。

字符格式的设置同样遵守"先选定，后操作"的原则。字符格式的设置方法如下。

先选定要设置格式的字符，再单击"开始"选项卡的"字体"功能组中的相应按钮或在"字体"对话框中进行设置。"字体"对话框是单击"字体"功能组右下角的"对话框启动器"按钮（见图 9.6）弹出的。

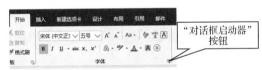

图 9.6　"字体"功能组右下角的
"对话框启动器"按钮

2．设置段落格式

段落是构成整个文档的骨架，在 Word 的文档编辑中，用户每输入一个回车符，表示一个段落输入完成，同时在屏幕上出现一个回车标记"↵"，也称为段落标记。段落的设置包括段落的文本对齐方式、段落的缩进，以及段落中的行距、间距等。段落设置也称段落格式化。

在段落设置的操作中，用户必须遵循其中的规律：如果对一个段落进行设置，则只需在设置前将插入点置于要进行设置的段落的中间即可；如果对几个段落进行设置，则必须先选定要设置的段落，再进行段落的设置操作。段落设置的方法有两种：一种是利用"段落"功能组中的相应按钮（见图 9.7）进行设置；另一种是利用"段落"对话框（见图 9.8）进行设置。

段落对齐是指文档边缘的对齐方式，包括左对齐、居中对齐、右对齐、两端对齐、分散对齐。

段落缩进是指段落中的文本与页边距之间的距离。Word 中共有 4 种缩进方式：左缩进、右缩进、悬挂缩进和首行缩进。设置段落缩进的方法有两种：一种是利用"段落"功能组中的 4 个图标进行缩进；另一种是在"段落"对话框中进行设置。

段落间距的设置包括文档行间距与段间距的设置。所谓行间距，是指段落中行与行之间的距离；所谓段间距，是指前后相邻的段落之间的距离。段间距是在"段落"对话框中进行设置的。

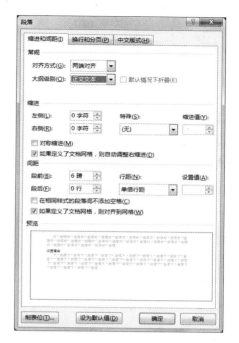

图 9.8 "段落"对话框

图 9.7 "段落"功能组中的相应按钮

图 9.9 设置页眉和页脚的位置

3．设置页眉和页脚

页眉和页脚通常用于显示文档的附加信息，如页码、日期、作者名称、单位名称、徽标或章节名称等。其中，页眉位于页面顶部，而页脚位于页面底部。Word 可以给文档的每页设置相同的页眉和页脚，也可以交替更换页眉和页脚，即在奇数页和偶数页上设置不同的页眉和页脚。

（1）设置页眉和页脚的位置

选择"布局"选项卡，然后在"页面设置"功能组中单击右下角的"对话框启动器"按钮，就可以打开"页面设置"对话框，选择"版式"选项卡可对页眉和页脚的位置进行设置，如图 9.9 所示。

（2）设置页眉和页脚的内容

在文档窗口中选择"插入"选项卡，在"页眉和页脚"功能组中单击"页眉"或"页脚"按钮对页眉和页脚的内容进行设置。

4．设置文本框

文本框是将文字、表格、图形精确定位的有力工具。文本框如同容器，任何文档的内容，无论是一段文字、一张表格、一幅图像还是其综合体，只要被置于文本框内，就可以随时被移动到页面的任何地方，也可以让文字环绕而过，用户还可以对其进行放大或缩小等操作。

注意：对文本框进行操作时，在页面视图显示模式下才能显示设置的效果。

（1）插入文本框

选择"插入"选项卡，在"文本"功能组中单击"文本框"下拉按钮，再选择文本框的类型。

（2）编辑文本框

文本框具有图形的属性，对其操作类似于图形的格式设置，选择插入的文本框，会弹出"绘图工具"的"格式"上下文选项卡，在其中可以进行颜色、线条、大小、位置、环绕等的设置。

5．图文混排

（1）插入剪贴画

Office 提供的"Microsoft 剪辑库"包含了大量的剪贴画、图片等，利用这个强大的剪辑库，用户可以设计出多彩的文章。在 Word 文档中插入剪贴画的步骤如下。

① 定位插入点。

② 单击"插入"选项卡中的"联机图片"按钮，弹出"插入图片"对话框，如图 9.10 所示。然后在"Office.com 剪贴画"右侧的文本框中输入一个名称，搜索引擎将搜索的结果显示在对话框的下半部分。

图 9.10　"插入图片"对话框

③ 选定需要插入的剪贴画，然后单击"插入"按钮，这时剪贴画（嵌入式图片）将显示在插入点处。

（2）插入图片

在 Word 中，可以直接插入的图片类型有：.bmp、.wmf、.jpg 等。

插入图片的步骤如下。

① 定位插入点。

② 单击"插入"选项卡中的"图片"按钮，弹出"插入图片"对话框。

③ 在"插入图片"对话框中选择需要插入的图片。

④ 单击"插入"按钮，则所选图片显示在插入点处。

（3）编辑图片

对插入的图片可进行缩放、移动、裁剪、文字环绕等编辑。单击需要进行编辑的图片，系统出现"图片工具"的"格式"上下文选项卡，如图 9.11 所示，在其中可对图片进行编辑。

① 缩放图片。使用鼠标可以快速缩放图片。在图片的任意位置单击，图片四周出现 8 个句柄；当鼠标指针指向某个句柄时，指针变为双向箭头，按住鼠标左键并拖动，图片四周出现虚线框，如果拖动的是四个角上的句柄之一，则图片成比例放大或缩小；如果拖动的是水平方向或垂直方向两个句柄中的一个，则图片变宽或变窄。

图 9.11 "图片工具"的"格式"上下文选项卡

② 裁剪图片。利用裁剪功能，可以把图片的主要部分突显出来，次要的东西舍弃。选定图片后，单击"格式"上下文选项卡的"大小"功能组中的"裁剪"图标 ，鼠标指针也变成 形状，将指针移到任意一个句柄上，按住鼠标左键并拖动句柄，向内裁剪，向外则复原部分图片。裁剪前后的结果对比如图 9.12 所示。

（a）裁剪前的图

（b）裁剪后的图

图 9.12 裁剪前后的结果对比

③ 改变图片的颜色和艺术效果特性。利用"图片工具"的"格式"上下文选项卡的"调整"功能组中的相应图标，可以很方便地调整图片的颜色和艺术效果特性。

（4）自选图形处理

在 Word 文档中除了可以插入图片，用户还可以自绘图形，并将其插入文档中。

① 绘制自选图形。Word 提供了一套现成的基本图形，共有8 类：线条、矩形、基本形状、箭头总汇、公式形状、流程图、星与旗帜、标注。在页面视图下，用户可以方便地绘制、组合、编辑这些图形，也可以方便地将其插入文档中。

图 9.13 "形状"下拉列表

绘制自选图形的操作步骤如下。

● 单击"插入"选项卡中的"形状"按钮，出现"形状"下拉列表，如图 9.13 所示。

● 选择图形。

● 鼠标指针呈"十"形状，在需要插入图形处拖动鼠标，即可画出所选图形。

● 用户可以利用图形周围的 8 个句柄放大、缩小图形，还可以利用深色的小方框修改图形的形状。这个深色小方框称为图形控制点。

● 将鼠标指针移动到图形控制点上，指针的形状变成斜向左上方的三角形，按住鼠标左键并拖动鼠标，出现虚线，显示修改后自选图形的形状，释放鼠标，即可得到修改后的自选图形。

● 根据需要修改图形属性，得到满足需求的图形个体。

图 9.14 中展示了自选图形的处理结果。

图 9.14　自选图形的处理结果

② 自选图形的组合。要将多个图形组合为一个图形首先要选择多个图形，然后对图形进行组合。

选择多个图形的方法：单击"开始"选项卡的"编辑"功能组中的"选择"下拉按钮，在弹出的下拉列表中选择"选择对象"选项，按住鼠标左键不放，从左上角拉向右下角，画一个矩形虚线框，将所有图形包含在内，则选择了所有图形。被选择的每个图形周围都显示 8 个句柄。

当选择了所有图形之后，在"绘图工具"的"格式"上下文选项卡中，单击"排列"功能组中的"组合"按钮，多个图形就会组合成一个图形。用户可以对组合后的图形进行整体移动、放大、缩小、旋转等操作。

（5）设置图文混排

图文混排是 Word 提供的一种重要的排版功能。图文混排就是设置文字在图形周围的一种分布方式。

图文混排的操作步骤如下。

选择图片，在弹出的"图片工具"的"格式"上下文选项卡中，单击"排列"功能组中的"环绕文字"下拉按钮，在弹出的下拉列表中选择相应的环绕文字样式，如图 9.15 所示，如选择"四周型"，效果如图 9.16 所示。

图 9.15　环绕文字样式

图 9.16　"四周型"环绕文字的效果

6．首字下沉

首字下沉是报刊中较为常用的一种文本修饰方式，使用该方式可以很好地改善文档的外观。在报刊的文章中，第一个段落的第一个字常常使用"首字下沉"的方式，以引起读者的注意，并从该字开始阅读。设置首字下沉的操作步骤如下。

① 将光标定位在需要设置首字下沉的段落中。

② 在文档窗口中选择"插入"选项卡，在"文本"功能组中单击"首字下沉"下拉按钮，在弹出的下拉列表中选择相应选项，如图 9.17 所示。

图 9.17 "首字下沉"下拉列表

如果要取消首字下沉，则选择"首字下沉"下拉列表中的"无"选项即可。

7. 分栏排版

在编辑报纸、杂志时，经常需要对文章进行分栏排版，将页面分成多个栏目。这些栏目有的是等宽的，有的是不等宽的，从而使得整个页面布局显示更加错落有致，增加可读性。Word 具有分栏功能，用户可以把每栏都作为一节来对待，这样就可以对每栏单独进行格式化和版面设计。

设置分栏的操作步骤如下。

① 切换到页面视图。

② 选定需要分栏的段落。

③ 在文档窗口中选择"布局"选项卡，在"页面设置"功能组中单击"栏"下拉按钮，弹出下拉列表，如图 9.18 所示。在"栏"下拉列表中选择相应的选项，如果需要分更多栏，则选择"更多栏"选项，将弹出"栏"对话框，如图 9.19 所示。在"栏数"文本框中输入要分的栏数，在 Word 2016 版本中最多可分 13 栏。

图 9.18 "栏"下拉列表　　　　　　　图 9.19 "栏"对话框

④ 在"栏"对话框中设置栏数后，下面的"宽度和间距"选区中会自动列出每栏的宽度和间距，用户可以重新输入数据修改栏宽，若勾选"栏宽相等"复选框，则所有的栏宽均相等。

⑤ 若勾选"分隔线"复选框，则可以在栏与栏之间加上分隔线。

⑥ 在"应用于"下拉列表中，可以选择"整篇文档"、"插入点之后"和"所选文字"等

选项，然后单击"确定"按钮。

若要取消分栏，则在"栏"对话框的"预设"选区中，单击"一栏"按钮，然后单击"确定"按钮即可。

8．公式编辑

在"插入"选项卡的"符号"功能组中包括公式、符号、编号，以供用户编辑公式时使用，用户可以使用两种不同的方法插入公式。

（1）直接插入

单击"公式"旁边的下拉箭头，在弹出的下拉列表中列出了一些公式，包括二次公式、二项式定理、和的展开式、傅里叶级数、勾股定理、三角恒等式、泰勒展开式、圆的面积等内置的公式，选择后直接插入即可。

（2）手动编辑

若觉得内置的公式无法满足我们的需要，则可以选择"插入新公式"选项，或者直接单击"公式"按钮，此时会在当前文档中出现"在此处键入公式"的提示信息，同时当前窗口中会增加一个"公式工具"的"设计"上下文选项卡，如图 9.20 所示。

图 9.20　"公式工具"的"设计"上下文选项卡

"公式工具"的"设计"上下文选项卡中包含了十分丰富的公式，如分式、上下标、根式、积分、大型运算符、括号、函数、标注符号、极限和对数、运算符、矩阵，每类公式都有一个下拉列表，几乎所有的公式样式都可以在这里找到。

9．表格建立

表格是一种简单明了的文档表达方式，具有整齐直观、简洁明了、内涵丰富、快捷方便等特点。在工作中，用户经常会遇到像制作财务报表、工作进度表与活动日程表等表格的使用问题。

在文档中插入的表格由"行"和"列"组成，行和列交叉组成的每格称为"单元格"。在生成表格时，一般先指定行数、列数，生成一个空表，再输入内容。

（1）生成表格

① 在"插入"选项卡的"表格"功能组中单击"表格"下拉按钮，在弹出的下拉列表中选择第一个"插入表格"选项，如图 9.21（a）所示。

② 使用第二个"插入表格"选项生成表格的步骤如下。

● 光标移动到要插入表格的位置。

● 选择第二个"插入表格"选项，弹出"插入表格"对话框，如图 9.21（b）所示。

● 在"表格尺寸"选区中输入表格的"列数"和"行数"，如 2 行 5 列。

● 在"'自动调整'操作"选区中，选择"固定列宽"并选择"自动"选项，系统会自动将文档的宽度等分给各个列，单击"确定"按钮，在光标处就生成了 2 行 5 列的表格。在水平标尺上有表格的列标记，可以拖动列标记改变表格的列宽。

（2）将文本转换为表格

如果希望将文档中的某些文本以表格的形式表示，则利用 Word 提供的转换功能，能够非常方便地将这些文本的内容转换为表格，而不必重新输入内容。由于将文本转换为表格的原理是利用文本之间的分隔符（如空格、段落标记、逗号或制表位等）来划分表格的行与列，因此，在进行转换之前，需要在选定的文本位置加入某种分隔符。例如，将如下文本转换为表格（分隔符为空格）。

学号	姓名	语文	数学	英语
2012345	刘德华	55	32	33
2012335	王思远	99	23	0
2012341	李凤兰	33	72	33
2012336	王伟鹏	97	32	22
2012344	李金来	33	56	66
2012337	李增高	91	61	11

选定以上文本，选择"表格"下拉列表中的"文本转换成表格"选项，弹出"将文字转换成表格"对话框，如图 9.21（c）所示。

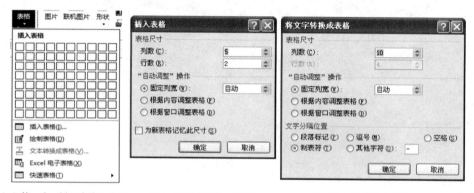

（a）第一个"插入表格"选项　　（b）"插入表格"对话框　　（c）"将文字转换成表格"对话框

图 9.21　建立表格的方法

在图 9.21（c）中设置参数后，生成如表 9.1 所示的表格。

表 9.1　结果

学　号	姓　名	语　文	数　学	英　语
2012345	刘德华	55	32	33
2012335	王思远	99	23	0
2012341	李凤兰	33	72	33
2012336	王伟鹏	97	32	22
2012344	李金来	33	56	66
2012337	李增高	91	61	11

（3）编辑表格

表格的编辑包括选定表格，插入或删除行、列和表格，调整表格的行高和列宽，合并和拆分单元格等操作。

① 选定表格。像其他操作一样，对表格的操作也必须遵守"先选定，后操作"的规则。

在表格中有一个看不见的选择区。单击该选择区，可以选定单元格、选定行、选定列、选定整个表格。

- 选定单元格。当鼠标指针移近单元格内的回车符附近，指针指向右上方且呈黑色时，表明进入了单元格选择区，单击鼠标左键，反向显示，该单元格被选定。
- 选定一行。当鼠标指针移近该行左侧边线时，指针指向右上方呈白色，表明进入了行选择区，单击鼠标左键，该行呈反向显示，整行被选定。
- 选定一列。当鼠标指针由上而下移近表格上边线时，指针垂直指向下方，呈黑色，表明进入列选择区，单击鼠标左键，该列呈反向显示，整列被选定。
- 选定整个表格。当鼠标指针移至表格中的任意一个单元格时，在表格的左上角出现"田"字形图案，单击图案，整个表格呈反向显示，表格被选定。

② 插入行、列、单元格。将插入点移至要增加行、列的相邻的行、列上，单击鼠标右键，在弹出的快捷菜单中选择"插入"命令，选择级联菜单中的命令，可分别在行的上边或下边增加一行，在列的左边或右边增加一列。

在插入单元格时将插入点移至单元格上，单击鼠标右键，在弹出的快捷菜单中选择"插入"→"插入单元格"命令，在弹出的"插入单元格"对话框中选择相应的选项后，再单击"确定"按钮。

如果是在表格的末尾增加一行，只要把插入点移到右下角的最后一个单元格，再按 Tab 键即可。

③ 删除行、列或表格。选定要删除的行、列或表格，单击鼠标右键，在弹出的快捷菜单中选择"删除行"、"删除列"或"删除表格"命令，即可实现相应的删除操作。

④ 调整表格的行高和列宽。用鼠标拖动法调整表格的行高和列宽，步骤如下。

- 将鼠标指针指向该行左侧水平标尺上的行标记或指向该列上方垂直标尺上的列标记，显示"调整表格行"或"移动表格列"。
- 按住鼠标左键，此时，出现一条横向或纵向的虚线，上下拖动可改变相应行的行高，左右拖动可改变相应列的列宽。

注意：如果在拖动行标记或列标记的同时按住 Shift 键不放，则只改变相邻的行高或列宽，表格的总高度和总宽度不变。

⑤ 单元格的合并与拆分。在调整表格结构时，需要将一个单元格拆分为多个单元格，同时表格的行数和列数相应增加，这种操作称为拆分单元格。相反地，有时又需要将表格中的数据进行某种归并，即将多个单元格合并成一个单元格，这种操作称为合并单元格。

- 合并单元格。合并单元格是指将相邻的多个单元格合并成一个单元格，操作步骤如下。
  - ➢ 选定所有要合并的单元格。
  - ➢ 单击鼠标右键，在弹出的快捷菜单中选择"合并单元格"命令，使选定的单元格合并成一个单元格。
- 拆分单元格。拆分单元格是指将一个单元格拆分为多个单元格，操作步骤如下。
  - ➢ 选定要拆分的单元格。
  - ➢ 单击鼠标右键，在弹出的快捷菜单中选择"拆分单元格"命令，弹出"拆分单元格"对话框，输入要拆分的列数及行数，单击"确定"按钮即可。

10. 单元格中的简单计算

Word 中的单元格不仅可以手动输入数据，也可以进行自动计算。

为了便于计算，Word 为每个单元格设立了名称，单元格名称由列号和行号构成。列号按 A、B、C、…依次排列，行号按 1、2、3、…依次排列。所以，在如表 9.2 所示的成绩表中，表格左上角单元格的名称为 A1，右下角单元格的名称为 E5。

表 9.2 成绩表

姓　　名	语　文	英　语	数　学	总　　分
张敏玉	78	90	87	
马云云	86	80	67	
周州	57	87	80	
王群	88	80	78	

在 Word 中，单元格的计算步骤如下。

① 将光标移动到放置结果的单元格中，例如，放入 E2 单元格中。

② 单击"表格工具"的"布局"上下文选项卡的"数据"功能组中的"公式"按钮。

③ 系统弹出"公式"对话框，如图 9.22 所示。在"公式"文本框中输入"="，在"粘贴函数"下拉列表中选择"SUM"函数。

④ 在函数中输入运算参数，并在"编号格式"下拉列表中选择数据格式，结果如图 9.23 所示。B2:D2 表示从 B2 到 D2，编号格式 0 表示结果取整。

图 9.22 "公式"对话框

图 9.23 输入运算参数及设置编号格式

⑤ 输入完毕后，单击"确定"按钮，运算结果如图 9.24 所示。

姓名	语文	英语	数学	总分
张敏玉	78	90	87	255
马云云	86	80	67	
周州	57	87	80	
王群	88	80	78	

图 9.24 运算结果

⑥ 重复步骤①～步骤⑤，可以计算其他的单元格。

9.2 电子表格处理

在日常工作中，无论是企事业单位还是教学、科研机构，经常会编制各种会计或统计报表，对数据进行加工分析。这类工作往往烦琐、费时。电子表格处理软件是为了减轻报表处理人员的负担，提高工作效率和质量而编制的。在使用电子表格处理软件时，用户只需准备好数据，根据制表要求，正确地选择电子表格处理软件提供的命令，就可以快速、准确地完成制表工作。

9.2.1　电子表格处理软件

1．电子表格处理软件的基本功能

一般电子表格处理软件都具有三大基本功能：制表、计算、统计图表。

（1）制表

制表就是画表格，是电子表格处理软件最基本的功能。电子表格具有极为丰富的格式，能够以各种不同的方式显示表格及其数据，操作简便易行。

（2）计算

表格中的数据常常需要进行各种计算，如统计、汇总等，电子表格处理软件的计算功能十分强大，内容也十分丰富，可以采用公式或函数计算，也可以直接引用单元格的值。为了方便计算，电子表格处理软件提供了各种丰富的函数，尤其是各种统计函数，为用户进行数据汇总提供了很大的便利。

（3）统计图表

图形能直观地表示数据之间的关系。电子表格处理软件提供了丰富的统计图表功能，能以多种图表表示数据，如直方图、饼图等。电子表格处理软件中的统计图表所采用的数据直接取自工作表，当工作表中的数据改变时，统计图表会自动随之变化。

2．常见的电子表格处理软件

电子表格处理软件大致可分为两种形式：一种是为某种目的或领域专门设计的程序，如财务程序，适用于输出特定的表格，但其通用性较弱；另一种是所谓的"电子表格"，它是一种通用的制表工具，能够满足大多数用户的制表需求，它面对的是普通的计算机用户。

1979 年，美国 Visicorp 公司开发了运行于苹果 II 上的 VISICALE，这是第一个电子表格处理软件。其后，美国 Lotus 公司于 1982 年开发了运行于 DOS 下的 Lotus 1-2-3，该软件集表格、计算和统计图表于一体，成为国际公认的电子表格处理软件的代表。随着 Windows 的广泛应用，Microsoft 公司的 Excel 逐步取而代之，成为目前普及最广的电子表格处理软件。

Excel 是 Microsoft 公司 Office 办公系列软件的重要组成之一。Excel 主要是以表格的方式来完成数据的输入、计算、分析、制表、统计操作的，并能生成各种统计图形。Excel 是一个功能强大的电子表格处理软件。

图 9.25 所示为 Excel 2016 的工作窗口。图 9.26 所示为使用 Excel 创建的工作表示例。

9.2.2　Excel 的基本概念

1．工作簿

Excel 工作簿是由一张或若干张表组成的文件，文件的扩展名为.xlsx，每张表称为一张工作表。

快速访问工具栏
选项卡
功能组
"对话框启动器"按钮
单元格名称框
"全选"按钮
行号
列标
工作表标签
编辑栏

图 9.25　Excel 2016 的工作窗口

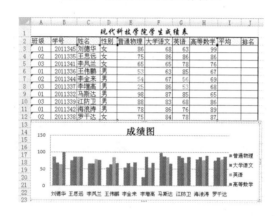

图 9.26　使用 Excel 创建的工作表示例

2．工作表

Excel 工作表是由若干行和若干列组成的。行号用数字来表示，最多有 1 048 576 行；列标用英文字母表示，开始用一个字母 A、B、C、…、Z 表示，超过 26 列时用两个字母的组合 AA、AB、…、AZ、BA、BB、…、IV、…表示，最多有 16 384 列。

3．单元格

行和列交叉的区域称为单元格。单元格的命名由它所在的列标和行号组成。例如，B 列 5 行交叉处的单元格名为 B5，名为 C6 的单元格是第 6 行和第 C 列交叉处的单元格。一张工作表最多有 1 048 576×16 384 个单元格。

9.2.3　数据的输入与编辑

1．单元格数据的输入

先选择单元格，再直接输入数据，会在单元格和编辑栏中同时显示输入的内容，按回车键或按 Tab 键，以及单击编辑栏上的✓图标可确认输入。如果要放弃刚才输入的内容，则单击编辑栏上的✗图标或按 Esc 键即可。

① 文本输入。输入文本时靠左对齐。若输入纯数字的文本（如身份证号、学号等），在第一个数字前加上一个单引号（如'00125）即可。

② 数值输入。输入数值时靠右对齐，当输入的数值的整数部分长度较长时，Excel 用科学记数法表示（如 1.234E+13 代表 $1.234×10^{13}$），小数部分超过单元格宽度或超过设置的小数位数时，超过部分自动四舍五入后显示，但在计算时，参与计算的是输入的数值而不是显示

的四舍五入后的数值。另外，在输入分数（如 5/7）时，应先输入"0"及一个空格，然后输入分数，否则 Excel 会把它处理为日期数据（如 5/7 被处理为 5 月 7 日）。

注意：在单元格中输入内容时，默认状态是文本靠左对齐，数值靠右对齐。

③ 日期和时间输入。Excel 内置了一些常用的日期与时间格式。当输入数据与这些格式相匹配时，Excel 将它们识别为日期或时间。常用的格式有："dd-mm-yy"、"yyyy/mm/dd"、"yy/mm/dd"、"hh:mm AM" 和 "mm/dd"。输入当天的时间，可按 Ctrl+Shift+;快捷键实现。

2．单元格选定操作

要把数据输入某个单元格中，或对某个单元格中的内容进行编辑时，首先要选定该单元格。

① 选定单个单元格。单击要选择的单元格，表示选定了该单元格，此时该单元格也称为活动单元格。

② 选定一个矩形（单元格）区域。将鼠标指针指向矩形区域左上角第一个单元格，按下鼠标左键并拖动到矩形区域右下角最后一个单元格；或者单击矩形区域左上角的第一个单元格，按 Shift 键，再单击矩形区域右下角最后一个单元格。

③ 选定整行（列）单元格。单击工作表相应的行号或列标即可。

④ 选定多个不连续的单元格或单元格区域。选定第一个单元格或单元格区域，按住 Ctrl 键不放，再单击其他单元格或单元格区域，最后松开 Ctrl 键和鼠标。

⑤ 选定多个不连续的行或列。单击工作表第一个要选择的行号或列标，按住 Ctrl 键不放，再单击其他要选择的行号或列标，最后松开 Ctrl 键和鼠标。

⑥ 选定工作表中的全部单元格。单击"全部选定"图标（工作表左上角所有行号的纵向与所有列标的横向交叉处）。

3．自动输入数据

利用数据自动输入功能，用户可以方便、快捷地输入等差、等比及预先定义的数据填充序列，如序列一月、二月、……、十二月；1、2、3、…

（1）自动输入数据的方法

① 在一个单元格或多个相邻单元格内输入初始值，并选定这些单元格。

② 鼠标指针移到选定单元格区域右下角的填充柄处，此时鼠标指针变为实心"十"形状，按下鼠标左键并拖动到最后一个单元格。

如果输入的初始数据为文字与数字的混合体，在拖动该单元格右下角的填充柄时，文字不变，其中的数字递增。例如，输入初始数据"第 1 组"，在拖动该单元格右下角的填充柄时，自动填充给后继项第 2 组、第 3 组、……

（2）用户自定义填充序列

Excel 允许用户自定义填充序列，以便进行系列数据的输入。例如，在填充序列中没有第一名、第二名、第三名、第四名、第五名序列，可以由用户将其加入填充序列中。

方法：选择"文件"选项卡，然后选择"选项"选项，弹出"Excel 选项"对话框，在该对话框左侧列表中选择"高级"选项，在右侧窗格中单击"常规"选区中的"编辑自定义列表"按钮，弹出"自定义序列"对话框，如图 9.27 所示。

在"输入序列"文本框中输入自定义序列项（第一名、第二名、第三名、第四名、第五名），每输入一项，要按一次回车键作为分隔。整个序列输入完毕后单击"添加"按钮。

4．数据编辑

（1）数据修改

单击要修改的单元格，在编辑栏中直接进行修改，或者双击要修改的单元格，在单元格中直接进行修改。

（2）数据清除

数据清除的功能是将单元格或单元格区域中的内容、格式等删除，具体操作步骤如下。

① 选择要清除的单元格、行或列。

② 在"开始"选项卡的"编辑"功能组中，单击"清除"下拉按钮，弹出"清除"下拉列表，如图 9.28 所示。

图 9.27 "自定义序列"对话框

图 9.28 "清除"下拉列表

然后执行下列操作之一。

● 清除所选单元格中包含的全部格式、内容和批注等，选择"全部清除"选项。

● 只清除应用于所选单元格的格式，选择"清除格式"选项。

● 只清除所选单元格中的内容，而保留所有格式和批注，选择"清除内容"选项。

● 清除附加到所选单元格的所有批注，选择"清除批注"选项。

（3）数据复制或移动

数据复制或移动是指将选定区域的数据复制或移动到另一个位置。

① 鼠标拖动法：选定要复制（或移动）的区域，将鼠标指针移动到选定区域的边框上，鼠标指针变成"花"形状，此时按住 Ctrl 键不放（移动时不按），将其拖动到复制（移动）的目标位置。

② 剪贴板法：选定要复制或移动的区域，单击"开始"选项卡的"剪贴板"功能组中的"复制"或"剪切"按钮，然后单击复制或移动到目标位置的左上角单元格，单击"剪贴板"功能组中的"粘贴"按钮，即可完成。

注意：数据复制或移动操作也可以使用快捷键来实现。

9.2.4 数据计算

Excel 的数据计算是通过公式实现的，可以对工作表中的数据进行加、减、乘、除等运算。Excel 的公式以等号开头，后面是用运算符连接对象组成的表达式。表达式中可以使用圆括号改变运算优先级。公式中的对象可以是常量、变量、单元格引用及函数，如=C3+C4、=D6/3−B6、=SUM(B3:C8)等。当引用单元格的数据发生变化时，公式的计算结果也会自动更改。

1．公式和运算符

（1）运算符

Microsoft Excel 包含算术运算符、比较运算符、文本运算符和引用运算符四种类型的运算符。

例如，=B2&B3 是指将 B2 单元格和 B3 单元格的内容连接起来；="总计为："&G6 是指将 G6 中的内容连接在"总计为："之后。

注意：要在公式中直接输入文本，必须用英文双引号把输入的文本引起来。

算术运算符、文本运算符和比较运算符及其优先级如表 9.3 所示。

表 9.3　算术运算符、文本运算符和比较运算符及其优先级

运 算 类 型	运 算 符	说　　明	优 先 级
算术运算符	−	负号	↑
	％	百分号	
	∧	乘方	
	*和/	乘和除	
	+和−	加和减	
文本运算符	&	连接文本	
比较运算符	=、>、<、>=、<=、<>	比较运算	

引用运算符如表 9.4 所示。

表 9.4　引用运算符

引用运算符	含　　义	举　　例
:	区域运算符（引用区域内的全部单元格）	=SUM(B2:B8)
,	联合运算符（引用多个区域内的全部单元格）	=SUM(B2:B5,D2:D5)
空格	交叉运算符（引用交叉区域内的全部单元格）	=SUM(B2:D3　C1:C5)

（2）编制公式

选定要输入公式的单元格，输入"="，然后输入编制好的公式内容，确认输入，计算结果自动填入该单元格中。

例如，计算王铁山的总评成绩。首先单击 H3 单元格；然后输入"="，并输入公式内容；最后单击编辑栏上的✓图标，计算结果自动填入 H3 单元格中。若要计算所有人的总评，先选定 H3 单元格，再拖动该单元格填充柄到 H12 单元格即可。公式计算成绩如图 9.29 所示。

（3）单元格引用

单元格引用分为相对引用、绝对引用和混合引用三种方式。

① 相对引用。相对引用是用单元格名称引用单元格数据的一种方式。例如，在计算王铁山的总评成绩公式中，要引用 E3、F3 和 G3 三个单元格中的数据，则直接在等号后面写三个单元格的名称（＝E3+F3+G3）即可。

图 9.29　公式计算成绩

相对引用方式的好处是当编制的公式被复制到其他单元格中时，Excel 能够根据移动的位置自动调节引用的单元格。例如，要计算学生成绩表中所有学生的总评，只需在第一个学生总评单元格中编制一个公式，然后按住鼠标左键并向下拖动该单元格右下角的填充柄，拖到最后一个学生总评单元格处松开鼠标，所有学生的总评均被计算完成。

② 绝对引用。绝对引用是指在行号和列标前面均加上 "$" 符号。在复制公式时，绝对引用单元格将不随公式位置的移动而改变单元格的引用。

③ 混合引用。混合引用是指在引用单元格名称时，行号或列标前加 "$" 符号，即行用绝对引用，而列用相对引用，或行用相对引用，而列用绝对引用。其作用是不加 "$" 符号的单元格随公式的复制而改变单元格的引用，而加了 "$" 符号的不发生改变。

例如，E$2 表示行不变而列随移动的列位置自动调整；$F2 表示列不变而行随移动的行位置自动调整。

④ 同一工作簿中不同工作表单元格的引用。如果要从 Excel 工作簿的其他工作表中（非当前工作表）引用单元格，其引用方法为 "工作表名!单元格引用"。

例如，设当前工作表为 "Sheet1"，要引用 "Sheet3" 工作表中的 D3 单元格，其引用方法为 "Sheet3!D3"。

2．函数

函数是为了方便用户对数据进行运算而预定义好的公式。Excel 按功能不同将函数分为 11 类，包括财务、日期与时间、数学与三角函数、统计、查找与引用、数据库、文本、逻辑、信息等。下面介绍函数引用的方法。

函数引用的格式为函数名(参数 1,参数 2,…)，其中参数可以是常量、单元格引用和其他函数。引用函数的操作步骤如下。

① 将光标定位在要引用函数的位置。例如，要计算图 9.29 所示 "大学成绩表" 中所有学生的 "程序设计" 课程的平均值，则选定放置平均值的单元格（E13），输入 "="，此时光标定位于等号之后。

② 单击 "插入函数" 图标，或者单击 "公式" 选项卡的 "函数库" 功能组中的 "插入函数" 按钮，弹出如图 9.30 所示的 "插入函数" 对话框。

③ 在 "插入函数" 对话框中选择函数类别及引用函数名。例如，求平均值，应先选 "常用函数" 类别，再选求平均值函数 "AVERAGE"，选好后单击 "确定" 按钮，弹出如图 9.31 所示的 "函数参数" 对话框。

图 9.30 "插入函数"对话框

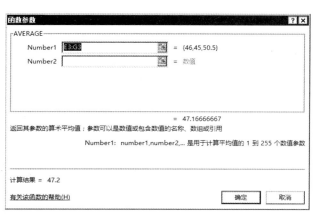

图 9.31 "函数参数"对话框

④ 在"AVERAGE"选区中输入参数，即在参数栏"Number1"、参数栏"Number2"文本框中输入要参加求平均值的单元格或单元格区域。可以直接输入，也可以单击参数文本框右侧的"折叠框"图标，使"函数参数"对话框折叠起来，然后到工作表中选择引用单元格，选好之后，单击折叠后的"折叠框"图标，即可恢复"函数参数"对话框，同时所选的引用单元格自动出现在参数文本框中。

⑤ 当所有参数输入完之后，单击"确定"按钮，此时结果出现在单元格中，而公式出现在编辑栏中。

9.2.5　数据分析

在 Excel 中，数据清单是包含相似数据组并带有标题的一组工作表数据行。用户可以把"数据清单"看作最简单的"数据库"，其中行作为数据库中的记录，列作为字段，列标题作为数据库中字段的名称。借助数据清单，Excel 可以实现类似数据库中的数据管理功能——筛选、排序等。Excel 除了具有数据计算功能，还具有数据的排序和筛选等功能。

1．数据的排序

如果想将如图 9.29 所示的"大学成绩表"按性别分开展示，再按总评从大到小排序，当总评相同时，再按英语成绩从大到小排序，即排序是以性别、总评、英语 3 列为条件进行的，此时可用下述方法进行操作。

先选定单元格 A2 到 I12 区域，在"开始"选项卡的"编辑"功能组中，单击"排序和筛选"下拉按钮，在弹出的下拉列表中选择"自定义排序"选项，弹出如图 9.32 所示的"排序"对话框，在该对话框中，勾选"数据包含标题"复选框，在"主要关键字"下拉列表中选择"性别"字段名，同时选择次序为"降序"；单击"添加条件"按钮，在"次要关键字"下拉列表中选择"总评"字段名，同时选择次序为"降序"；单击"添加条件"按钮，在"次要关键字"（第三关键字）下拉列表中选择"英语"字段名，同时选择次序为"降序"；设置完成后，单击"确定"按钮。大学成绩表排序结果如图 9.33 所示。

2．数据的自动筛选

如果想从工作表中选择满足要求的数据，可用筛选数据功能将用不到的数据行暂时隐藏起来，只显示满足要求的数据行。例如，将如图 9.29 所示的大学成绩表单元格 A1 到 I12 区域组成的表格进行如下的筛选操作。

图 9.32 "排序"对话框

图 9.33 大学成绩表排序结果

先选择单元格 A2 到 I12 区域，单击"数据"选项卡的"排序和筛选"功能组中的"筛选"按钮，或单击"开始"选项卡的"编辑"功能组中的"排序和筛选"下拉按钮，在弹出的下拉列表中选择"筛选"选项，将出现如图 9.34 所示的数据筛选窗口，可以看到，每 1 列标题右边都出现了 1 个向下的筛选箭头，单击筛选箭头打开下拉列表，从中选择筛选条件即可完成筛选操作，如筛选性别为"女"的学生。在有筛选箭头的情况下，若要取消筛选箭头，则可以通过单击"数据"选项卡的"排序和筛选"功能组中的"筛选"按钮完成。

图 9.34 数据筛选窗口

3. 数据的分类汇总

所谓分类汇总，是指对数据清单按某字段进行分类，将字段值相同的连续记录作为一类，进行求和、平均和计数等汇总运算。在分类汇总之前，用户必须先对要分类的字段进行排序，否则分类汇总无意义。操作步骤如下。

① 对数据清单按分类字段进行排序。单击"数据"选项卡的"排序和筛选"功能组中的"排序"按钮来完成。

② 选定整个数据清单或将活动单元格置于欲分类汇总的数据清单之内。

③ 选择"数据"选项卡的"分级显示"功能组中的"分类汇总"按钮，弹出"分类汇总"对话框，如图 9.35 所示。

④ 在"分类汇总"对话框中依次设置"分类字段"、"汇总方式"和"选定汇总项"参数，然后单击"确定"按钮。例如，对如图 9.29 所示的大学成绩表按专业进行分类汇总，求"程序设计"、"英语"和"数学"课程的平均值，以及总计平均值，数据分类汇总结果如图 9.36 所示。

4. 数据的图表化

利用 Excel 的图表功能，用户可根据工作表中的数据生成各种各样的图形，以图的形式表示数据。Excel 共有 14 类图表供用户选择，每一类中又包含若干种图表样式，有二维平面图形，也有三维立体图形。

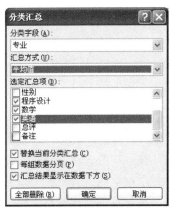

图 9.35　“分类汇总”对话框

	A	B	C	D	E	F	G	H	I
1	大学成绩表								
2	专业	学号	姓名	性别	程序设计	数学	英语	总评	备注
3	管理科学	2012342	张康	男	88	61	40	50.5	不及格
4	管理科学	2012338	李慧	女	99	82	68	75.0	中等
5	管理科学 平均值				93.5	71.5	54		
6	计算数学	2012341	李凤兰	女	85	72	60	66.0	及格
7	计算数学	2012336	杨金栋	男	97	60	90	75.0	中等
8	计算数学 平均值				91	66	75		
9	经济学	2012332	王晓雅	女	92	66	66	66.0	及格
10	经济学	2012339	赵博阳	男	65	92	90	91.0	优秀
11	经济学 平均值				78.5	79	78		
12	勘查技术与工程	2012345	王铁山	男	75	82	60	71.0	中等
13	勘查技术与工程	2012335	唐小红	女	99	87	80	83.5	良好
14	勘查技术与工程 平均值				87	84.5	70		
15	数学	2012344	杨露雅	女	72	56	66	61.0	及格
16	数学	2012337	李增高	男	91	61	88	74.5	中等
17	数学 平均值				81.5	58.5	77		
18	总计平均值				86.3	71.9	70.8		

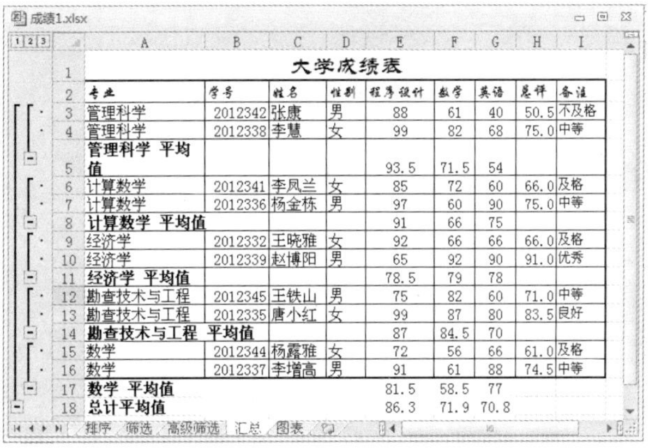

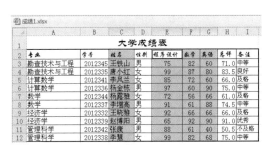

图 9.36　数据分类汇总结果

下面以如图 9.37 所示的大学成绩表为例，介绍创建图表的方法。

① 选择创建图表的数据区域，这里选择姓名、程序设计、数学和英语 4 个字段。

② 单击“插入”选项卡的“图表”功能组中的“插入柱形图或条形图”下拉按钮，弹出如图 9.38 所示的图表类型。

	A	B	C	D	E	F	G	H	I
1	大学成绩表								
2	专业	学号	姓名	性别	程序设计	数学	英语	总评	备注
3	勘查技术与工程	2012345	王铁山	男	75	82	60	71.0	中等
4	勘查技术与工程	2012335	唐小红	女	99	87	80	83.5	良好
5	计算数学	2012341	李凤兰	女	85	72	60	66.0	及格
6	计算数学	2012336	杨金栋	男	97	60	90	75.0	中等
7	数学	2012344	杨露雅	女	72	56	66	61.0	及格
8	数学	2012337	李增高	男	91	61	88	74.5	中等
9	经济学	2012332	王晓雅	女	92	66	66	66.0	及格
10	经济学	2012339	赵博阳	男	65	92	90	91.0	优秀
11	管理科学	2012342	张康	男	88	61	40	50.5	不及格
12	管理科学	2012338	李慧	女	99	82	68	75.0	中等

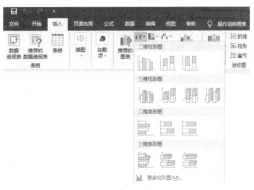

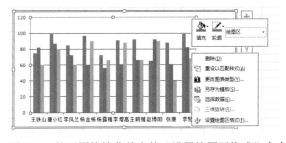

图 9.37　大学成绩表

图 9.38　图表类型

③ 拖动图表边界可改变图表的大小和位置。

④ 选择柱形图，在其上单击鼠标右键，在弹出的快捷菜单中选择“设置绘图区格式”命令，如图 9.39 所示。

注意： 独立图表和对象图表之间可以互相转换。方法：在图表上单击鼠标右键，在弹出的快捷菜单中选择“移动图表”命令，弹出如图 9.40 所示的“移动图表”对话框，在该对话框中选择放置图表的位置即可。

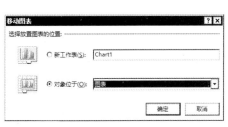

图 9.39　柱形图快捷菜单中的“设置绘图区格式”命令

图 9.40　“移动图表”对话框

9.3　演示文稿处理

9.3.1　演示文稿软件简介

1．演示文稿的作用

根据网络资料介绍的关于人类获取信息来源的实验结论可知，人类获取信息的途径 83% 来自视觉，11% 来自听觉，两方面之和为 94%。这说明利用多媒体技术刺激感官所获取的信息量比单一地听讲多得多。如果采用演示文稿展示信息将起到刺激听众视觉的效果。那是不是把所有报告内容都做成演示文稿就可以了？并不是这样。演示文稿与发言者是互相补充、互相影响的关系。演示文稿只是起到画龙点睛，展示一些关键信息的作用。发言者必须对演示文稿展开说明，才能达到好的效果。要特别注意的是，只有在支持口头演讲时，才能使用演示文稿。

2．演示文稿的内容

在演示文稿中一般用文字表达报告的标题与要点：一方面可以方便听众记录；另一方面可以通过演示文稿的文字内容来表达会议的内容进程以及报告中的关键信息。在制作演示文稿时，图片、动画、图表都是很好的内容表现形式，都能给予听众很好的视觉刺激，但并不是将所有内容都做成图片、动画就是最好的。要注意的是，每种表达方式都有其局限性，只有清楚它们之间的特点才能更好地对其进行利用。在多媒体中，文本、图形、图像适合传递静态信息，动画、音频、视频适合传递过程性信息。

图 9.41 所示为 PowerPoint 2016 启动后的界面。

图 9.41　PowerPoint 2016 启动后的界面

图 9.42 所示为使用 PowerPoint 2016 制作的一个演示文稿示例。

3．演示文稿的基本概念

（1）演示文稿

一个演示文稿就是一个文件，其扩展名为.pptx。一个演示文稿是由若干张"幻灯片"组成的。制作一个演示文稿的过程就是依次制作每张幻灯片的过程。

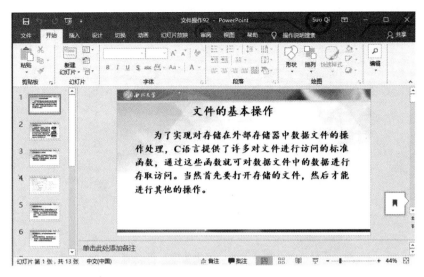

图 9.42　使用 PowerPoint 2016 制作的一个演示文稿示例

（2）幻灯片

幻灯片是视觉形象页，是演示文稿的一个个单独的部分。每张幻灯片就是一个单独的屏幕显示。制作一张幻灯片的过程就是制作其中每个被指定对象的过程。

（3）对象

对象是制作幻灯片的"原材料"，可以是文本、图形、表格、图表、声音、影像等。

（4）版式

幻灯片的"布局"涉及其组成对象的种类与相互位置的问题。系统提供了自动版式供用户选用。

（5）模板

模板是指一个演示文稿整体上的外观设计方案，它包含预定义的文本格式、颜色，以及幻灯片背景图案等。

4．PowerPoint 的启动

在 Windows 中，当计算机上安装了 PowerPoint 软件后，就可以使用它来制作演示文稿。启动 PowerPoint 的方法有多种，最常见的启动方法如下。

① 单击"开始"图标，弹出开始菜单。

② 依次选择"所有程序"→"Microsoft Office"→"Microsoft Office PowerPoint "命令，即可启动 PowerPoint。

9.3.2　演示文稿的制作与播放

当 PowerPoint 启动成功后，用户就可以利用它创建多种类型的演示文稿，包括空白演示文稿、根据设计模板新建、根据现有内容新建和 Microsoft Office Online 提供的模板等。

1．创建空白演示文稿

当启动 PowerPoint 时，带有一张幻灯片的新空白演示文稿将自动创建，用户只需添加内容、按需添加更多幻灯片、设置格式，即可制作完成。

如果需要新建另一个空白演示文稿，可按照以下步骤操作。

① 选择"文件"选项卡，然后选择"新建"选项，在"新建"窗格中单击"空白演示文稿"，如图 9.43 所示。

图 9.43　在"新建"窗格中单击"空白演示文稿"

② 单击"空白演示文稿"后，即可新建一个空白演示文稿。

注意：按 Ctrl + N 快捷键也可以新建空白演示文稿。

2．创建幻灯片

从"空白演示文稿"开始，设计一个简单的"贾平凹文学艺术馆"演示文稿。

每个演示文稿的第一张幻灯片通常都是标题幻灯片，制作幻灯片的步骤如下。

① 选择"文件"选项卡，然后选择"新建"选项，在"新建"窗格中单击"空白演示文稿"。

② 单击"单击此处添加标题"文本框，输入主标题的内容："贾平凹文学艺术馆"。

③ 单击"单击此处添加副标题"文本框，输入子标题内容："JIAPINGWA GALLERY OF LITERATURE AND ART"。

④ 单击"插入"选项卡的"图像"功能组中的"图片"按钮，弹出"插入图片"对话框，选择相应的图片，此时就完成了标题幻灯片的制作，如图 9.44 所示。

图 9.44　制作完成的标题幻灯片

⑤ 单击"开始"选项卡的"幻灯片"功能组中的"新建幻灯片"下拉按钮，在弹出的下拉列表中选择"标题和内容"版式。在"单击此处添加标题"文本框中输入"贾平凹文学艺术馆概况"；在"单击此处添加文本"文本框中输入"贾平凹文学艺术馆于 2006 年 9 月建成开放。贾平凹文学艺术馆是以全面收集、整理、展示、研究贾平凹的文学、书画、收藏等艺术成就及其成长经历为主旨的非营利性文化展馆。"。

⑥ 单击"插入"选项卡的"图像"功能组中的"图片"按钮，弹出"插入图片"对话框，选择相应的图片，此时就完成了概况幻灯片的制作，如图 9.45 所示。

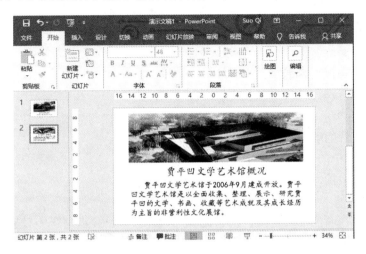

图 9.45　制作完成的概况幻灯片

⑦ 单击底部的"幻灯片放映"图标 ，即可查看放映的效果。

在演示文稿的编辑过程中，必须随时注意保存演示文稿，否则，可能会因为误操作或软硬件的故障等而导致工作前功尽弃。无论一个演示文稿有多少张幻灯片，都可以将其作为一个文件保存起来，文件的扩展名为.pptx。例如，前面创建的演示文稿可保存为"贾平凹文学艺术馆.pptx"文件。

3．编辑幻灯片

幻灯片的编辑操作主要有幻灯片的删除、复制、移动和插入等，这些操作通常都是在幻灯片浏览视图下进行的。因此，在进行编辑操作之前，首先要切换到幻灯片浏览视图。

（1）插入点与幻灯片的选定

首先在 PowerPoint 中打开"贾平凹文学艺术馆.pptx"文件，然后切换到幻灯片浏览视图。

① 插入点。在幻灯片浏览视图下，单击任意一张幻灯片左边或右边的空白区域，出现一条竖线，这条竖线就是插入点。

② 幻灯片的选定。在幻灯片浏览视图下，单击任意一张幻灯片，则该幻灯片的四周出现边框，表示该幻灯片已被选定；要选定多张连续的幻灯片，先单击第一张幻灯片，再按 Shift 键并单击最后一张幻灯片；要选定多张不连续的幻灯片，按 Ctrl 键并单击每张幻灯片；单击"开始"选项卡的"编辑"功能组中的"选择"下拉按钮，在弹出的下拉列表中选择"全选"选项可选定所有的幻灯片；单击幻灯片以外的任何空白区域，可放弃被选定的幻灯片。

（2）删除幻灯片

在幻灯片浏览视图下，选定要删除的幻灯片，然后按 Delete 键即可删除。

（3）复制或移动幻灯片

在 PowerPoint 中，可以将已设计好的幻灯片复制（或移动）到任意位置。其操作步骤如下。

① 选定要复制或移动的幻灯片。

② 单击"开始"选项卡的"剪贴板"功能组中的"复制"或"剪切"按钮。

③ 确定插入点的位置，即复制或移动幻灯片的目标位置。

④ 单击"开始"选项卡的"剪贴板"功能组中的"粘贴"按钮，即完成了幻灯片的复制

或移动操作。

更快捷的复制或移动幻灯片的方法是选定要复制或移动的幻灯片，按 Ctrl 键（移动不按 Ctrl 键）并用鼠标将其拖动到目标位置，放开鼠标左键，即可将幻灯片复制或移动到新的位置。在拖动时出现一条长竖线即目标位置。

（4）插入幻灯片

插入幻灯片的操作步骤如下。

① 选定插入点位置，即要插入新幻灯片的位置。

② 单击"插入"选项卡的"幻灯片"功能组中的"新建幻灯片"下拉按钮，在弹出的下拉列表中选择幻灯片的版式。

③ 输入幻灯片中的相关内容。

（5）在幻灯片中插入对象

PowerPoint 具有一个强大的功能，即支持多媒体幻灯片的制作。制作多媒体幻灯片的方法有两种：一种是在新建幻灯片时，为新幻灯片选择一个包含指定媒体对象的版式；另一种是在普通视图情况下，利用"插入"选项卡，向已存在的幻灯片中插入多媒体对象。在这里我们介绍后者，如图 9.46 所示。

图 9.46　利用"插入"选项卡向已存在的幻灯片中插入多媒体对象

① 向幻灯片中插入图形对象。用户可以在幻灯片中插入艺术字、自选图形、文本框和简单的几何图形。最简单的方法是选择"插入"选项卡，在其中选择"图片"、"屏幕截图"、"相册"、"形状"、"SmartArt"和"图表"等。

② 为幻灯片中的对象加入超链接。PowerPoint 可以轻松地为幻灯片中的对象加入各种动作。例如，可以在单击对象后跳转到其他幻灯片，或者打开一个其他的幻灯片文件等。在这里将为前面示例中的第 2、3、4、5 张幻灯片插入自选的形状图形，并为其增加一个动作，使得在单击该自选图形后，将跳回标题幻灯片继续放映。设置步骤如下。

- 在第 1 张幻灯片后插入 1 张"导读"幻灯片，并在第 3、4、5、6 张幻灯片中插入自选图形对象，作为返回按钮。
- 在第 2 张幻灯片中选择"A 贾平凹文学艺术馆概况"，并右击该对象，在弹出的快捷菜单中选择"超链接"命令，弹出"插入超链接"对话框，如图 9.47 所示。
- 在"插入超链接"对话框中，单击"链接到"中的"本文档中的位置"按钮，然后在右侧"请选择文档中的位置"中选择"3.贾平凹文学艺术馆概况"。
- 单击"确定"按钮，就完成了超链接的设置。通过放映幻灯片，可以看到，当放映到第 2 张幻灯片，单击"A 贾平凹文学艺术馆概况"时，幻灯片放映将跳转到第 3 张幻灯片。
- 用同样的方法对第 2 张幻灯片中的"B 贾平凹文学艺术馆开馆典礼"、"C 平凹书画"和"D 平凹作品"分别进行设定。再对第 3、4、5、6 张幻灯片中的返回按钮进行设定，让其都链接到第 2 张幻灯片中，如图 9.48 所示。

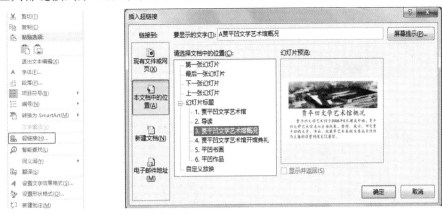

（a）右键快捷菜单　　　　　　　　　　　　（b）"插入超链接"对话框

图 9.47　右键快捷菜单及"插入超链接"对话框

图 9.48　设置超链接

③ 向幻灯片中插入视频和音频。

有了视频和音频文件资料，制作多媒体幻灯片是非常便捷的。下面以插入背景音乐为例说明向幻灯片中插入音频的操作步骤。

- 在幻灯片视图下，切换到第 2 张幻灯片。
- 单击"插入"选项卡的"媒体"功能组中的"音频"下拉按钮，在弹出的下拉列表中选择"PC 上的音频"选项，弹出"插入音频"对话框。
- 在"插入音频"对话框中选择要插入的音频文件，单击"确定"按钮，即可将音频插入幻灯片中，如图 9.49 所示。对于音频文件，建议读者选择 MIDI 文件，即文件扩展名为.mid 的文件，这种格式的文件较小，音质也很优美，很适合作为背景音乐。
- 当播放时，会显示音频图标。
- 放映幻灯片进行检查，可以看到已经完成了背景音乐的插入。

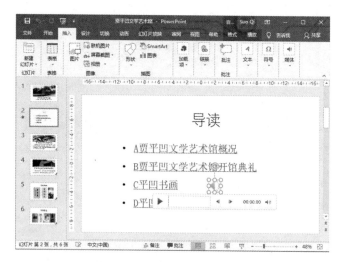

图 9.49　将音频插入幻灯片中

注意：插入视频的方法与插入音频的方法基本相同，单击"插入"选项卡的"媒体"功能组中的"视频"下拉按钮，在弹出的下拉列表中选择相应选项即可。

4．为对象设置动画效果

PowerPoint 可以为幻灯片中的对象设置动画效果。

"贾平凹文学艺术馆.pptx"文件中的第 6 张幻灯片标题为"平凹作品"，将其设置为以动画的方式进行显示。执行"自定义动画"命令设置动画效果的步骤如下。

① 打开"贾平凹文学艺术馆.pptx"文件。

② 编辑第 6 张幻灯片。

③ 选定需要设置动画的文字，然后单击"动画"选项卡的"高级动画"功能组中的"添加动画"下拉按钮，在弹出的下拉列表中选择"其他动作路径"选项，在弹出的"添加动作路径"对话框中选择"S 形曲线 1"，效果如图 9.50 所示。

5．播放演示文稿

当演示文稿制作完成后，就可以进行播放了，具体方法如下。

① 选择起始播放的幻灯片。

② 单击状态栏上的"幻灯片放映"图标，系统从所选幻灯片开始播放。

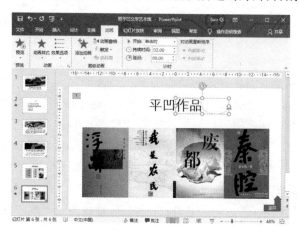

图 9.50　动画设置效果

逐页播放是系统默认的播放方式（单击鼠标左键或按回车键进行控制）。若用户进行了计时控制，则整个播放过程自动按时完成，用户无须参与。在播放过程中，若要终止，只需单击鼠标右键，在弹出的快捷菜单中选择"结束放映"命令即可。

习题 9

一、填空题

1. 利用 Word 进行文档排版的字符格式设置可通过使用功能区的_____功能组中的有关图标完成。

2. 在 Word 中进行段落排版时，如果对一个段落进行设置，则只需在设置前将插入点置于_____；若对几个段落进行设置，则首先应当_____，再进行段落的设置操作。

3. 如果按 Delete 键误删除了文档，应单击_____图标恢复所删除的内容。

4. 在 Excel 2016 的工作表中，单元格名称是由工作表的_____和_____命名的。

5. 当选定一个单元格后，单元格名称显示在_____。

6. Excel 中的公式以_____开头。

7. Excel 工作簿的默认扩展名为_____。

8. 在 PowerPoint 中，可以对幻灯片进行移动、删除、复制、设置动画效果等操作，但不能对单独的幻灯片的内容进行编辑的视图是_____。

二、选择题

1. 想要将修改后的 Word 文档保存在 U 盘上，则应该（　　）。

　　A. 选择"文件"选项卡中的"另存为"选项

　　B. 选择"文件"选项卡中的"保存"选项

　　C. 按 Ctrl+S 快捷键

　　D. 单击"快速访问工具栏"中的"保存"图标

2. 在 Word 中，下列有关文本框的叙述，错误的是（　　）。

　　A. 文本框是存放文本的容器，且能与文字进行叠放形成多层效果

　　B. 用户创建文本框超链接时，其下一个文本框应该为空文本框

　　C. 当用户在文本框中输入较多的文字时，文本框会自动调整大小

　　D. 不仅可以在文本框中输入文字，还可以在其中插入图片

3. 当对建立图表的引用数据进行修改时，下列叙述正确的是（　　）。

　　A. 先修改工作表的数据，再对图表进行相应的修改

　　B. 先修改图表的数据，再对工作表中的相关数据进行修改

　　C. 工作表的数据和相应的图表是关联的，用户只要对工作表的数据进行修改，图表就会自动地进行相应的更改

　　D. 若在图表中删除了某个数据点，则工作表中相关的数据也被删除

4. 关于格式刷的作用，描述正确的是（　　）。

　　A. 用来在表中插入图片　　　　　　　　B. 用来改变单元格的颜色

　　C. 用来快速复制单元格的格式　　　　　D. 用来清除表格线

5. 下列对于单元格的描述不正确的是（　　）。

　　A. 当前处于编辑或选定状态的单元格称为"活动单元格"

B．当按 Ctrl+C 快捷键复制单元格时，既复制了单元格的数据，又复制了单元格的格式

C．可以对单元格进行合并或拆分操作

D．单元格中的文字可以纵向排列，也可以以一定角度排列

6．保存 PowerPoint 2016 演示文稿时，默认的文件扩展名是（　　）。

A．.docx　　B．.xlsx　　C．.pptx　　D．.txtx

7．在（　　）视图方式下，显示的是幻灯片的缩览图，适用于对幻灯片进行插入、删除、组织和排序等操作。

A．幻灯片放映　　B．普通　　C．幻灯片浏览　　D．备注页

8. 如果要从第 3 张幻灯片跳转到第 8 张幻灯片，则需要在第 3 张幻灯片上插入一个对象并设置其(　　)。

A．超链接　　B．预设动画　　C．幻灯片切换　　D．自定义动画

9．保存 Word 2016 文档时，默认的文件扩展名是（　　）。

A．.docx　　B．.xlsx　　C．.pptx　　D．.txtx

10．保存 Excel 2016 工作簿时，默认的文件扩展名是（　　）。

A．.docx　　B．.xlsx　　C．.pptx　　D．.txtx

三、操作题

1．使用 Word 2016 完成版面设计，效果如图 9.51 所示。

要求如下。

① 输入如图 9.51 所示的文字，设置艺术字标题。

② 基本设置：将第 1、2、4 段设置为楷体、小四、首行缩进、1.5 倍行距；将第 3 段设置为楷体、四号、首行缩进、1.5 倍行距；诗句加双下画线。

③ 第 1 段添加灰色段落底纹。

④ 第 2 段首字下沉 3 行。

⑤ 第 3 段设置分栏。

⑥ 从网络上下载蝴蝶图片作为水印。

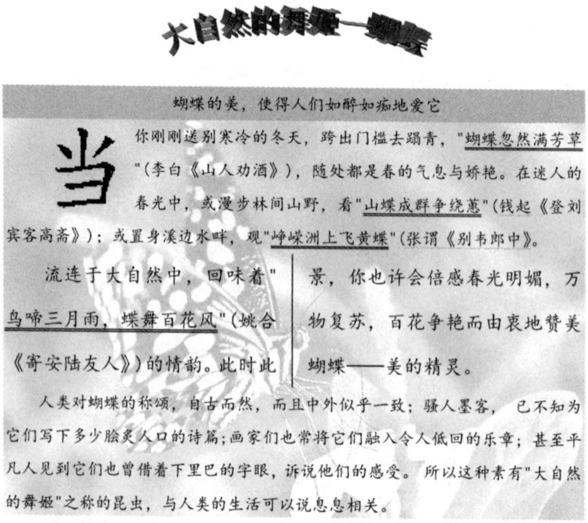

蝴蝶的美，使得人们如醉如痴地爱它

当你刚刚送别寒冷的冬天，跨出门槛去踏青，"蝴蝶忽然满芳草"（李白《山人劝酒》），随处都是春的气息与娇艳。在迷人的春光中，或漫步林间山野，看"山蝶成群争绕蕙"（钱起《登刘宾客高斋》）；或置身溪边水畔，观"峥嵘洲上飞黄蝶"（张谓《别韦郎中》。

流连于大自然中，回味着"鸟啼三月雨，蝶舞百花风"（姚合《寄安陆友人》）的情韵。此时此景，你也许会倍感春光明媚，万物复苏，百花争艳而由衷地赞美蝴蝶——美的精灵。

人类对蝴蝶的称颂，自古而然，而且中外似乎一致；骚人墨客，已不知为它们写下多少脍炙人口的诗篇；画家们也常将它们融入令人低回的乐章；甚至平凡人见到它们也曾借着下里巴的字眼，诉说他们的感受。所以这种素有"大自然的舞姬"之称的昆虫，与人类的生活可以说息息相关。

图 9.51　效果

2．插入自选图形，制作新年贺卡，在其中插入文字“新年好！”或“Happy New Year”。

3．使用 Excel 2016 制作表格，内容如表 9.5 所示。

表 9.5　表格内容

姓　　名	英　语	计　算　机	高 等 数 学	总　　分	平 均 分	备　注
张震	89	92	70			
崔建成	76	68	77			
韩小燕	83	97	93			
周小花	93	87	81			
李红	77	85	88			
赵春燕	87	80	76			

要求如下。

①求每个学生的总分和平均分；②用函数进行判断，当每个学生的总分大于或等于 260 分时，备注栏填写"优秀"；③增加一个学生成绩表标题，要求用艺术字；④根据表 9.5 创建一个显示每个学生成绩的独立图表。

4．设计一个关于自己单位简介的演示文稿，要求包含组织结构图和管理人员分工图，幻灯片的切换采用不同的动画方式，每张幻灯片的放映时间设计为 10s，并且将幻灯片的放映方式设计成循环放映方式。

5．制作一个个人简历演示文稿，要求如下。

① 要求演示文稿中包含标题、照片、个人情况说明。

② 各种内容都要以动画的形式出现。

③ 动画的出现顺序是"标题、照片、个人情况说明"。

6．在演示文稿中创建新歌欣赏幻灯片，要求如下。

① 创建 4 张幻灯片。

② 第 1 张为导航幻灯片，标题为"新歌欣赏"，其中有 3 首歌，第 1 首歌的歌名链接到第 2 张幻灯片，第 2 首歌的歌名链接到第 3 张幻灯片，第 3 首歌的歌名链接到第 4 张幻灯片。

③ 在第 2 张幻灯片中添加第 1 首歌及与歌曲有关的背景图片。

④ 在第 3 张幻灯片中添加第 2 首歌及与歌曲有关的背景图片。

⑤ 在第 4 张幻灯片中添加第 3 首歌及与歌曲有关的背景图片。

注意：第 2、3、4 张幻灯片中的标题为歌名，都添加了跳转到第 1 张幻灯片的超链接。